战略性新兴领域"十四五"高等教育系列教材
纳米材料与技术系列教材　　　　总主编　张跃

先进表征方法与技术

王荣明　段嗣斌　姜乃生　彭开武　孙颖慧　张俊英

李宇展　周　武　杨　烽　乔　祎　朱玉辰　叶欢宇

张　颖　单艾娴　毛　梁　郑辉斌　编

机 械 工 业 出 版 社

本书内容主要包括先进透射电子显微术，聚焦离子束技术，同步辐射光源、中子源及表征技术，先进谱学技术等先进表征技术和手段，并通过丰富的实验案例和前沿研究成果，展示先进材料表征方法和技术在纳米科技领域中的具体应用。

本书适合作为纳米科技、材料科学和相关专业的高年级本科生和研究生的教材，同时也适合作为材料学、纳米科学、凝聚态物理、化学等相关领域研究人员和专业人士的参考书籍。

图书在版编目（CIP）数据

先进表征方法与技术 / 王荣明等编. –– 北京：机械工业出版社, 2024. 12. –– (战略性新兴领域"十四五"高等教育系列教材) (纳米材料与技术系列教材).
ISBN 978–7–111–77636–9

I. TB383

中国国家版本馆 CIP 数据核字第 2024G1W421 号

机械工业出版社（北京市百万庄大街22号　邮政编码100037）
策划编辑：丁昕祯　　　　　　责任编辑：丁昕祯　王　荣
责任校对：薄萌钰　李　杉　　封面设计：王　旭
责任印制：张　博
天津市光明印务有限公司印刷
2024年12月第1版第1次印刷
184mm×260mm・15.25印张・374千字
标准书号：ISBN 978-7-111-77636-9
定价：58.00 元

电话服务　　　　　　　　　网络服务
客服电话：010-88361066　　机 工 官 网：www.cmpbook.com
　　　　　010-88379833　　机 工 官 博：weibo.com/cmp1952
　　　　　010-68326294　　金 书 网：www.golden-book.com
封底无防伪标均为盗版　机工教育服务网：www.cmpedu.com

编 委 会

序

人才是衡量一个国家综合国力的重要指标。习近平总书记在党的二十大报告中强调："教育、科技、人才是全面建设社会主义现代化国家的基础性、战略性支撑。"在"两个一百年"交汇的关键历史时期，坚持"四个面向"，深入实施新时代人才强国战略，优化高等学校学科设置，创新人才培养模式，提高人才自主培养水平和质量，加快建设世界重要人才中心和创新高地，为2035年基本实现社会主义现代化提供人才支撑，为2050年全面建成社会主义现代化强国打好人才基础是新时期党和国家赋予高等教育的重要使命。

当前，世界百年未有之大变局加速演进，新一轮科技革命和产业变革深入推进，要在激烈的国际竞争中抢占主动权和制高点，实现科技自立自强，关键在于聚焦国际科技前沿、服务国家战略需求，培养"向极宏观拓展、向极微观深入、向极端条件迈进、向极综合交叉发力"的交叉型、复合型、创新型人才。纳米科学与工程学科具有典型的学科交叉属性，与材料科学、物理学、化学、生物学、信息科学、集成电路、能源环境等多个学科深入交叉融合，不断探索各个领域的四"极"认知边界，产生对人类发展具有重大影响的科技创新成果。

经过数十年的建设和发展，我国在纳米科学与工程领域的科学研究和人才培养方面积累了丰富的经验，产出了一批国际领先的科技成果，形成了一支国际知名的高质量人才队伍。为了全面推进我国纳米科学与工程学科的发展，2010年，教育部将"纳米材料与技术"本科专业纳入战略性新兴产业专业；2022年，国务院学位委员会把"纳米科学与工程"作为一级学科列入交叉学科门类；2023年，在教育部战略性新兴领域"十四五"高等教育教材体系建设任务指引下，北京科技大学牵头组织，清华大学、北京大学、浙江大学、北京航空航天大学、国家纳米科学中心等二十余家单位共同参与，编写了我国首套纳米材料与技术系列教材。该系列教材锚定国家重大需求，聚焦世界科技前沿，坚持以战略导向培养学生的体系化思维、以前沿导向鼓励学生探索"无人区"、以市场导向引导学生解决工程应用难题，建立基础研究、应用基础研究、前沿技术融通发展的新体系，为纳米科学与工程领域的人才培养、教育赋能和科技进步提供坚实有力的支撑与保障。

纳米材料与技术系列教材主要包括基础理论课程模块与功能应用课程模块。基础理论课程与功能应用课程循序渐进、紧密关联、环环相扣，培育扎实的专业基础与严谨的科学思维，培养构建多学科交叉的知识体系和解决实际问题的能力。

在基础理论课程模块中，《材料科学基础》深入剖析材料的构成与特性，助力学生掌握材料科学的基本原理；《材料物理性能》聚焦纳米材料物理性能的变化，培养学生对新兴材料物理性质的理解与分析能力；《材料表征基础》与《先进表征方法与技术》详细介绍传统与前沿的材料表征技术，帮助学生掌握材料微观结构与性质的分析方法；《纳米材料制备方法》引入前沿制备技术，让学生了解材料制备的新手段；《纳米材料物理基础》和《纳米材料化学基础》从物理、化学的角度深入探讨纳米材料的前沿问题，启发学生进行深度思考；《材料服役损伤微观机理》结合新兴技术，探究材料在服役过程中的损伤机制。功能应用课程模块涵盖了信息领域的《磁性材料与功能器件》《光电信息功能材料与半导体器件》《纳米功能薄膜》，能源领域的《电化学储能电源及应用》《氢能与燃料电池》《纳米催化材料与电化学应用》《纳米半导体材料与太阳能电池》，生物领域的《生物医用纳米材料》。将前沿科技成果纳入教材内容，学生能够及时接触到学科领域的最前沿知识，激发创新思维与探索欲望，搭建起通往纳米材料与技术领域的知识体系，真正实现学以致用。

希望本系列教材能够助力每一位读者在知识的道路上迈出坚实步伐，为我国纳米科学与工程领域引领国际科技前沿发展、建设创新国家、实现科技强国使命贡献力量。

张跃

北京科技大学
中国科学院院士

前　言

随着科技的飞速发展，材料科学已成为推动现代工业和科技发展的关键力量。特别是纳米科技的兴起，标志着人类对物质的认识和利用进入了一个新的维度。在纳米尺度下，材料展现出了与宏观世界截然不同的物理化学特性。这些特性为新材料的开发和现有材料性能的提升提供了无限可能，同时也为材料的表征技术带来了新的挑战并提出了新的要求。新兴的表征技术如原位 X 射线谱学、原位定量电子显微学、同步辐射技术等，为纳米材料的研究提供了强有力的工具。

本书正是在这样的大背景下应运而生的，旨在为相关领域的科研人员、工程师、学生和对此领域感兴趣的读者提供一份全面深入的学习和参考资源。本书以纳米科技为核心，系统地介绍了当前材料表征领域的先进方法和技术。编者旨在通过本书，使读者能够掌握各种先进表征技术的基本原理和操作方法，学会如何运用这些技术来研究纳米材料的结构和性能，从而理解纳米材料的基本特性及其在纳米尺度下的特殊行为。

本书分别介绍了以先进透射电子显微术、聚焦离子束技术、同步辐射光源、谱学技术为基础发展出的各种先进材料表征手段和技术，并提供了丰富的示例，确保内容的准确性和前沿性。在此基础上，提出了纳米材料和器件表征的可能挑战，并展望了相关发展方向。本书适合作为纳米科技、材料科学和相关专业的高年级本科生和研究生的教材，同时也适合作为材料学、纳米科学、凝聚态物理、化学等相关领域研究人员和专业人士的参考书籍。希望本书能够激发读者对纳米材料研究的兴趣，促进科学探索和技术创新。

本书第 1 章由王荣明、段嗣斌撰写，第 2 章由王荣明、段嗣斌、周武、杨烽、朱玉辰、叶欢宇、张颖撰写，第 3 章由彭开武、乔祎撰写，第 4 章由姜乃生、李宇展撰写，第 5 章由孙颖慧、张俊英、单艾娴、毛梁、郑辉斌撰写，总结与展望由王荣明、杨烽撰写。全书稿件由所有参编人员校对，由王荣明、段嗣斌、姜乃生和彭开武审定。

感谢支持本书编写的每一个人。没有每一个参与者的努力和贡献，本书是不可能完成的。编者期待着读者的反馈，使本书能够不断改进和更新内容，从而成为纳米科技领域的经典教材。

愿本书伴随读者在纳米科技的探索之旅中，不断前行，不断发现。

编者

目　录

第 1 章

材料表征的物理基础和基本方法

材料表征是材料科学中的一门基础学科，旨在通过各种物理和化学手段，揭示材料的内部结构和性质，进而理解其性能和应用潜力。随着科学技术的不断发展，材料表征技术也在不断更新和完善，为材料科学的研究提供了强有力的支持。

按照原理，材料表征技术主要包括以下几类：

(1) 衍射表征技术　如 X 射线衍射、中子衍射等，通过电磁波或粒子束与材料内部规则排列的原子相互作用，产生衍射现象，从而揭示材料的晶体结构和相组成等。

(2) 显微表征技术　如光学显微镜、透射电子显微镜、扫描电子显微镜、扫描探针显微镜等，通过放大材料的微观结构，从微观角度直接观察分析其形貌、组织和缺陷等。

(3) 谱学表征技术　包括紫外-可见-近红外吸收光谱、傅里叶变换红外光谱、荧光光谱、拉曼光谱、X 射线光电子能谱等，利用原子或分子在特定能量下的电子跃迁现象，分析材料的成分和价键结构。

(4) 其他表征技术　如核磁共振、正电子湮没技术等，这些技术利用不同的物理原理，对材料的表面形貌、电子结构、分子结构等进行表征。

本章将简要介绍材料表征的物理基础（包括晶体学基础和电磁波、粒子束与物质相互作用基础）及常用的基本表征方法（包括衍射表征技术、显微表征技术和谱学表征技术），为先进表征方法和技术的学习奠定基础。更为详细的讨论和深入的分析，可以参考本丛书的《材料表征基础》一册中的相应内容。

1.1　晶体学基础

1.1.1　晶体的微观特征

人们使用的材料绝大多数属于固体，其中大多数材料中质点（原子、离子或分子）的排列具有周期性和规则性，属于晶态材料，这种质点排列的方式称为材料的晶体结构。可以看出，晶体结构的研究对于理解材料的性质、制备新材料及解决实际问题都具有重要意义。

晶体内部最基本的特征是周期性。晶体中质点在空间的周期性排列结构可以分为两个要素。一个要素是晶体结构中周期性重复排列的基本内容，即为最小重复单元，称为基元（Basis）。将每个基元都抽象成一个几何点，则晶体的周期性排列结构就由一组周期性分布的点来表示，这组点就称为格点（又称为基点、阵点，Lattice Site）。另一个要素就是布拉伐点阵（又称为布拉伐格子，Bravais Lattice），它是格点在空间周期性排列的总体连成的网格，与晶体的几何特征相同，但无任何物理实质，如图 1-1 所示。它反映了晶体的周期性，也就是平移不变性。从而，如图 1-1 所示，晶体结构可表述为

晶体结构=点阵+基元

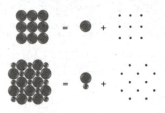

图 1-1　基元与布拉伐点阵

晶格的周期性通常用原胞（Primitive Cell）和基矢（Primitive Vector）来描述。晶格的原胞是反映晶格周期性的最小重复单元。若把原胞沿着基矢在各个方向上平移，则刚好可以填满整个空间，能够完全反映点阵的平移对称性。原胞的选取强调的是周期性的最小单元，所以它的选取不是任意的，但也并不唯一。

晶格的基矢是指原胞的边矢量，通常用 a_1、a_2、a_3 来表示。以三维晶格为例，对应的布拉伐点阵格矢可以表示为

$$\boldsymbol{R}_n = n_1\boldsymbol{a}_1 + n_2\boldsymbol{a}_2 + n_3\boldsymbol{a}_3 \tag{1-1}$$

基矢所围成的平行六面体为该晶格的原胞，它在空间所占体积为

$$V = \boldsymbol{a}_1 \cdot (\boldsymbol{a}_2 \times \boldsymbol{a}_3) = \boldsymbol{a}_2 \cdot (\boldsymbol{a}_3 \times \boldsymbol{a}_1) = \boldsymbol{a}_3 \cdot (\boldsymbol{a}_1 \times \boldsymbol{a}_2) \tag{1-2}$$

为了能直观地反映点阵的宏观对称性，往往选择能反映晶格对称性的重复单元，即单胞（又称为结晶学原胞，简称晶胞，Unit Cell）来描述。按照布拉伐对单胞的分类方法确定的单胞，称为布拉伐胞。布拉伐胞的基矢 $\boldsymbol{a}$、$\boldsymbol{b}$、$\boldsymbol{c}$ 为晶轴方向，通常选择 $\boldsymbol{c}$ 为主对称轴方向。

相比于原胞和单胞，维格纳-塞茨（Wigner-Seitz）原胞既能反映点阵的对称性，又是最小的重复单元，是反映晶格全部对称性且体积最小的重复单元。它是以任一格点为中心，以这个格点与其近邻格点连线的中垂面为界面围成的最小多面体。

1.1.2　晶体的结构对称性

晶体可以按照其结构对称性特征来分类。根据晶体所包含的特征对称元素，三维晶体可以分为七大类型，称为七大晶系（Crystal System），对称性由高到低分别为立方晶系、六方晶系、四方晶系、三方（菱形）晶系、正交晶系、单斜晶系和三斜晶系。其中，立方晶系对称性最高，有 3 个按边长方向的 4 次旋转轴和 4 个按体对角线方向的 3 次旋转轴，称为高级晶系；六方、四方和三方晶系都仅含有 1 个高次旋转轴，统称为中级晶系；正交、单斜和三斜晶系没有高阶旋转轴，属于低级晶系。七大晶系中的每一个晶系不止包含一种布拉伐格子，可以在单胞中增加体心（I）、面心（F）或底心（A、B 或 C）格点。可以证明，空间点阵按其单胞中格点位置所有可能的排布方式，可用 14 种布拉伐点阵来描述。图 1-2 为 14 种布拉伐点阵的单胞结构图，表 1-1 列出了七大晶系的单胞基矢特性及其与 14 种布拉伐点阵之间的对应关系。

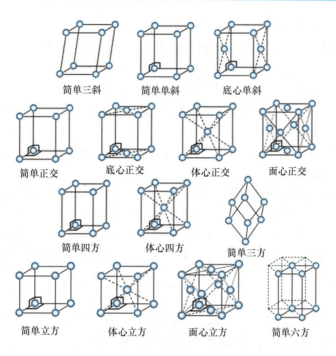

简单三斜　　　简单单斜　　　底心单斜

简单正交　　底心正交　　体心正交　　面心正交

简单四方　　体心四方　　简单三方

简单立方　　体心立方　　面心立方　　简单六方

图 1-2　14 种布拉伐点阵的单胞结构图

表 1-1　七大晶系的单胞基矢特性及其与 14 种布拉伐点阵之间的对应关系

晶系	单胞基矢特性	布拉伐点阵
立方	$a = b = c$ $\alpha = \beta = \gamma = 90°$	简单立方、体心立方、面心立方
六方	$a = b \neq c$ $\alpha = \beta = 90°$ $\gamma = 120°$	简单六方
四方	$a = b \neq c$ $\alpha = \beta = \gamma = 90°$	简单四方、体心四方
三方	$a = b = c$ $\alpha = \beta = \gamma < 120°$，$\neq 90°$	简单三方
正交	$a \neq b \neq c$ $\alpha = \beta = \gamma = 90°$	简单正交、底心正交、体心正交、面心正交
单斜	$a \neq b \neq c$ $\alpha = \gamma = 90° \neq \beta$	简单单斜、底心单斜
三斜	$a \neq b \neq c$ $\alpha \neq \beta \neq \gamma \neq 90°$	简单三斜

1.1.3　倒易点阵

为了解释晶体衍射现象及晶体学中的复杂问题，厄瓦尔德（Ewald）在 1921 年提出了倒易点阵（Reciprocal Lattice）的概念。在分析晶体几何关系时，使用倒易点阵往往比正点阵更便捷，因此倒易点阵在晶体的衍射物理中具有重要意义。

每一种晶体结构，都有两个点阵与其相联系。一个是晶体点阵（正点阵），另一个是倒易点阵。倒易点阵是正点阵的傅里叶变换，正点阵则是倒易点阵的傅里叶逆变换。因此，正点阵与倒易点阵是一对统一体，它们互为倒易而共存。正点阵反映了构成原子在三维空间做周期排列的图像，倒易点阵反映了周期结构物理性质的基本特征。正格子的量纲是长度，称为坐标空间；倒格子的量纲是长度的倒数，称为波矢空间。正点阵中一个一维的点阵方向与倒易点阵中一个二维的倒易点阵平面对应，正点阵中一个二维的点阵平面又与倒易点阵中一个一维的倒易点阵方向对应。

倒易点阵与晶体点阵的描述类似，也是几何点在三维空间上的周期性规则排列。倒易点阵中的点称为倒易阵点，其位置可以用倒易矢量 r_{hkl}^* 来表示，其所在的空间即为倒易空间（又称为倒空间）。在晶体点阵中，通常用三个非共面的基矢 a、b、c 来描述点阵的分布情况，倒易点阵也可以引入三个新基矢 a^*、b^*、c^* 进行定义，倒易基矢满足下列关系

$$a^* = \frac{b \times c}{V}, b^* = \frac{c \times a}{V}, c^* = \frac{a \times b}{V} \tag{1-3}$$

式中，V 是晶体点阵的单胞体积。可见，倒易基矢 a^* 垂直于晶格基矢 b 与 c 组成的平面，b^* 垂直于 c 与 a 组成的平面，c^* 垂直于 a 与 b 组成的平面。

由倒易基矢 a^*、b^*、c^* 组成的倒易矢量 $r_{hkl}^* = ha^* + kb^* + lc^*$，它的端点是 $h\,k\,l$ 倒易阵点，h、k、l 取遍所有整数值，即构成晶体的倒易点阵，与正空间 $r_{uvw} = ua + vb + wc$ 端点构成的晶体点阵互为倒易。

从式（1-3）不难看出，正空间与倒空间的基矢之间满足

$$\begin{cases} a \cdot a^* = b \cdot b^* = c \cdot c^* = 1 \\ a^* \cdot b = a^* \cdot c = b^* \cdot c = b^* \cdot a = c^* \cdot a = c^* \cdot b = 0 \end{cases} \tag{1-4}$$

可见，晶格点阵的单胞基矢与倒易点阵的单胞基矢完全是对称的，且两者具有倒易关系。倒易点阵在晶体几何方面的重要意义也就在于它与晶格点阵间存在一系列的倒易关系。据此，可以得到如下重要结论：

1）倒易点阵矢量 r_{hkl}^* 与（$h\,k\,l$）面正交，其长度等于（$h\,k\,l$）面间距 d_{hkl} 的倒数，即 $h\,k\,l$ 倒易阵点与（$h\,k\,l$）点阵平面对应。点阵平面的取向及其面间距是晶体点阵的特征，可以用倒易点阵描述正点阵的特征。

2）晶格点阵中的晶向 [$u\,v\,w$] 与倒易点阵中同指数倒易平面（$u\,v\,w$）* 正交。晶格点阵原点到 $u\,v\,w$ 阵点的距离 r_{uvw} 与倒易面（$u\,v\,w$）* 的面间距 d_{uvw} 之间也互为倒数。

需要指出的是，只有在立方晶系的情况下，晶格点阵中的晶向 [$u\,v\,w$] 才与正空间中同指数晶面（$u\,v\,w$）正交，其他晶系不一定有这种正交关系。

1.2 电磁波、粒子束与物质相互作用基础

电磁波是指同相振荡且互相垂直的电场与磁场，在空间中以非机械波的形式传递能量和动量，其传播方向垂直于电场与磁场的振荡方向。电磁波不需要依靠介质进行传播，可以在真空中传播，速度为光速。电磁波可按照频率分类，从低频到高频分为无线电波、兆赫辐射、微波、红外线、可见光、紫外线、X 射线和 γ 射线。

与电磁波不同，粒子束是指由一些实物粒子组成的且具有一定动量的束流。常见的粒子束包括电子束、中子束、质子束、α粒子束等。不同的粒子束具有不同的荷质比，与物质的相互作用情况也大不相同。相对于电磁波，粒子束通常具有更高的能量，与物质接触时，更容易突破核外电子的屏蔽，与原子核发生相互作用。高能粒子束是目前核物理实验领域的基本工具，不仅承担着研究高能粒子物理、探究宇宙起源的重要使命，也在材料学、生物学、医学等诸多领域发挥着重要作用。

本节主要介绍光子、电子束与物质的相互作用，它们是很多材料表征技术的物理基础。

1. 2. 1　光子与物质的相互作用

紫外线、可见光、近红外光是太阳光谱中的主要部分。通常人们将波长在10~400nm之间的电磁波称为紫外线，波长在400~760nm之间的电磁波称为可见光。紫外-可见光的能量范围最高达上百电子伏特，最低仅为1eV左右，该能量范围正好与电子能级匹配。物质中的电子正好可以吸收紫外-可见光，发生电子能级跃迁，从而产生吸收谱。由于各种物质具有不同的原子、离子或分子，其吸收光子的情况也就不同，每种物质有其特有的、固定的吸收光谱曲线，且吸收光谱上的特征波长处的吸光度与该物质的含量有关，这就是分光光度法定性和定量分析的基础。

红外线是一种人眼看不到的辐射线，红外光谱在可见光区和微波光区之间，波长范围为0.76~1000μm，波数在10~13000cm^{-1}之间。通常将红外区划分成三个区：波数在4000~13000cm^{-1}为近红外区，400~4000cm^{-1}为中红外区，10~400cm^{-1}为远红外区。一般所说的红外光谱是指中红外区的红外光谱。分子必须满足两个条件才能吸收红外辐射：①分子振动或转动时必须有瞬间的偶极矩变化，此时称该分子具有红外活性；分子内的原子在其平衡位置上处于不断振动的状态，对于非极性双原子分子（如N_2、O_2、H_2等），分子的振动不能引起偶极矩的变化，因此不产生红外吸收；②分子的振动频率与红外辐射的频率相同时才能发生红外辐射吸收。

X射线也称为伦琴射线，是波长比紫外线还短的电磁辐射，最早由德国科学家伦琴发现并命名。X射线通常波长范围在0.01~10nm之间。波长短于0.1~0.2nm的称为硬X射线，波长略大者称为软X射线。硬X射线与γ（伽马）射线中波长较长的部分有重叠范围，二者的区别在于辐射源，而不是波长：X射线的光子产生于高能电子加速，γ射线则来源于原子核衰变。作为一种能量较高的电磁波，X射线穿过物质时，一部分X射线发生散射，一部分被物质吸收，还有一部分X射线会穿透物质。

当X射线能量很高时，此时X射线的表现更加接近γ射线，被物质吸收后，可以使物质发射出电子，产生光电效应；也能够激发出内层轨道电子，产生内层电子空位，当外层电子弛豫回该空位后，辐射出特征X射线。当入射X射线光子能量恰好能激发原子内层电子时，原子对入射X射线光子的吸收概率增加。对于X射线通过物质时的衰减现象，波长较长的X射线和原子序数较大的散射体的散射作用与吸收作用相比，常常可以忽略不计。但是对于轻元素组成的散射体和波长很短的X射线，散射作用就十分显著。X射线与物质的散射相互作用可以分为相干散射和非相干散射。其中，相干散射现象是X射线在晶体中产生衍射现象的物理基础。

1.2.2 电子束与物质的相互作用

一束定向传播的电子束入射到样品后，电子束穿过薄样品或从样品表面掠射而过，电子的运动轨迹要发生变化。轨迹变化取决于电子与物质的相互作用，即取决于组成物质的原子核及其核外电子对入射电子的作用，其结果将以不同的信号反映出来。图1-3示意地说明入射电子与组成物质的原子相互作用产生的各种信号。使用不同的电子光学仪器将这些信号加以搜集、整理和分析可得出材料的微观形态、结构和成分等信息。这就是电子显微分析技术能够实现材料表征的物理基础。

（1）背散射电子 固体样品中的原子核反弹回来的一部分入射电子，称为背散射电子，其包括弹性背散射电子和非弹性背散射电子。弹性背散射电子是指被样品中原子核反弹回来的、散射角大于90°的那些入射电子，其能量没有（或基本上没有）损失。由于入射电子的能量很高，所以弹性背散射电子的能量能达到数千到数万电子

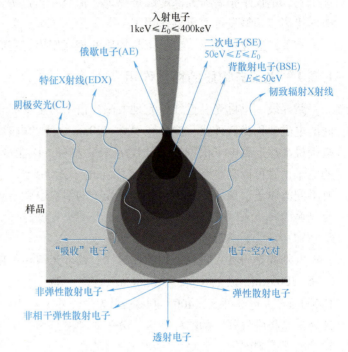

图 1-3　入射电子与组成物质的原子相互作用及其产生的信号

伏特。非弹性背散射电子是入射电子和样品核外电子碰撞后产生的非弹性散射，不仅方向改变，也有不同程度的能量损失。如果有些电子经多次散射后仍能反弹出样品表面，这就形成非弹性背散射电子。非弹性背散射电子的能量分布范围很宽，从数十到数千电子伏特。从数量上看，弹性背散射电子远比非弹性背散射电子所占的份额多。背散射电子来自样品表层几百纳米的深度范围。由于它的产额随样品原子序数增大而增多，所以不仅能用于形貌分析，而且可以用来显示原子序数衬度，定性地进行成分分析。

（2）二次电子 在入射电子束作用下被轰击出来并离开样品表面的样品的核外电子称为二次电子。这是一种真空中的自由电子。由于原子核与外层价电子间的结合能很小，因此外层的电子比较容易与原子脱离，使原子电离。一个能量很高的入射电子射入样品时，可以产生许多自由电子，这些自由电子中90%是来自样品原子外层的价电子。二次电子的能量较低，一般都不超过50eV，大多数二次电子的能量只有几电子伏特。在用二次电子收集器收集二次电子时，往往也会把极少量低能量的非弹性背散射电子一起收集进去。事实上这两者是无法区分的。二次电子一般都是在表层5~10nm深度范围内发射出来的，它对样品的表面形貌十分敏感，因此，能非常有效地显示样品的表面形貌。二次电子的产额与原子序数之间没有明显的依赖关系，所以不能用它来进行成分分析。

（3）吸收电子 入射电子进入样品后，经多次非弹性散射后能量损失殆尽，最后被样

品吸收，这便是吸收电子。若在样品和地之间接入一个高灵敏度的电流表，就可以测得样品对地的信号，这个信号是由吸收电子提供的。入射电子束和样品作用后，若逸出表面的背散射电子和二次电子数量越少，则吸收电子信号强度越大。若把吸收电子信号调制成图像，则它的衬度恰好与二次电子或背散射电子信号调制的图像衬度相反。当电子束入射到一个多元素的样品表面时，由于不同原子序数部位的二次电子产额基本上是相同的，则产生背散射电子较多的部位（原子序数大）其吸收电子的数量就较少，反之亦然。因此，吸收电子也能产生原子序数衬度，同样可以用来进行定性的微区成分分析。

（4）透射电子　如果被分析的样品很薄，那么就会有一部分入射电子穿过薄样品而成为透射电子。这种透射电子是由直径很小的高能电子束照射薄样品时产生的，信号由微区的厚度、成分和晶体结构决定。透射电子中除了有能量和入射电子相当的弹性散射电子，还有各种不同能量损失的非弹性散射电子，其中有些电子损失的能量值为特征能量损失 ΔE（即特征能量损失电子），与分析区域的成分有关。因此，可以利用特征能量损失电子配合电子能量分析器来进行微区成分分析。

（5）特征 X 射线　当样品原子的内层电子被入射电子激发或电离时，原子就会处于能量较高的激发状态，此时外层电子将向内层跃迁以填补内层电子的空缺，从而辐射出具有特征能量的 X 射线。根据莫塞莱定律，如果用 X 射线探测器测到了某样品微区中存在某一种特征波长的 X 射线，就可以判定该微区中存在相应的元素。

（6）俄歇电子　在入射电子辐射样品的特征 X 射线过程中，如果在原子内层电子能级跃迁过程中释放出来的能量并不以射线的形式发射出去，而是把空位层内的另一个电子发射出去（或使空位层的外层电子发射出去），这个被电离出来的电子称为俄歇电子。因为每种原子都有自己的特征壳层能量，所以其俄歇电子能量也各有特征值。俄歇电子的能量很低，一般位于 $50\sim1500\mathrm{eV}$ 范围内。俄歇电子的平均自由程很小（1nm 左右），因此在较深区域中产生的俄歇电子在向表层运动时必然会因碰撞而损失能量，从而失去了具有特征能量的特点，而只有在距离表面层 1nm 左右范围（即几个原子层厚度）内逸出的俄歇电子才具备特征能量，因此俄歇电子特别适用于表面层成分分析。

通过添加不同类型的探测器来收集高速电子束与物质相互作用后产生的各种信号，通过对这些信号进行放大、再成像等处理，可以获得物质的微观表面形貌。此外，除上面列出的六种信号外，固体样品中还会产生如阴极荧光、电子-空穴对、韧致辐射 X 射线等信号，经过收集处理后也可以用于专门的分析。

1.3　衍射表征技术

1.3.1　X 射线衍射

1895 年德国物理学家伦琴首先发现了 X 射线，1912 年德国物理学家劳厄发现了晶体的 X 射线衍射（X-Ray Diffraction，XRD）现象。同年，英国物理学家布拉格父子提出著名的布拉格衍射定律，并首次用 X 射线衍射法测定了氯化钠的晶体结构。1916 年德国科学家德拜和谢乐提出了 X 射线粉末衍射法，揭开了利用多晶样品进行晶体结构测定的序幕。随着现代科学技术的发展，X 射线衍射技术已成为一种最基本、最重要的材料结构表征手段，可进行物相分析、结构分析、晶体结构参数测定、单晶和多晶的取向分析、晶粒大小和微观应力的测定等，广泛应用于物质科学、生命科学和技术工程等领域。

当 X 射线照射到晶体时，X 射线会与晶体内的原子相互作用并发生散射。由于晶体结构是周期性的，这些散射的 X 射线可以发生相长干涉，从而形成衍射图样。相长干涉的条件通常表述为布拉格衍射定律，其描述了 X 射线在特定角度下与晶面相互作用并产生相长干涉的条件。只有满足布拉格衍射定律的特定角度，衍射才会显著。

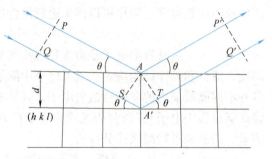

图 1-4 X 射线照射在相邻晶面的情形

如图 1-4 所示，将晶体视为由许多平行等距的原子面堆积而成，(h k l) 晶面的晶面间距为 d。当两个原子在同一原子面上，光程差等于零；当两个原子在相邻原子面上时（如图 1-4 所示的点 A、A'），光程差为

$$\delta = QA'Q' - PAP' = SA' + A'T = 2d\sin\theta \quad (1\text{-}5)$$

结合衍射加强条件，即获得布拉格衍射公式

$$2d\sin\theta = n\lambda \quad (1\text{-}6)$$

式中，n 是衍射级数（取整数，通常为 1）；λ 是 X 射线的波长；d 是晶面间距；θ 是入射 X 射线与散射平面之间的角度（衍射角的一半）。这便是布拉格衍射定律的数学描述。

实际测定时，通常将样品放到测角仪的样品架上。当 X 射线的计数管和样品绕试样中心转动时（试样转动 θ，计数管同步转动 2θ），利用 X 射线衍射仪记录下不同角度时所产生的衍射线的强度，就得到了 XRD 图谱。

在实际应用中，XRD 分析需要考虑多个因素，包括衍射峰的位置、宽度、高度、形态和对称性等。衍射峰的位置反映了晶面间距，峰宽与样品的晶粒尺寸有关，而峰的不对称性可能与晶体的择优取向或样品制备方法有关。

XRD 分析常用于物相的定性和定量分析，以及晶粒度、介孔结构等的测定。XRD 定性分析是利用 XRD 角位置及强度来鉴定未知样品的物相组成。各衍射峰的角度及其相对强度是由样品的内部结构决定的。每种物质都有其特定的晶体结构和晶胞尺寸，而这些又都与衍射角和衍射强度有着对应关系。因此，可以根据衍射数据来鉴别晶体结构。通过将未知物相的衍射图谱与已知物相衍射图谱相比较，可以逐一鉴定出样品中的各种物相。目前可以利用粉末衍射卡片进行直接比对，也可以通过计算机数据库直接检索。

XRD 定量分析是利用衍射峰的强度来确定物相含量的。每一种物相都有各自的特征衍射峰，而衍射峰的强度与物相的质量分数成正比。各物相衍射峰的强度随该物相含量的增加而增加。目前对于 XRD 定量分析最常用的方法主要有单线条法、直接比较法、内标法、增量法及无标法。XRD 测定晶粒度基于衍射峰的宽度与材料晶粒大小有关这一现象。此外，根据晶粒大小，还可以计算纳米粉体的比表面积。

1.3.2 中子衍射

中子衍射（Neutron Diffraction，ND）技术是研究晶体学的方法之一，通常指德布罗意波长约为 1Å 的中子（热中子）通过晶态物质时发生的布拉格衍射，用来确定材料的原子结构或磁性结构。

中子衍射与 XRD 类似，也基于布拉格衍射定律，利用衍射峰的位置来确定晶体的晶面间距。它们都能够提供晶体结构、晶格常数、晶体取向等信息。但是二者之间也有明显的区别和互补性。X 射线主要与样品中的电子云相互作用，其散射强度与原子序数成正比；而中子与原子核相互作用，对轻元素和同位素的区分能力优于 X 射线。中子衍射具有更强的穿透能力，适用于研究大块材料或需在极端条件下（如高温、高压）进行的结构研究。此外，中子具有磁矩，因此可以用于研究磁性材料的磁结构，这是 X 射线所不具备的。

中子衍射的优点包括对轻元素和磁性结构的高灵敏度，以及强大的穿透能力；但它的缺点是需要特殊的强中子源，样品需求量大，数据收集时间长，且设备远不如 XRD 普及。

1.4　显微表征技术

显微表征技术是材料科学研究中的一种重要工具，它利用显微镜和其他高分辨率成像设备帮助人们在微观尺度上分析和描述材料的结构、成分及物理化学性质。主要的显微表征技术包括光学显微术、透射电子显微术、扫描电子显微术、扫描探针显微术等。本节将对这四种显微表征技术的原理、特点及应用等做简要介绍。

1.4.1　光学显微术

光学显微技术是一种利用光学原理对微小物体进行放大成像的技术。其基本原理是使用一组或多组透镜来放大观察样品，使肉眼难以分辨的微小物体放大到足以观察的尺寸。光学显微镜的发展历史悠久，其最早的形态可以追溯到 17 世纪，由伽利略和开普勒提出基本的显微镜光路结构。荷兰物理学家列文虎克是第一个利用显微镜进行科学观察的人，他制作了 247 架显微镜，观察了许多细菌、原生动物和动植物组织的结构。

光学显微镜的成像原理基于光的折射，通过物镜收集样品的散射光，并将其转换为实像，然后目镜进一步放大这个实像，使观察者能够看到放大后的虚像。然而，传统的光学显微镜受到光学衍射极限的限制，其最高分辨率大约为 $0.2\mu m$。为了克服这一限制，发展了多种显微技术，包括：

（1）相衬显微术　光线在穿过透明的样品时会产生微小的相位差，而这个相位差可以被转换为图像中的振幅或对比度的变化，这样就可以利用相位差来成像。相衬显微镜的图片特征是灰色的背景上面可以显示出明暗的样品结构，明暗的边缘表示了样品光学密度的变化，如细胞和水的边界，这也通常表现为在暗的物体周围会有明亮的光晕。

（2）微分干涉相衬显微术　利用两个特殊棱镜将照明光分成寻常光和非寻常光，通过样品后两束光重新合并，并在像面发生干涉，产生立体效果。利用微分干涉相衬显微镜可以实现在增强对比度下观察未染色的透明样品。

（3）荧光显微术　使用荧光染料或荧光蛋白标记样本，通过特定波长的光激发样本中的荧光分子，然后通过滤光片收集和检测荧光信号，从而生成图像，可以提高对透明样品的成像对比度。其广泛用于生物学研究，如细胞内结构、蛋白质定位和动态过程观察。

（4）共聚焦激光扫描显微术　通过点光源和针孔的组合，使得只有焦点平面的光能够通过，从而消除离焦光的干扰。使用激光扫描样本，逐点获取高分辨率的光学切片，并通过计算机重构生成三维图像。它是激光、电子摄像和计算机图像处理等现代高科技手段渗透，并与传统的光学显微镜结合产生的先进的细胞分子生物学分析仪器，在生物及医学等领域的应用越来越广泛，已经成为生物医学实验研究的必备工具。

（5）**全内反射荧光显微术** 利用全内反射产生的隐失波激发样品荧光，提高纵向分辨率和图像信噪比。其适用于研究细胞膜表面的分子动态和膜蛋白的行为。

随着技术的发展，现代光学显微成像技术还包括了超分辨率技术，如受激辐射淬灭技术和单分子返回技术，这些技术能够在分子层面突破衍射极限，实现更高分辨率的成像。这些新技术的发展，不仅显著提高了光学显微技术的分辨率和成像能力，还扩展了其在生物学、医学、材料科学等领域的应用范围，为科学研究提供了更加强大的工具。

1.4.2 透射电子显微术

透射电子显微镜（简称透射电镜，Transmission Electron Microscopy，TEM）是现代科学研究中一个不可或缺的工具，特别是在材料科学、凝聚态物理、纳米技术、生物医学等领域中，它的应用几乎是无所不在。在材料科学领域，TEM 可以用来观察材料的微观结构和晶体缺陷，分析材料的相变和晶粒大小，探讨新材料的制备方法及其性能。在凝聚态物理研究领域，可以研究材料的电子结构和带隙，探索磁性材料和超导材料的特性，分析材料的物理性能与微观结构之间的关系。对于纳米科技，可以观察纳米材料的形貌和尺寸，分析纳米材料的结构-性能关系，研究纳米器件的制造和功能。在生物医药领域，TEM 则可以用来观察病毒和细胞的细微结构，帮助科学家更好地理解疾病的机理和开发新的治疗方法。

使用高能电子束穿透超薄样品，电子束与样品中的原子相互作用后形成的透射电子携带了样品的晶体结构和原子内部信息。具有一定能量的电子束入射到样品上时，除了少数电子能够直接穿过样品并不损失能量，大部分电子与物质之间发生弹性或非弹性相互作用，即所谓的弹性散射和非弹性散射，从而产生一系列信号。TEM 通过收集和解析这些信号，实现对材料微观结构的表征。

TEM 的工作原理遵从阿贝成像原理（Abbe's Theory）。如图 1-5 所示，一束单色平行光照射到平面物体上，使整个系统成为相干成像系统。光波经过物体发生夫琅禾费衍射，在透镜后焦面上形成物体的衍射花样。随后，透镜后焦面上所有衍射点作为新的次波源发出相干的球面次波，在像平面上相干叠加，形成物体放大的实像。

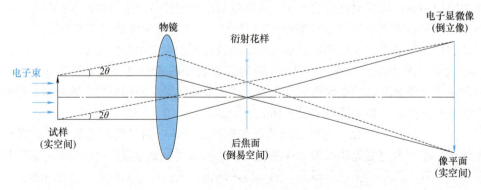

图 1-5　阿贝成像原理

与光学显微镜不同，TEM 使用高能电子束作为射线源。电子枪发射出电子束照射样品，由于电子束的能量很高（如 200~300keV），它可以穿透薄的样品（一般小于 100nm），经过物镜形成放大的像，之后通过中间镜和投影镜进一步放大投射到荧光屏上。可以通过照相底片感光、慢扫描 CCD（电荷耦合器件）、CMOS（互补金属氧化物半导体）相机记录，得到高倍率的放大像。除成像外，还可以获得反映样品晶体结构的衍射像。

TEM 的基本构造包括照明系统、成像系统、记录系统及辅助系统，如图 1-6 所示。TEM 的构造涵盖了从电子源的产生到图像的记录和分析的全过程。通过精细的控制和校准各个系统之间的配合，才能够获取理想的电子显微像。

在获取电子显微像时，常常会提到一个重要的概念——"衬度"（Contrast），这是影响图像质量的关键因素之一。简单来说，衬度就是图像中不同部分之间的明暗差异。TEM 的成像衬度主要来源于样品对入射电子束的散射，具体可以分为以下几种类型：

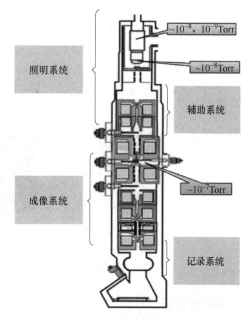

图 1-6　透射电子显微镜的基本构造

（1）质厚衬度　质厚衬度是由样品不同微区间存在的原子序数或厚度的差异而形成的。当入射电子束穿过样品时，会与样品中的原子发生相互作用，导致电子的散射和透射。样品中原子序数较大或厚度较厚的区域，对电子的散射作用较强，使得更多电子偏离光轴，而透过物镜光阑参与成像的电子数目减少，因此在图像上表现为较暗的区域；反之，原子序数较小或厚度较薄的区域则表现为较亮的区域。质厚衬度对于观察非晶样品及大多数样品的低倍形貌时十分有效，任何质量和厚度的差异都会引起质厚衬度的产生，有助于对样品局域结构的分析。

（2）衍射衬度　衍射衬度是晶体样品在 TEM 中所形成的一种重要衬度，也属于振幅衬度的一种。当晶体样品满足布拉格衍射条件时，电子束会发生衍射，形成衍射束。衍射束的强度与晶体的取向和结构有关。在 TEM 中，通过选择透射束或衍射束通过物镜光阑成像，可以得到明场像或暗场像（图 1-7a、b）。明场像是透射束通过物镜光阑成像得到的，暗场像则是衍射束通过物镜光阑成像得到的。由于晶体样品中不同区域的取向和结构存在差异，导致满足布拉格衍射条件的程度不同，从而形成衍射衬度。衍射衬度对晶体结构和取向十分敏感，常用于研究晶体的内部缺陷和界面结构。衍射衬度广泛应用于大尺寸（>100nm）晶粒结构的研究，通常情况下，需要将入射电子束调整到平行入射晶体样品，以获取高质量的衍射衬度像。

（3）相位衬度　电子束在穿透样品时，样品周期性势场对电子波的相位进行调制。让透射束和至少一束衍射束同时通过物镜光阑，透射束与衍射束的相干作用形成一种反映晶格点阵周期性的条纹像和结构像（图 1-7c）。由于这种衬度的形成是透射束和衍射束相位相干的结果，因此称为相位衬度。相位衬度成像通常用于高分辨 TEM 中，可以揭示样品中原子的排列状态和微小的结构细节。

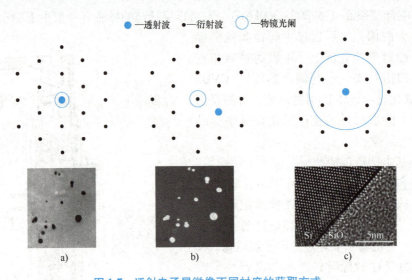

图 1-7 透射电子显微像不同衬度的获取方式

a）衍射衬度，明场成像　b）衍射衬度，中心暗场成像　c）相位衬度，高分辨成像

根据所收集的电子种类、成像模式的不同，利用透射电镜还可以实现多种功能，包括：

（1）电子衍射（Electron Diffraction，ED）　通过选择特定的样品区域进行衍射，获得该区域的晶体结构信息。其与 X 射线衍射遵循相似的布拉格衍射条件。它们都是由晶格中原子排列引起的衍射现象，其衍射花样的形成和特性受到晶格参数和入射波的性质影响，但由于电子与 X 射线的物理性质有所不同，因此也有一些显著的区别。电子衍射具有更高的分辨率，能够分析更小的样品区域和更细微的结构特征，而 X 射线衍射通常用于分析材料的整体晶体结构。

（2）高分辨透射电子显微术（High Resolution Transmission Electron Microscopy，HRTEM）　所有参与成像的衍射束与透射束之间因相位差而形成的干涉图像。HRTEM 成像需满足弱相位体近似，要求样品必须非常薄。满足弱相位体近似条件，且选择合适的离焦量时，所看到的图像才是晶体结构像，否则看到的图像只能称为晶格条纹像。晶格条纹像只能给出晶面间距和取向相关信息。判断一张 HRTEM 图像是否为晶体结构像，需要结合图像模拟进行判定。HRTEM 能够提供接近原子级别的分辨率，通常在 0.1nm 左右，这使得它成为研究材料科学、纳米技术和生物科学等领域的重要工具。

（3）扫描透射电子显微术（Scanning Transmission Electron Microscopy，STEM）　其结合了透射电子显微镜和扫描电子显微镜的特点，利用扫描线圈控制电子束斑在样品表面进行逐点扫描，通过电子束在样品表面的扫描和透射电子的收集来形成图像。通过配置不同的探测器和调整扫描参数，STEM 可以获得多种类型的图像，如高角环形暗场像、低角环形暗场像、环形明场像等。这些图像具有不同的衬度机制和灵敏度，适用于不同的分析需求，广泛应用于材料科学、纳米科技、物理学、化学、生物学等领域。它不仅可以用于观察样品的形貌和结构，还可以结合能谱仪或电子能量损失谱仪等分析手段，对样品的成分进行定量分析。随着球差校正器的引入，STEM 的空间分辨率达到了亚埃水平，可以实现单列原子柱的成像观察。尤其是原子序数依赖的 Z 衬度可以用来表征原子序数差异较大的双组分、多组分样品原子结构，如合金、金属间化合物等。

（4）能量色散 X 射线光谱（Energy Dispersive X-ray Spectroscopy，EDS 或 EDX）　其工作原理基于 X 射线与物质的相互作用，通过分析试样发出的元素特征 X 射线的波长和强度，测定试样所含的元素及其含量。EDS 具有高检测效率，能够在较小的电子束流下工作，减小束斑直径，从而具有高空间分析能力。在微束操作模式下，EDS 能分析的最小区域可达到纳米级，能量分辨率可达 130eV 左右。EDS 能够同时检测和计数分析点内的所有 X 射线光子能量，仅需几分钟时间即可获得全谱定性分析结果。

（5）电子能量损失谱（Electron Energy Loss Spectrometry，EELS）　入射电子引起材料表面原子芯级电子电离、价带电子激发、价带电子集体振荡及电子振荡激发等，利用发生非弹性散射而损失的能量来获取表面原子的物理和化学信息。EELS 可以提供丰富的信息，包括原子的种类、数量、化学状态，以及原子与近邻原子的集体相互作用，获取样品的化学成分、电子结构、化学成键等信息。

1.4.3　扫描电子显微术

扫描电子显微镜（Scanning Electron Microscope，SEM，简称扫描电镜）是一种利用聚焦电子束扫描样品的表面来产生样品表面图像的电子显微镜。因其具有非接触、放大倍数高和测量范围广等特点，而广泛应用于材料科学、纳米科技、生命科学、物理学、化学及工业生产等领域的微观研究中。

SEM 的结构如图 1-8 所示，其主要由电子光学系统（镜筒）、信号收集处理系统、图像显示与记录系统、真空系统、电源及控制系统五个部分组成。其中，电子光学系统中主要包括电子枪（其结构与 TEM 类似，但其加速电压低于 TEM）、电磁透镜、扫描线圈和样品室。SEM 的电磁透镜是聚焦透镜，主要作用是使电子束的束斑缩小成一个纳米级的细小斑点。而 SEM 成像正是采用类似电视摄影显示的方式，利用聚焦电子束在样品表面扫描来激发物理信号并调制成像。

在 SEM 中，电子枪安装在镜筒的顶部，当电子的动能大于电子源材料的功函数时，就会被释放出来，然后加速向阳极移动。通过电磁透镜聚焦和电场加速最终形成高能电子束流，并照射到样品表面。在扫描线圈的控制下，高能电子束在样品的一个矩形区域内从左到右、从上到下逐点逐行依次扫描。扫描过程中，束流电子与样品表面原子核或核外电子发生多种相互作用，引起束流电子的运动方向和能量发生变化，从而产生许多不同类型的电子、光子或其他辐射。对于 SEM，用于成像的主要是二次电子和背散射电子。二次电子能量较低，一般小于 50eV。其产生区域较小，仅能从样品表面 5~10nm 的深度逸出，这也是二次电子像分辨率高的原因之一。而背散射电子一般是从样品 0.1~1μm 深处发射出来。由于入射电子进入样品较深，入射电子已被散射开，故背散射电子像的分辨率比二次电子像低，但背散射电子能够反映距离样品表面较深处的情况。

这些被激发出来的电子信号，最后利用相应的探测器和采集放大系统检测并分析，就可以获得样品的不同特征图像。而在信号收集处理和图像显示记录系统中，采用闪烁计数器检测二次电子、背散射电子和透射电子的信号。当样品中出来的信号电子被电场加速后到达检测器的闪烁体，闪烁体将电子能量转换为光子并通过光导管传送到光电倍增管，使得光信号放大，转化成电流信号输出。电流信号经视频放大器放大后就成为调制信号，最后转换为在阴极射线管荧光屏上显示的样品表面形貌扫描图像，以供观察和照相记录。

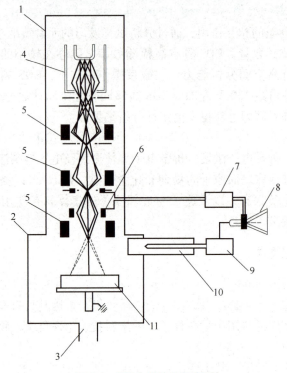

图 1-8 SEM 的结构示意图

1—镜筒 2—样品室 3—真空室 4—电子枪 5—电磁透镜 6—扫描线圈
7—扫描发生器 8—显像管 9—放大器 10—探头 11—样品和样品座

　　SEM 相对于光学显微镜、TEM 具有独特的优势。首先，它能在很大的放大倍数范围内工作，从几倍到几十万倍，相当于从光学放大镜到 TEM 的放大范围，并且具有很高的分辨率，可达 1~3nm；其次，它具有很大的焦深，300 倍于光学显微镜，因而对于复杂而粗糙的样品表面，仍然可得到清晰聚焦的图像，图像立体感强，易于分析；最后，样品制备较简单，仅需对材料进行简单的清洁、镀膜即可观察，并且对样品的尺寸要求很低，操作十分简单。

1.4.4　扫描探针显微术

　　扫描探针显微镜（Scanning Probe Microscopy，SPM）指利用原子级细的实物针尖与材料表面微区发生相互作用，通过精确地沿表面扫描探针，获得表面不同位置的相互作用信息，从而得到具有原子级空间分辨率的图像。自 20 世纪 80 年代被发明以来，SPM 家族不断壮大，在物质结构、电子信息、化学化工、生物医药等领域发挥着越来越重要的作用，成为探索物质微观结构不可或缺的技术手段。根据针尖-材料相互作用的不同，可以收集到不同物理量的空间分布信息，从而衍生出了多种类型的 SPM。表 1-2 总结了 SPM 家族的主要类型，其中，扫描隧道显微镜和原子力显微镜是两种最常用的 SPM 技术。

表 1-2　扫描探针显微镜的主要类型及用途

探针作用类型	仪器名称	英文缩写	用途
力	原子力显微镜	AFM	表面形貌、力曲线、摩擦力
	静电力显微镜	EFM	电场梯度分布、静电荷分布

（续）

探针作用类型	仪器名称	英文缩写	用途
力	磁力显微镜	MFM	磁场梯度分布、磁畴
	开尔文探针显微镜（表面电势显微镜）	KPFM SKPM	表面功函数分布 表面电势分布
	压电力显微镜	PFM	压电系数、极化方向、电畴
电流	扫描隧道显微镜	STM	原子级形貌、局域态密度、单原子操纵
	导电力显微镜	C-AFM	表面电导率分布
光	近场光学显微镜	SNOM	超分辨光学成像
热	扫描热显微镜	SThM	高分辨表面温度场
化学反应	扫描电化学显微镜	SECM	微区电化学反应

（1）扫描隧道显微镜（Scanning Tunneling Microscope，STM） 是 SPM 家族中最早也是最重要的成员。STM 最初用于导电材料表面的原子级成像，是让人类最早看到单原子像的仪器。两位发明人也因此获得了 1986 年的诺贝尔物理学奖。后来该仪器又拓展出扫描隧道谱和单原子操纵等功能，成为表面物理化学研究的有力武器。

STM 的工作原理基于量子隧道效应。如图 1-9 所示，一个极细的探针（通常由钨丝或铂-铱合金丝制成）非常接近样品表面（通常小于 1nm），并在它们之间施加一定电压时，电子就可以穿过势垒，在探针和样品之间形成隧道电流。这个隧道电流对探针与样品之间的距离非常敏感，因此通过扫描探针并监测隧道电流的变化，可以获得样品表面的三维形貌图。

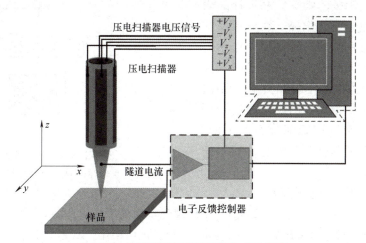

图 1-9 扫描隧道显微镜结构与基本原理

STM 具有以下几个显著特点：

1）高分辨率。STM 具有原子级的空间分辨率，其横向分辨率可达 0.1~0.2nm，纵向分辨率可达 0.001nm，能够清晰地观测到样品表面的单个原子或分子。

2）多种工作环境适应性。STM 不仅可以在真空环境中工作，还可以在大气、常温、低温甚至溶液中工作，大大扩展了其应用范围。

3）非破坏性测量。由于 STM 在测量过程中不使用高能电子束，因此对样品表面没有破坏作用（如辐射、热损伤等），能够保持样品的完好。

4）**实时成像**。STM 能够实时获取样品表面的高分辨率图像，这对于研究动态过程（如表面扩散、化学反应等）尤为重要。

5）**多功能性**。除了成像功能，STM 还可以用于纳米操纵、纳米加工等领域，为科学研究和技术创新提供了强有力的支持。

STM 在多个科学领域具有广泛的应用。在材料科学领域，可用来研究材料表面的原子结构、缺陷和表面重构等。在表面科学领域，广泛用于研究固体表面的原子排列、电子结构及表面与界面的相互作用等。在纳米科技领域，STM 可以在纳米级别甚至原子级别对材料进行操控和测量，在纳米加工、纳米操纵等方面具有独特优势。在化学和生物学研究中，STM 可以用来研究表面吸附分子、催化剂和生物分子在固体表面的行为等，其能够观测到生物大分子（如蛋白质、DNA 等）的精细结构，对于理解生命过程的基本机制具有重要意义。

（2）**原子力显微镜**（Atomic Force Microscope，AFM）　为了解决 STM 不能测量绝缘材料表面形貌的问题，宾宁、魁特和格贝尔等人于 1986 年发明了 AFM。AFM 利用原子级细的针尖与材料表面的力相互作用，也可以获得表面单原子分辨率的信息。针尖与样品间的力可能有许多不同的类型，如范德华力、摩擦力、静电力、磁力等。而 AFM 的测力元件可以分类收集不同力的信号，从而同时获得表面多个物理量的信息，这较之 STM 单一的隧道电流信号而言更为丰富。

图 1-10 所示为 AFM 的基本结构。与 STM 类似，AFM 也是在压电扫描器的驱动之下，将一根纳米级的细探针靠近样品表面，并在表面做光栅状扫描。在成像模式下，样品分子与针尖的短程排斥力作用到探针上。探针上灵敏的力传感器实时测量力的大小。排斥力的大小与针尖-样品距离有关，距离越近力越大。因此，通过分析样品表面凸起部分和凹陷部分力的不同，就可以推知表面的高低起伏变化，获得样品表面的形貌像。

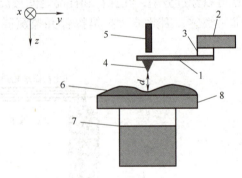

图 1-10　原子力显微镜的基本结构

1—探针悬臂　2—探针振荡器　3—探针支架　4—针尖
5—力传感器　6—样品表面　7—压电扫描器　8—样品台

AFM 具有以下几个显著特点：

1）**高分辨力**。其分辨能力远远超过 SEM 及光学粗糙度仪，样品表面的三维数据满足了研究、生产、质量检验越来越微观化的要求。但与 SEM 相比，AFM 的缺点在于成像范围太小，速度慢，以及受探头的影响太大。

2）**非破坏性**。探针与样品表面相互作用力极小（10^{-8}N 以下），因此不会损伤样品，也不存在 SEM 的电子束损伤问题。

3）**应用范围广**。与 STM 不同，AFM 不仅可以观察导电样品，也可以观察非导电样品。

4）**多种工作模式**。包括接触模式、非接触模式和轻敲模式等，适应不同的观测需求。

基于以上特点，AFM 可用于表面观察、尺寸测定、表面质量测定、颗粒度解析、突起与凹坑的统计处理、成膜条件评价、保护层的尺寸台阶测定、层间绝缘膜的平整度评价、

CVD（化学气相沉积）涂层评价、定向薄膜的摩擦处理过程的评价、缺陷分析等。

随着技术的不断发展和创新，AFM 也在不断地引入新技术以提高其性能和扩大其应用范围。例如，高速 AFM 技术可以显著提高扫描速度，使得在更短的时间内获取更多的样品表面信息成为可能。此外，还有一些新型的探针和扫描模式被开发出来，以适应不同材料和不同研究需求。这些新技术的引入将进一步拓展 AFM 的应用领域，并推动相关学科的发展。

1.5　谱学表征技术

当光束照射到物质上时，会发生各种相互作用，产生光的反射、折射、透射、吸收等多种光学效应（图 1-11）。通过测量这些反射、透射、吸收光谱，可以获得图形或图谱形式的光谱图。一般情况下，横轴表示波长或频率，纵轴表示光的强度或相对辐射强度。这样的图谱可以展示出光的分布情况，并提供有关光的性质、光源的特征、光与物质的相互作用及物质内部结构的信息，成为表征材料结构和性质的重要方法。

本节介绍常用的谱学表征技术，包括紫外-可见-近红外吸收光谱、傅里叶变换红外光谱、荧光光谱、拉曼光谱、X 射线光电子能谱等，这些技术能够为研究人员提供

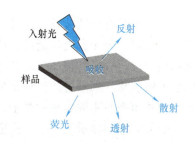

图 1-11　光与物质相互作用示意图

关于样品的化学键、晶体结构、功能团等信息，帮助人们深入了解材料微观特征，分析在制备过程中发生的一些变化，揭示材料的基本物理化学性质和表面反应、吸附等过程，为材料设计和性能优化提供重要依据。

1.5.1　紫外-可见-近红外吸收光谱

紫外-可见-近红外吸收光谱是一种利用物质分子吸收特定波长的紫外、可见光和近红外光来研究其分子结构和性质的分析技术。其基本原理基于分子内电子在能级间的跃迁。当光通过样品时，样品中的分子如果能够吸收光的能量，就会从低能级跃迁到高能级，同时光的强度会减弱。这种跃迁过程与分子的电子结构紧密相关，不同分子由于电子结构不同，会吸收不同波长的光，从而在光谱图上形成特定的吸收峰。在紫外-可见光谱区域（200～800nm），分子主要吸收特定波长的光，引起电子从基态跃迁到激发态。这些吸收的波长与分子的电子结构有关，可以用于推断分子的某些物理化学性质。在近红外光谱区域（780～2526nm），分子主要吸收低频率的振动模式，这与其内部的结构和相互作用有关，主要用于研究分子的振动、旋转和晶格结构等。

紫外-可见-近红外吸收光谱通过测量物质对特定波长光的吸收程度来识别和定量化合物，是基于分光光度法来进行的。分光光度法基于朗伯-比尔定律

$$A = \varepsilon bc \tag{1-7}$$

式中，A 为吸光度；ε 为吸光系数，为常数；b 为光程，为常数；c 为物质的浓度。通过测量标准浓度溶液的吸光度，可以标定 εb 值，这样测量样品在特定波长下的吸光度 A，就可以计算待测物质的浓度 c。因此，紫外-可见-近红外吸收光谱技术有时也称为紫外-可见-近红外分光光度法。相应地，还有红外分光光度法、荧光分光光度法和原子吸收分光光度法等。

紫外-可见-近红外分光光度计主要由四个部分组成：电光模块、光学模块、光电模块、信号采集和处理模块。按照光路类型分类，紫外-可见-近红外分光光度计主要分为单光束型和双光束型。其中，双光束型分光光度计在实际应用中更为广泛，特别是对于需要高精度和稳定性的光谱测量。

紫外-可见-近红外吸收光谱具有灵敏度高、准确度好、选择性优、操作简便、非破坏性等特点，广泛应用于化学、物理、生物、环境等多个领域。紫外-可见-近红外分光光度计在有机分析中一般可用于物质的定量、定性分析，包括成分和浓度分析，以及反应常数的测定等。在无机材料领域，一般用于测量材料的吸收或透射光谱，以及研究材料的电子结构。

1.5.2 傅里叶变换红外光谱

当一束具有连续波长的红外光通过物质时，物质分子中某个基团的振动频率和红外光的频率一致时，分子会吸收能量，从原来的基态能级跃迁至能量较高的能级，该处波长的光就被物质吸收。分子的整体振动图像可分解为若干简振模式的叠加，每个简振模式对应一定频率的光吸收峰。通过检测红外光被吸收的情况，可以得到物质的红外吸收光谱。不同的化学键或官能团吸收不同频率的光子，因此可根据红外光谱获取分子中化学键或官能团的信息。

红外光谱与物质的分子结构密切相关，红外光谱解析包括两个方面：对于已知结构的分子，可以识别分子中主要吸收峰和对应基团的振动模式；对于未知结构的物质，根据图中吸收峰的峰位、峰强和峰形，推测分子中可能含有哪些基团。

傅里叶变换红外光谱（Fourier Transform Infrared Spectroscopy，FTIR）使用连续波长的红外光源。在光源照射下，分子会吸收某些波长的光，未被吸收的光到达检测器，检测器将信号模数转换，并经过傅里叶变换，得到样品的红外光谱。其主要优点为信号的多路传输，可测量所有频率的全部信息，大大提高了信噪比和多波数精确度，可达 0.01cm^{-1}；分辨率高，可达 $0.005 \sim 0.1 \text{cm}^{-1}$；输出能量大、光谱范围宽，可测量 $10 \sim 10000 \text{cm}^{-1}$ 的范围。

FTIR 已在材料、化工、冶金、地矿、石油、煤炭、医药、环境、农业、宝石鉴定、刑侦鉴定等领域得到广泛应用。在材料领域，FTIR 光谱在塑料、涂层、填料、纤维等众多高分子及无机非金属材料的定性与定量分析方面发挥着重要作用。近年来，新技术的发展，如显微 FTIR、二维红外光谱、光纤 FTIR 和成像 FTIR，使得 FTIR 在更多样化的条件下能够提供更加全面和精准的分析。

1.5.3 荧光光谱

某些物质经某波长入射光照射后，分子从能级 S_a 被激发至能级 S_b，并在很短时间内退激发从能级 S_b 返回能级 S_a，发出波长长于入射光的荧光。荧光光谱包括激发谱和发射谱两种。激发谱是荧光物质在不同波长的激发光作用下测得的某一波长处的荧光强度的变化情况，即不同波长的激发光的相对效率；发射谱则是某一固定波长的激发光作用下荧光强度在不同波长处的分布情况，即荧光中不同波长的光成分的相对强度。

荧光物质具有两个重要的发光参数：荧光量子产率和荧光寿命。荧光量子产率是荧光物质的一个基本参数，它表示物质发生荧光的能力，数值在 0~1 之间。荧光量子产率是荧光辐射与其他辐射和非辐射跃迁竞争的结果。荧光寿命是指当激发停止后，分子的荧光强度降到激发时最大强度的 $1/e$ 所需的时间，它表示粒子在激发态存在的平均时间，通常称为激发态的荧光寿命。与稳态荧光提供一个平均信号不同，荧光寿命提供的是激发态分子的信息。荧光寿命与物质所处微环境的极性、黏度等有关，可以通过荧光寿命分析直接了解所研究体系发生的变化。荧光现象多发生在纳秒级，这正好是发生分子运动的时间尺度，因此利用荧光技术可以"看"到许多复杂的分子间作用过程，如超分子体系中分子间的簇集、固液界面上吸附态高分子的构象重排、蛋白质高级结构的变化等。荧光寿命分析在光伏、法医分析、生物分子、纳米结构、量子点、光敏作用、光动力治疗等领域也均有重要应用。

1.5.4 拉曼光谱

拉曼光谱是用来研究分子的振动模式、旋转模式和分子内其他低频模式的一种光谱分析技术。通常情况下，当一束单色光照射在物体上，其反射或透射的绝大部分的光的波长不发生变化，这是光的弹性散射，称为瑞利散射。而一小部分的光由于与分子发生了相互作用，其反射或透射的光的波长发生了增大或减小的现象，这源于光的非弹性散射。1928年印度科学家拉曼（C. V. Raman）在研究 CCl_4 光谱时首次观察到该现象，并发现散射光频率偏移量与材料的结构信息相关，因此获得了1930年诺贝尔物理学奖，该现象也称为拉曼散射。与红外光谱不同，极性分子和非极性分子都能产生拉曼光谱。1968年激光器问世，它为拉曼光谱学的研究提供了十分理想的光源，从客观上促进了拉曼光谱学的研究与应用发展。目前拉曼光谱已经成为一种重要的材料表征手段，被广泛应用于物理学、化学、生物学、医学、食品安全和环境科学等诸多领域。

入射光子与分子发生拉曼散射时，可能发生两种情况：分子吸收频率为 ν_0 的光子，发射频率为 $\nu_0-\Delta\nu$ 的光子（即吸收的能量大于释放的能量），同时分子从低能态跃迁到高能态（斯托克斯线）；分子吸收频率为 ν_0 的光子，发射频率为 $\nu_0+\Delta\nu$ 的光子（即释放的能量大于吸收的能量），同时分子从高能态跃迁到低能态（反斯托克斯线），如图 1-12 所示。

拉曼散射由斯托克斯拉曼散射（$\nu_0-\Delta\nu$）和反斯托克斯拉曼散射（$\nu_0+\Delta\nu$）组成，且前者的强度远大于后者。在拉曼光谱分析中，通常测

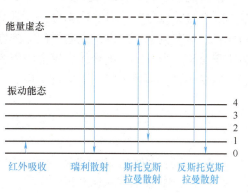

图 1-12 拉曼光谱能级跃迁示意图

定斯托克斯散射光线，它与激发光频率之差称为拉曼频移或拉曼位移（Raman Shift，$\Delta\nu$）。拉曼频移和强度的变化与物质结构、化学键和分子振动密切相关。频移的大小和方向取决于物质的振动模式，以及光子和分子之间的相互作用，不同类型的振动模式（如拉伸、弯曲、扭转等）对应于不同的频移。拉曼频移通常以波数为单位，可以表示为

$$\Delta\tilde{\nu}=\left(\frac{1}{\lambda_0}-\frac{1}{\lambda_1}\right) \tag{1-8}$$

式中，$\Delta\tilde{\nu}$ 是以波数表示的拉曼频移；λ_0 是激发波长；λ_1 是拉曼光谱波长。

强度变化是指拉曼散射光的强度与入射光强度之间的相对变化。散射光强的增强或减弱可以反映与此相关的物质结构和分子振动信息。强度变化与物质结构、化学键和分子振动之

间的关系主要涉及拉曼散射的选择定则和光的偏振性质。通过选择定则，可以解释分子特定的振动模式在拉曼光谱中显示出强度变化的原因。

拉曼光谱技术因其无损伤、无须标记、高灵敏度等优点，在材料科学、生物医学、化学等多个领域得到广泛应用，并且随着新技术的发展，其应用范围和检测能力将持续扩展。比如在材料科学领域，拉曼光谱可以识别不同的化学键和官能团，用于材料的化学成分分析和鉴定、研究材料晶体结构的晶格振动模式和对称性、检测材料中的相变，如多晶到单晶的转变或不同晶相之间的转变、判断材料中缺陷情况等。

1.5.5　X 射线光电子能谱

X 射线光电子能谱（X-ray Photoelectron Spectroscopy，XPS）作为现代科学研究中极为关键的一项技术，主要用于分析材料表面化学成分和电子结构。

XPS 的基本原理基于光电效应。当使用波长在 X 射线范围内的高能光子去照射被测样品表面时，其能量与样品内层电子相互作用，激发内层电子形成光电子。光电子的能量直接反映被激发内层电子的能级结构，不同元素具有独特的原子能级结构，因此它们产生的光电子也呈现出差异性。通过测量光电子的能量，可以准确确定被激发原子种类，并进一步确定样品表面元素组成。此外，XPS 还可提供关于元素化合价态、化学键类型和表面化学结构等信息。XPS 还能够对表面污染程度的变化、氧化态的变迁情况、薄膜厚度及界面特性等进行有效的分析。

XPS 能够检测所有原子序数大于 2 的元素，对不同元素具有相同的灵敏度；可以进行元素的定性与定量分析，以及价态分析；具有高灵敏度和高分辨率，能够分析表面 1~10nm 内的元素组成和化学态。由于光电子的非弹性平均自由程较短，XPS 具有极高的表面灵敏度，适用于金属、半导体、绝缘体、聚合物等各类材料，在材料科学、化学、物理学、电子学及表面科学等诸多领域中得到了广泛运用。

思　考　题

1. 简述正空间和倒空间晶面指数、晶向指数之间的关系。

2. 电磁波与物质有哪些相互作用？

3. 电子束与物质有哪些相互作用？这些相互作用产生的信号可反映材料的什么信息？可能会产生哪些相应的测试方法？

4. 对于晶体，X 射线衍射、电子衍射、中子衍射的异同点有哪些？

5. 推导布拉格方程及其衍射级数的取值范围。

6. 利用物相分析软件（如 Jade 等）和标准卡片数据库，尝试自己查找 Pt 的晶体学数据和 XRD 衍射峰数据。

7. 按照电子束与物质相互作用的机理，电子显微学的衬度类型有哪几种类型？各有什么特点？

8. 扫描电镜成像的主要信号来源有哪些？可分别形成什么衬度？

9. 与电子显微镜相比，扫描探针显微镜有哪些特点？

10. 简述紫外-可见-近红外分光光度计的基本原理和结构。

11. 利用分光光度计测试溶液浓度的原理是什么？

12. 产生红外吸收的条件是什么？是否所有的分子振动都产生红外吸收？

13. 什么是瑞利散射？什么是斯托克斯拉曼散射和反斯托克斯拉曼散射？它们的相对强度大小如何？

14. 简述 X 射线光电子能谱的基本原理和应用。

参 考 文 献

[1]　周玉. 材料分析方法 [M]. 4 版. 北京：机械工业出版社，2020.

[2]　章晓中. 电子显微分析 [M]. 北京：清华大学出版社，2006.

[3]　王荣明. 纳米表征与调控研究进展 [M]. 北京：北京大学出版社，2017.

[4]　王荣明，岳明. 低维磁性材料 [M]. 北京：科学出版社，2020.

第 2 章

先进透射电子显微术

2.1　像差校正电子显微术

在透射电子显微镜（TEM）的发展史中，提高分辨率一直是科学家们追求的重要目标。然而，电镜的分辨率受到多种因素的限制，其中最关键的是光学系统中固有的像差。这些像差，包括球差、色差和像散，会导致成像时电子波前的畸变，从而影响成像的清晰度和精确度。为了突破这一限制，像差校正技术应运而生。通过引入基于多级电磁透镜串联的像差校正器，可以有效地校正由电子束畸变引起的像差。这些校正器能够调整电子波前的传播路径，从而显著提高 TEM 的分辨率和图像质量。如图 2-1 所示，该技术将 TEM 的极限分辨率提升至亚埃级，显著推动了材料科学、生物学和纳米技术等领域的突破性发展。作为现代科学研究的里程碑技术，像差校正强化了对材料微结构的定量表征能力，为新材料研发和纳米技术创新提供了关键支撑。

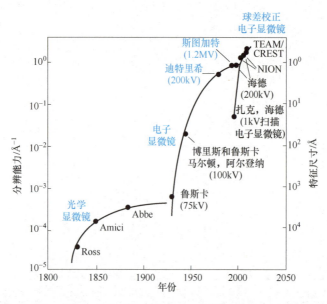

图 2-1　通过像差校正技术将 TEM 的分辨率提升至亚埃级

2.1.1　TEM 中的像差

电子显微镜的像差是指实际的电子光学系统与理想的电子光学系统所形成的像之间的差异。和光学显微镜成像系统类似，完美的电磁透镜只是一种理想模型，现实中的 TEM 成像系统总会存在像差。在一个实际的光学系统中，可以将可能产生的像差分为两大类：单色像差和多色像差。单色像差指由单色光生成的像差，包括像散、球差等；多色像差往往是指色散，这是因为不同波长的光在经过透镜时被折射的程度有差异导致的一种像差。相似地，在电子光学系统中，影响 TEM 成像分辨率的主要因素也包括了像散、球差及色差。接下来将简要介绍这几种像散的形成原理，为了便于理解，会单独讨论某一种像散单独存在的情况而不会将它们混合。

1. 像散

TEM 中的像散是指电磁透镜由于磁场的非对称性导致的分辨率缺失。如图 2-2 所示，电磁透镜中的磁场的非对称性使其对相互垂直的两个方向上具有不同的聚焦能力。在平面 A 中运行的电子束聚焦在点 P_A，而在平面 B 中运行的电子束则聚焦在点 P_B。在 A、B 两个相互垂直的面内，电子的聚焦点在电磁透镜的轴向上存在 Δf_A 的焦差。因

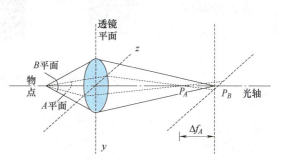

图 2-2　像散形成的原理示意图

此，一个圆形的物体可能因为像散的存在而呈现出椭圆形的像。在实践中，这种类型的像散可以使用电磁像散校正器来校正，这种方法已被广泛应用于各种型号的电子显微镜。

在 TEM 成像中，主要处理两种类型的像散：聚光镜像散和物镜像散。顾名思义，两种像散的来源分别是 TEM 中的聚光镜及物镜。如图 2-3 所示，当汇聚光束在屏上时，如果光斑为椭圆形，则表明电子束具有聚光镜像散；相反，如果光束是圆形的，则表明没有聚光镜像散。而对于物镜像散而言，在大多数情况下，如果以较低的放大倍率拍摄图像，则不必担心物镜像散会对图像质量产生较大的影响。但当以较高的倍率拍摄图像时，特别是进行原子级的高分辨表征时，物镜像散就不可忽视。在实际 TEM 操作中，可以对样品的非晶部分进行快速傅里叶变换（FFT）时，它将形成一个环（非晶相的短程有序性决定其经过 FFT 后会形成环状结构）。在图 2-3 中顶部的三个 FFT 图都不为圆形，表明存在物镜像散；而在底部的三个 FFT 图中，非晶环是圆形的，这意味着已经校正了物镜像散。

2. 球差

球差是由于电磁透镜中心区和离轴区会聚电子的能力不同而产生的。如图 2-4 所示，与中轴电子束相比，离轴电子束在通过透镜时折射更大，所以距离电磁透镜轴不同的电子束不会会聚在一点上，导致在图像平面中出现圆形弥散斑（高斯像）而不是一个明锐的点。一般来说，由近轴射线形成的点的高斯像的直径 δ 由这个表达式给出，把它写成

$$\delta = C_s \theta^3 \tag{2-1}$$

式中，C_s 为球差系数；θ 为电子束与光轴的夹角。

在光学系统中，可以巧妙利用凹透镜来消除凸透镜的球差，这是因为凹透镜和凸透镜都有球差，但符号相反。而对于电子显微镜，可以利用多级电磁透镜来校正球差，即球差校正

器。TEM 的球差校正技术是目前电子显微镜的前沿技术之一，它使电子显微镜的极限分辨率提高至亚埃级。

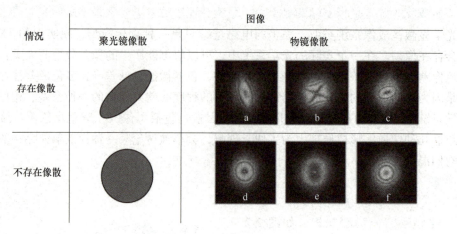

图 2-3 两种不同的像散及其在 TEM 中的表现

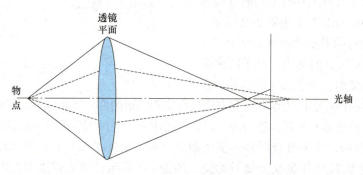

图 2-4 球差形成的原理示意图

3. 色差

在光学系统中，不同颜色的可见光具有不同的能量，即便是完美的透镜对这些不同波段的光线也会具有不同的折射率，从而使这些光线具有不同的焦平面或焦点。而在 TEM 中，当电子束离开电子源时，存在一定程度的能量色散，从而产生了非单色的性质。由电子的非单色性引起的像差称为 TEM 的色差，它的根源在于电子能量的差异。磁透镜对不同能量的电子具有不同的聚焦能力，因此一个物点的像在高斯像平面上成为一个圆形弥散斑，如图 2-5 所示。圆盘的半径 r_{chr} 为

$$r_{chr} = C_c \frac{\Delta E}{E_0} \beta \tag{2-2}$$

式中，C_c 为透镜的色差系数；ΔE 为电子的能量损失；E_0 为光束初始能量；β 为透镜的收集角。

电子显微镜的色差主要归因于两个方面：①电子枪的加速电压不稳定；②电子束与样品的相互作用，导致电子能量损失。校正球差后，理论上的极限分辨率只受电子束能量色散的影响。为了获得更好的图像，校正球差后的下一步是消除色差，目前的策略是使用单色器校正色差。

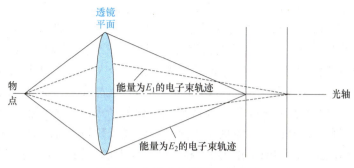

图 2-5　色差产生的原理示意图

2.1.2　像差校正原理与技术

1. 球差校正原理与球差校正器

对于一定加速电压的 TEM 而言，假设纠正了像散并且不考虑色差的影响，那么其实际分辨率 r 是理论分辨率和球差误差的函数。首先，将瑞利圆盘和球像差圆盘（在高斯图像平面上）的半径以正交求和。实际分辨率 r 的表达式为

$$r = (r_{th}^2 + r_{sph}^2)^{\frac{1}{2}} \tag{2-3}$$

式中，r_{th} 是由瑞利判据得出的理论分辨率；r_{sph} 指球差引起的弥散圆盘半径。则 r 可以改写为收集角 β 的函数

$$r(\beta) \approx \left[\left(\frac{\lambda}{\beta} \right)^2 + (C_s + \beta^3)^2 \right]^{\frac{1}{2}} \tag{2-4}$$

由于这两项随 β 的变化而不同，当 $r(\beta)$ 对 β 的微分设为零时，存在一个折中值，发现

$$\frac{\lambda^2}{\beta^3} \approx C_s^2 \beta^5 \tag{2-5}$$

这表明此时 TEM 的分辨率达到最佳。此时最优收集角 β 的值为

$$\beta_{opt} = 0.77 \lambda^{\frac{1}{4}} C_s^{-\frac{1}{4}} \tag{2-6}$$

带回式（2-4）可以得到实际分辨率关于球差 C_s 和电子束波长 λ 的函数

$$r_{min} \approx 0.91 (C_s \lambda^3)^{\frac{1}{4}} \tag{2-7}$$

这表明要提高分辨率，就要降低电子束波长和减小物镜球差。通过提高加速电压的方式可以提高 TEM 的分辨率，这也是 20 世纪六七十年代发展超高压电镜（高达兆伏）的原因之一。但是这种提升是有着很大的局限性的，高电压意味着高能量的电子束，会对辐照敏感的材料带来损伤。因此，开发具有球差校正能力的 TEM 技术是十分必要的。

在 1936 年，Scherzer 首次指出电镜中不可避免地存在球差和色差，电子显微镜的分辨率受球差系数的影响。因此，为了校正传统透镜的球差，需要增加一个发散透镜来补偿高角度入射光束的过高折射能力，如图 2-6 所示。不同于光学透镜，电磁透镜的球差校正技术是极其复杂的。1947 年 Scherzer 提出放弃旋转对称性，而在光路中引入多极场单元。具体方案是使用静电校正器，包括两个柱形透镜、一个旋转对称的单电位透镜和三个八极透镜。1949—1954 年 Seeliger 按 Scherzer 的方案建造和测试这个系统，后经 Mollenstedt 改造可以消

除球差，提高分辨率。Deltrap 于 1964 年提出了利用电磁四极透镜和八极透镜的球差校正器，用于加速电压更高的电镜。但是受限于技术的发展，有效的球差校正器一直停留在理论阶段，在应用方面未能取得突破性的进展。直至 1995 年，Zach 和 Haider 利用电磁四极场和八极场成功地同时校正了专用低压扫描电镜（DIVSEM）的物镜球差和色差，把 1kV 时的分辨率从 5nm 提高到 1.8nm。1997 年 Haider 等人首次开发出可用于 TEM 的由两个六极电磁透镜（校正器）和两个传递双透镜组构成的新型球差校正器。2001 年英国牛津大学在 JEM 2010FEF 电镜基础上，发展了可同时校正聚光镜和物镜球差的双重球差校正器。目前，Krivanek 等人已经研发出由四个四极和三个八极电磁透镜组成的第二代 STEM 球差校正器。接下来将介绍两种主流且被广泛应用的球差校正器，分别是四极-八极球差校正器和六极球差校正器。

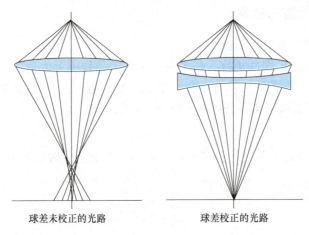

球差未校正的光路　　　　　　　球差校正的光路

图 2-6　球差校正的理想情况（通过发散透镜补偿高角度入射光束的过高折射能力）

　　四极磁透镜、六极磁透镜及八极磁透镜的设计如图 2-7 所示。光轴向内垂直于纸沿电子束的传播方向，电子束在其中受到洛伦兹力的作用。以较为简单的四极磁透镜为例，磁场的方向和电子束的受力情况如图 2-7 所示（黑色箭头代表磁场方向而灰色箭头表示洛伦兹力的方向）。四极磁透镜在一个方位方向产生简单的聚焦效应，同时在垂直方向产生散焦效应。因此，四极杆可以用来在线性方向聚焦电子束（称为线聚焦）。依据相同的原理，八极磁透镜可以用来调节电子束的二次畸变。目前的四极-八极校正器主要由至少四组四极和三组八极磁透镜组成，用于校正三阶轴向球差。第一组四极-八极磁透镜（Q1-O1）的圆光束具有正球差，在横向上产生椭圆伸长，并且在 O3 中具有负球差。在该系统中，如果关闭八极校正器，则四组四极磁透镜（Q1、Q2、Q3 和 Q4）的整体效果将是一组圆形透镜。

　　此外，用两组六极磁透镜可以补偿物镜的球差，其光学原理：①第一组六极透镜产生的非旋转对称的二级像差可以被第二组六极透镜补偿；②对于具有非线性衍射能力的六极透镜，它们可以产生旋转对称的三级像差次要的球面畸变。但次三级球面像差系数的符号与物镜的球面像差系数的符号相反，通过施加适当的激励电流，可以相应地补偿物镜的球面像差。在实际应用中物镜球差校正系统是一个安装在物镜后面的近等球差物镜系统，它由两组六边形透镜和两组附加的转移双圆透镜组成，如图 2-7b 所示。

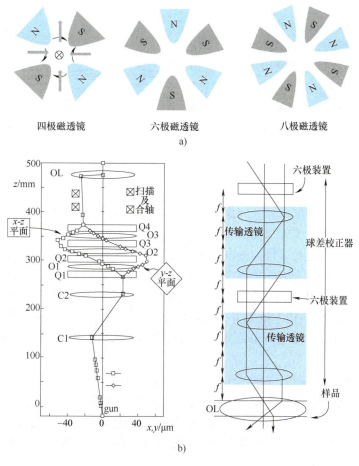

图 2-7 球差校正器示意图

a) 三种用于像差校正磁透镜的结构示意图

b) 四极-八极像差校正器（左）和双六极像差校正器（右）的结构示意图

2. 单色器

球差校正器的发明使透射电镜的点分辨率已突破 0.1nm，电子源色差已成为进一步提高电子显微镜信息分辨极限和电子能量损失谱能量分辨率的瓶颈。在场发射枪透射电子显微镜上增加单色器（能量过滤器）可有效降低电子束的能量色散，减小色差对电子显微镜性能的影响。近 40 多年来，人们发明出了多种类型的单色器，其基本原理都是用能量分散单元使具有不同能量的电子实现空间上的分离，再用能量选择单元选取一定能量谱宽的电子束。根据其工作原理和结构主要分为 Wien 型、Ψ 型和 Mandoline 型三种单色器。

Wien 定律指出，在垂直于光轴的方向上叠加互相垂直的静电场 E 和磁场 B，速度 v 满足 Wien 条件（$E=vB$）的电子将沿着直线光轴运动，而其他速度的电子被折射偏离光轴，在过滤器的末端被能量选择狭缝屏蔽。通过调节过滤器内的电磁场强度，可以选择不同速度（或能量）的电子束，这是 Wien 型能量过滤器的基本原理。然而，电磁场的边缘效应使电磁场不能严格满足 Wien 条件，通常采用多极电磁场来消除电磁场的边缘效应。

减速 Wien 型单色器主要由减速器、能量散射部件、加速器、能量选择狭缝等组成，如

图 2-8 所示。减速器中的电场使电子枪出射电子的能量从 U_x 减至 U_m（5keV 或更小），较低速度的电子束就可以在较短的路径中发生足够的能量散射，从而减小单色器的长度，降低对过滤电磁场的精度和电源的稳定性的要求。

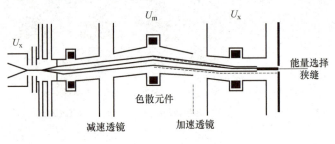

图 2-8　减速 Wien 型单色器

Ψ 型单色器最先由 Rose 和 Kahl 提出，由四个电子束折射部分组成，电子束沿等势线发生偏折，主光轴呈字母 Ψ 的形状，电子束在中平面上散射达到最大，因此，能量选择狭缝安装在此（图 2-9）。Ψ 型单色器关于中平面完全对称，可以很好地消除二级几何像差，以保证被散射的电子束在经过能量选择后出射时仍保持入射时的会聚角，实现很高的亮度。而且，由于系统的对称性，过滤后的电子束出射时已消除了能量散射，避免了横向的电子库仑力作用，保留了电子源的最初性质，根据垂直于光轴和能量选择狭缝方向上的焦点个数，Ψ 型单色器分为 A 型和 B 型两种。A 型在 x 和 y 方向均有三个焦点，而 B 型在 x 方向有三个焦点，在 y 方向只有两个。如图 2-9 显示了不同类型 Ψ 型单色器的几何结构上的差异，可以看出，每个单色器在散射方向（x 方向）都有三个焦点，而 A 型中两个散射部分之间的距离比 B 型的长，Ψ 型单色器可安装于电子枪内，也可以放在样品上方或下方。

由 Uhlemann 和 Rose 提出，LEO 公司研制的 Mandoline 型单色器，主要由一个均匀磁场 M1、两个对称放置的非均匀磁场 M2、M3 和九个对称安装的校正元件（C1~C9）组成（图 2-10）。校正元件产生的多级场可以有效地消除过滤 3300nm^2 eV 的高透过率。因此，即使图像很大，也可以得到非常好的单色像。单色器的像差靠校正元件内的多极场消除，系统的对称性也起到了消除二级像差的作用。

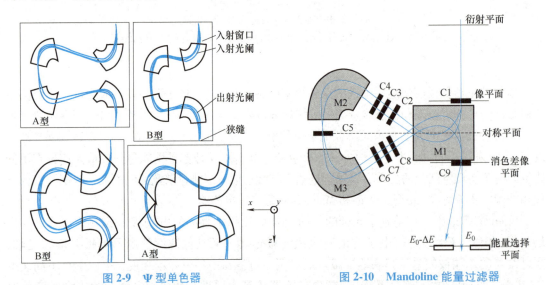

图 2-9　Ψ 型单色器　　　　**图 2-10　Mandoline 能量过滤器**

3. 像差校正的 HRTEM 和 HRSTEM

在实际的 TEM 操作中，影响分辨率的聚光镜及物镜像散可以用像散校正相对简单地消除。而安装了球差校正器的透射电子显微镜则可以使人们在 TEM 模式或 STEM 模式下较为轻松地达到埃级甚至是亚埃级的分辨率。这里之所以刻意将 TEM 模式与 STEM 模式分开说，是因为导致二者产生分辨率损失的球差来源不同。对于 TEM 模式而言，物镜球差是更需要被校正的；而对于 STEM 模式而言，聚光镜球差更值得被关注。图 2-11 表明了聚光镜球差校正器与物镜球差校正器的安装位置的差异。物镜球差的校正通过在物镜下方安装球差校正器实现，而对聚光镜球差的校正通过在三级聚光镜（C3）的下方安装球差校正器实现。基于此就不难理解，平常提到的"双球差"是指在一台电镜上同时安装了物镜球差校正器和聚光镜球差校正器，而"单球差"则需要明确是物镜球差还是聚光镜球差校正电镜，并根据实验需求（HRTEM 或 HRSTEM）选择对应的仪器。

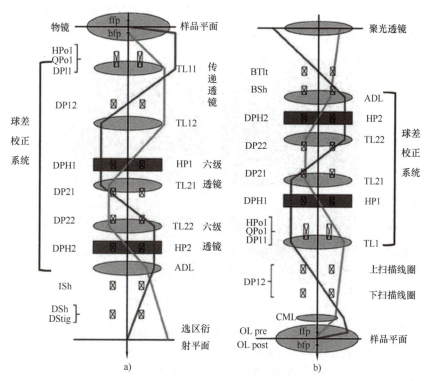

图 2-11　球差校正光路示意图

a）TEM 球差校正（物镜球差校正）　b）STEM 球差校正（聚光镜球差校正）

接下来将首先介绍像差校正的 HRTEM。在之前的学习中了解到，TEM 模式下的成像依靠相位衬度，其受像差影响函数为

$$
\chi(\omega) = R\Big[A_0\bar{\omega} + \frac{1}{2}C_1\omega\,\bar{\omega} + \frac{1}{2}A_1\bar{\omega}^2 + B_2\omega^2\bar{\omega} + \frac{1}{3}A_2\bar{\omega}^3 + \frac{1}{4}C_3(\omega\,\bar{\omega})^2 +
$$

$$
S_3\omega^3\bar{\omega} + \frac{1}{4}A_3\bar{\omega}^4 + B_4\omega^3\bar{\omega}^4 + D_4\omega^4\bar{\omega} + \frac{1}{5}A_4\bar{\omega}^5 + \frac{1}{6}C_5(\omega\,\bar{\omega})^3 + S_5\omega^4\bar{\omega}^2 +
$$

$$
R_5\omega^5\bar{\omega} + \frac{1}{6}A_5\bar{\omega}^6 + B_6\omega^4\bar{\omega}^3 + D_6\omega^5\bar{\omega}^2 + F_6\omega^6\bar{\omega} + \frac{1}{7}A_6\bar{\omega}^7 + \frac{1}{8}C_7(\omega\,\bar{\omega})^4 +
$$

$$
S_7\omega^5\bar{\omega}^3 + R_7\omega^6\bar{\omega}^2 + G_7\omega^7\bar{\omega} + \frac{1}{8}A_7\bar{\omega}^8 \Big]
$$

$$(2\text{-}8)$$

式中，ω 及 $\bar{\omega}$ 互为共轭，与衬度传递函数中的 H 矢量含义一致，但为方便函数表达分解为互为共轭的参数；A、B、C、S 等代表各种像差，如 A_n 代表 $n(n=1,2,3,\cdots,7)$ 级像散，B_n 为 $n(n=2,3,\cdots,6)$ 级慧差，C_1 为离焦量等，C_s 为球差系数。

调整这些系数，便可调节像差对成像的影响，因此，球差校正器虽以球差命名，但实际通过调整各种像差来优化衬度传递函数，提升图像分辨率。类似地，聚光镜球差校正器同样通过优化各项系数，可以获得接近理想状态的电子探针及相干性更好的光源，具体过程不再赘述。为了便于直观地感受到球差校正器的作用，将结合一些样品表征的实例来进行说明。

通过物镜球差校正的优势有三个方面：

1) 通过调节 C_s 系数，提高了实际分辨率。图 2-12 展示了单晶硅在 300kV 电子枪下的 HRTEM 表征，在经过球差校正后图像的极限分辨率提升至 0.7Å。

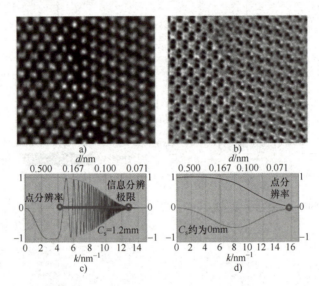

图 2-12　球差校正前后的高分辨像

a) 未经球差校正的单晶硅晶界的 HRTEM 像　b) 球差校正后的单晶硅晶界的 HRTEM 像

c) 图 2-12a 对应的衬度传递函数　d) 图 2-12b 对应的衬度传递函数

2) 抑制了离域效应（离域效应可以简单理解为，本应属于一个像点的信息出现在附近像点对应的位置上，通常会在 HRTEM 像中，在材料界面附近或样品边缘出现了不该出现的衬度）。

3) 可以在低压下成像，保护样品，尤其是一些电子束敏感的低维材料。例如图 2-13 所示，碳纳米管在 200kV 电压下观察产生了明显的结构损伤，而 120kV 无球差下损伤减少但是离域效应严重，80kV 下使用物镜球差校正后发现碳纳米管的结构保持良好且无离域效应。

对于 STEM 模式而言，聚光镜球差校正采用亚原子尺度的电子探针来实现亚埃级的分辨率。以 HADDF-STEM 为例，该技术利用高角环形探测器捕获的电子主要来自于重元素的散射，其衬度与对应元素的原子序数相关。STEM 不仅能够轻松实现原子级表征，同时具备一定的元素分辨能力，因此在单原子催化剂和复杂氧化物的界面表征等领域有着广

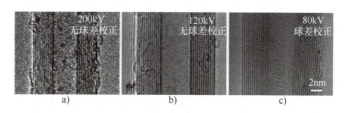

图 2-13 不同电压下碳纳米管的高分辨图像

a）200kV 无球差校正 b）120kV 无球差校正 c）80kV 球差校正

泛的应用。例如图 2-14 所示，HR-STEM 允许观察到由 Z 衬度差异导致的单原子的像，这在 HRTEM 下是很难实现的。而 ABF-STEM 则利用环形明场（ABF）探测器，可对轻元素进行成像。相比 HRTEM，像差校正的 STEM 具有一些其他独特的优点：①平行光照明和会聚光照明空间分辨率的提高，意味着可以进一步获得更小的晶格条纹和晶体信息（如上述的单原子催化剂表征），同时，在给定的方向上，更容易观察到小混晶晶粒内的晶格条纹；②减小了位移，避免了测量过程中小晶粒尺寸和界面宽度受条纹效应的干扰，使测量结果更加可靠；③在信噪比较好的条件下，在薄区（避免重叠粒子的投影效应）用 EDX（能谱）或 EELS（电子能量损失谱）进行定量化学分析。如图 2-15 所示，经过球差校正的 HADDF-STEM 表征可以获得 $SrTiO_3$ 高信噪比的 EELS 谱，以用于化学定量分析。

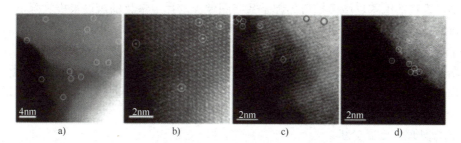

图 2-14 FeO_x 上负载 Pt 单原子的 HADDF-STEM 成像

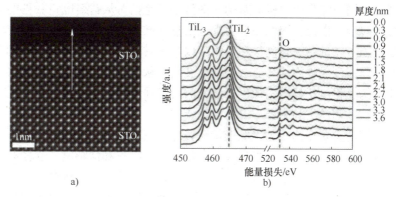

图 2-15

图 2-15 STEM 中的 EELS 线扫

a）STO 薄膜的高分辨 STEM 图像 b）STO 薄膜从衬底到薄膜表面的 EELS 线扫分析

2.2 定量电子显微分析

2.2.1 图像处理

1. 图像处理的内涵

图像处理是利用计算机算法和技术对图像进行分析、增强、重建或改变的过程。在透射电镜中，图像处理是指对电子显微镜获取的图像进行处理，以提高图像质量、强化目标信息或进行定量分析。在撰写科研论文时，研究者往往会对图片进行处理以获得观感更好的图片。例如改变图片的对比图，使样品的形貌看起来更清晰，或者对黑白的图片施加伪色。这些处理强化了图片中直观的、肉眼可见的特征。本章中提到的图像处理则主要是为了提取样品中间接的、定量的信息，量化显微图像。现代透射电子显微镜所提供的图片都是数字化的，图片中记录了每个像素的坐标与强度，对这些图片的处理就是对坐标及强度矩阵数字进行数学运算。在分析 XRD（X 射线衍射）或者 XPS（X 射线光电子能谱）等数据时，会对获得的 XRD 或 XPS 谱线进行降噪、分峰拟合等处理来提取谱线里的有效信息。对电子显微像的处理也是一样的，区别在于 XRD、XPS 谱线往往是一维的，而电镜图像是二维的，但是在定量化处理时它们所遵循的基本思想是一致的。

较早期的电子显微像都是用胶片拍摄的，对其量化分析很难晶格间距、图像衬度的测量非常烦琐。现代的电子显微镜拍摄的都是数字图像，图片定量化的难度被极大降低。并且随着计算机的计算速度越来越快、内存越来越大，各种图像处理方法也越来越普及。各个电镜厂家为了推广自家产品，在电镜配套的操作软件中也加入了越来越多的方便进行图片定量化处理的功能。很多研究者也开发了方便的软件包。本节主要是介绍各种常见的定量化方法，不具体描述特定软件的使用。本节最后会列举一些常见的图像处理软件官方网址，供有兴趣的读者参考。

2. 图像处理与定量分析

电子显微图像的定量分析是指通过对高分辨图像中的原子柱衬度进行函数拟合，获取精确的原子坐标，再根据原子坐标进行一系列的定量分析。本节所提及的图像处理技术是作为电子显微图像定量化分析的基础。图像处理是指对从透射电镜获得的图像进行数字化处理和优化的过程，以改善图像质量、提取信息并准备进行定量分析。而定量分析则是指利用处理后的图像数据进行量化测量和分析，以获得有关样品的定量信息。就如同科学家们利用特殊的算法将强度比噪声信号更低的引力波信号从大量的数据中分离出来，对电子显微图像的处理也是为了将电子显微图像中有意义的信号强调、提取并且量化。

图像处理的目的主要包含增强图像质量、标准化处理及提取有效信息。提高图像质量是图像处理的首要目的，这里的图像质量包括去除图像中的噪声、伪影及其他可能导致图像模糊或失真的因素，从而增强图像的对比度、分辨率和清晰度。前面有提到过，电子显微图像是数字信号，一个电子显微图像就是一个数学矩阵。数学计算，可以提高这个矩阵中有效信号的强度。比如最常见的傅里叶滤波就是通过选择傅里叶变换图中特定的衍射点，来强化其对应的晶面的信号。还有，图像处理的第二个目的就是信息提取，通过边缘检测、特征提取、图像分割等技术，可以识别和定位样品中的特定区域、结构或对象，并将其提取出来以供后续的定量分析使用。现阶段很多软件都可以自动识别电子显微图像中纳米颗粒的大小和尺寸。电子衍射谱的分析中，通过对衍射点的强度分布进行函数模型拟合，精确定位出衍射点的中心，分辨出千分之一的晶格膨胀。

定量化分析前的图像处理还有一个重要的目的就是对图像进行归一化处理，从而减少由于实验条件或仪器差异而导致的图像差异。例如在分析 HADDF-STEM 图像时，选择特定位置的衬度作为内标，对所有图像衬度进行归一化处理，以消除电镜状态对图像衬度的影响。在对原子分辨的高分辨图像尤其是 TEM 图像定量分析时，由于电镜像散、聚焦状态的影响，可能会对电镜的实际放大倍数带来 2%~3% 的误差，这时候也需要对图片标尺进行统一的内标校正。

以上所提到的都是在获得电子显微像后对图片进行的后处理。实际上，现代的 TEM 在软硬件上都做出了许多改进与优化，以获得更高质量可以用于定量化分析的图片。比如通过能量过滤器降低透射电子束的色差，提高图像的信噪比；硬件级的漂移校正，提高在弱束流密度下长时间曝光获得的图像质量等。

3. 常见 TEM 图片处理分析软件及官方网址

DigitalMicrograph（DM）：https://www.gatan.com/cn/products/tem-%E5%88%86%E6%9E%90/gatan-microscopy-suite-%E8%BD%AF%E4%BB%B6。

Image J：https://imagej.nih.gov/ij/plugins/inde2.html。

TEM Imaging&Analysis（TIA）：https://www.thermofisher.com/tw/zt/home/semiconductors/tem-imaging.html。

NanoImage：https://app.jaqpot.org/nanoImage。

Image-Pro plus（IPP）：https://mediacy.com/image-pro/。

StatSTEM：https://github.com/quantitativeTEM/StatSTEM。

simple-PCI：https://hcimage.com/simple-pci-legacy/。

Cell Profiler/Cell Analyst：http://www.cellprofiler.org/。

L-measure：http://cng.gmu.edu:8080/Lm/。

MacTempas：https://www.totalresolution.com/MacTempas2.htm。

2.2.2　常见图像处理技术

1. 出射波重构与原子定位

在原子分辨的高分辨图像的定量分析中，通过对图片中原子柱的衬度分布进行拟合，可以获得准确的原子位置，位置精度能够达到几皮米。高分辨电子显微像主要有 STEM-HADDF/BF 和 HRTEM 两种。STEM 图像是非相干相图像，图像衬度与原子位置直接对应，只要图像的信噪比足够好，就可以通过衬度拟合获得精确的原子位置。而且 STEM 图像衬度近似正比于原子序数的 1.7 次方，在一些情况下，还可以根据对衬度强度拟合的结果同时获得原子柱的精确位置和每个原子柱中原子的数目。知道每个原子柱的精确位置和原子数目，再结合晶体学的相关知识就可以很容易地获得样品的三维原子模型，然后根据三维原子模型展开多种定量分析。TEM 图像是相位衬度像，图像衬度是样品势函数的投影，势函数与原子像之间的不确定度会受到相差和聚焦状态等因素的影响发生变化。研究表明，如果电镜的欠焦量误差达到 9nm，获得的原子像与真实的研究对象的势函数之间的不确定度约为 35pm，这在大多数情况下能满足实验需要。但对于研究材料局域的晶格弛豫、位错核心部位的应力场等则需 1~3pm 左右的精度。

如果准确知道拍摄电镜照片时的欠焦量，就可以计算出其衬度传递函数，然后通过数学运算消除衬度传递函数的振荡调制对材料信息的影响，从而将电镜的分辨本领由原来的点分辨率提高到其信息分辨极限，在非像差校正电镜下实现近埃级乃至亚埃级分辨率。出射波重构就是基于此，通过拍摄系列欠焦像，计算出准确的欠焦量，获得更高分辨率的出射波函数，包括相位和振幅。这种方法能够提高图像的分辨率和对比度，使样品的微观结构更清晰可见。最重要的是，利用出射波重构技术可以消除由离焦和球差等原因导致的相衬离位。经过出射波重构后，消除了衬度传递函数的影响，获得的相位像的欠焦量可以精确地控制在 1nm 以内，此时获得的相位像与材料的势函数投影之间的不确定度一般为 1~3pm。如图 2-16 所示为高分辨晶格像和相位像在正焦和欠焦条件下的位置精度。

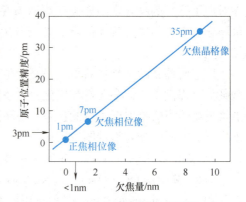

图 2-16 不同离焦量下获得的高分辨电子显微图像原子位置精度

现阶段随着像差校正电镜的普及，有经验的电镜操作人员已经可以在像差校正电镜中直接获得原子位置误差在几皮米以下的正焦相位图像。常规电子显微图像的定量分析不再依赖于出射波重构图像。辐照敏感材料不耐电子束辐照，容易发生结构损伤，因此无法使用常规剂量进行 HRTEM 像表征。在 HRTEM 成像过程中，必须降低电子总剂量或剂量率，以信噪比的损失来换取结构的稳定。而出射波重构技术除了可以利用多张图像提升信噪比，还可以从算法上充分利用采集的信息实现分辨率拓展、相位恢复。将出射波重构技术应用于低剂量成像场景可以实现部分电子束敏感材料的低束流密度的原子级分辨成像。如图 2-17 所示为 ZSM-5 沸石的低剂量成像 HRTEM 图像和出射波重构获得图像。现阶段有很多工作利用出射波重构技术进行电子束辐照敏感材料的电子显微像研究。

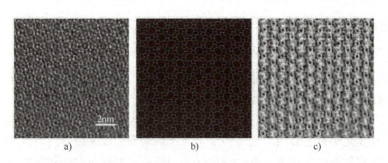

图 2-17 高分辨像的出射波重构

a）低剂量的系列离焦图像中焦距为 2nm 的 HRTEM 图像 b）ZSM-5 沸石的晶体结构模型
c）使用 DigitalMicrograph 软件中的 FTSR 插件重构的出射波相位

2. 傅里叶滤波与重构

在电子显微镜成像中，可能出现信噪比低、背景上的无定形信号及多个样品重叠等情况，导致图像不清晰或复杂。在拍摄完图像后，可以通过对 HRTEM 图像或 STEM 图像进行连续快速傅里叶变换（FFT）滤波，突出特征、去除噪声并增强图像质量。在基本操作中，使用 FFT 过程将具有晶格或原子晶间距的原始图像转换为倒易空间中的 FFT 图案。为了消除由于晶体质量差或成像噪声引起的干扰，在傅里叶空间中的目标点周围应用模板/滤波器（mask），以减去不需要的信号。随后，进行逆傅里叶变换处理，得到一个包含经过锐化和澄清的信息的、经过滤波的实空间图像。因此，由于其增强了可视化晶体结构和缺陷的能力，傅里叶滤波技术在材料领域被广泛采用。

针对特定区域的滤波模板的选择对于定量图像解释非常重要，如晶界界面、原子缺陷区域、具有原子重叠区域等。此外，在很多处理软件中提供了许多滤波算法，如斑点、带通、阵列和楔形滤波器掩模。可以根据需要开发新的滤波器。因此，选择适当的滤波器算法对于正确获取或突出图像信息至关重要。例如，与维纳滤波器相比，平均背景减法滤波器（ABSF）会平均图像中亮斑点的对比度。因此，如果想要突出图像的单原子装载或掺杂，则 ABSF 不适用。

关于缺陷的可视化，Jung 等人利用傅里叶滤波方法研究了太阳能电池中 CdS/CdSe 共敏化 ZnO 纳米线中的缺陷。通过观察界面上的位错密度和位置，发现 ZnO/CdS/CdSe 结构中 CdS 层的位错密度比 ZnO/CdS 结构中的要低得多，说明了缺陷在光伏性能中的作用，如图 2-18a~d 所示。通过对 HAADF-STEM 图像上叠加傅里叶滤波，Ma 等人揭示了 SnO_2 与 Pt 之间反应中 $Pt/Pt_3Sn/PtSn$ 相逐渐转变的过程。如图 2-18e 所示，在转变过程中可以实现相和催化活性的控制，为设计合金催化剂的合成提供了有价值的指导。类似的相变过程也被傅里叶滤波方法揭示在 $Cu_{2-x}Se$ 与 HfO_2 中，这有助于研究体材料中难以稳定的次稳定结构的稳定化。

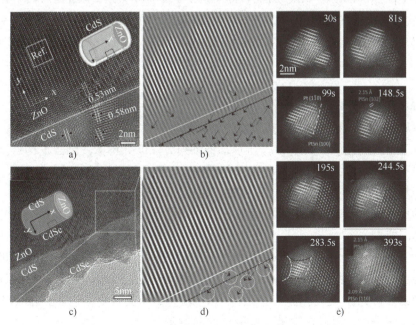

图 2-18 用于晶格和原子晶间距分析的傅里叶图像滤波

a）CdS-ZnO 界面的 HRTEM 图像 b）CdS-ZnO 界面的傅里叶滤波后的图像 c）CdSe-CdS-ZnO 界面的 HRTEM 图像
d）CdSe-CdS-ZnO 界面的傅里叶滤波后的图像 e）$mSiO_2$ 封装的 Pt/SnO_2 生长的连续 HAADF-STEM 图像，
展示了 Pt_3Sn 和 PtSn 的生长过程，图像叠加了傅里叶滤波后的图像（黄色，由 Pt_3Sn 的超晶格斑点生成）

3. 漂移校正

前面有说过,在拍摄电子显微图像时,图像的信噪比和采集时间是负相关的。在原位电镜实验中,想要捕捉变化较快的反应,就必须降低图像的采集时间。图像的信噪比会受到极大影响,而为了提高图像增强束流密度又会对样品造成不可逆的辐照损伤。在拍摄电子束敏感材料时,为了降低电子束对样品的辐照损伤,同样需要降低电镜的束流密度,使得图像质量下降。这时为了保证图像的信噪比往往需要极长的图像采集时间,在拍摄 STEM 图像时更是如此。采集一张质量非常好的 STEM 图像,花费几分钟甚至数十分钟是很常见的。在长时间的采集过程中,由于样品的振动、热涨落或仪器本身的不稳定性等因素导致的样品的漂移难以避免。样品漂移一方面极大地降低了图像质量,另一方面在样品漂移方向上为图像的定量分析引入了额外的误差,为了消除样品漂移,TEM 的硬件和软件都有相关的技术发展。现代的 TEM 通过改进电子光学系统和仪器的机械结构,包括冷场发射电子枪、减振台等,提高了整个电镜系统的稳定性和精确度。若样品沿某个方向发生线性漂移,计算机可以根据较短时间间隔拍摄的图像自动计算相对位移,据此改变图像位移(image shift)线圈的电流,以消除样品漂移;但是非线性漂移则无法用这种硬件方法校正,更多依赖于后续的图像处理。

在图像处理角度,叠层成像是常用的消除漂移、提高图像质量的方法。通过将多张短曝光时间的图像叠加来获得一张高质量的高分辨电子显微像。叠层成像技术结合最新的单电子计数相机,已经可以在较短时间内获得一张没有漂移的高质量图像。这些技术在最新的电镜中已经普及,并且被集成在电镜配套的软件包中,电镜操作人员可以方便地调用,有兴趣的读者可以登录网站(https://www.gatan.com/cn/k3-%EF%BC%9A%E4%BD%8E%E5%89%82%E9%87%8F%E7%94%B5%E5%AD%90%E6%98%BE%E5%BE%AE%E6%9C%AF%E9%81%87%E4%B8%8A%E5%82%AC%E5%8C%96%E7%A0%94%E7%A9%B6)在线观看应用实例。

2.2.3 应用

1. TEM 图像定量分析

通过对原子位置的精确测量,可以发现纳米材料中微小的晶格弛豫,这种微小的晶格弛豫往往影响了材料的性能。如图 2-19 所示,将系列欠焦高分辨像波函数重构得到了 FePt 纳米粒子的原子分辨图像,通过模型函数拟合精确地定位了原子柱的位置。结果表明,最表层原子层间距相比理论值有大约 9.4% 的膨胀。而里层的层间距则存在最大 3% 的收缩。对原子层间距的皮米级的精确测量揭示出了原子层之间的晶格弛豫,解释了 FePt 五重孪晶形成正二十面体的机制。

TEM 模式下有一个极大的优势就是相较于 STEM 图像,TEM 图像的拍摄时间往往较短。通常只需要不到 0.1s 就可以获得一张质量尚可的原子分辨的 TEM 图像,而 STEM 模式下则至少需要数秒。因此在一些原位实验中,如原位拉伸,研究者更倾向于拍摄 TEM 图像。通过对图片的定量分析,可以在纳米尺度测量样品的局域应变。如图 2-20 所示为纳米孪晶金属形变过程的 HRTEM 图像。通过原位透射电镜观察和定量应变分析,发现孪晶片层厚度对不同类型位错活跃程度和位错形核处局部应力集中有明显影响,位错的主导形核机制在某一临界片层厚度(18nm)会发生转变。这一研究揭示了块体纳米片层结构(比如孪晶)材料

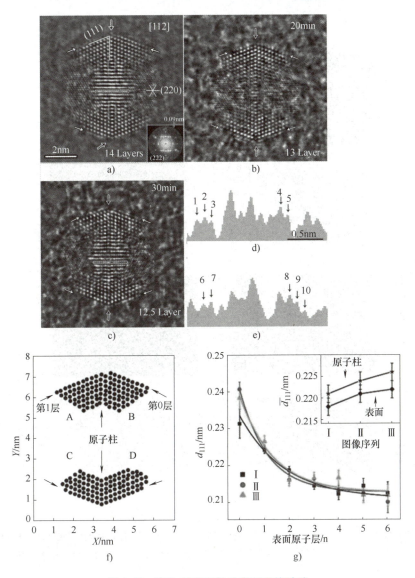

图 2-19　FePt 纳米颗粒的表面晶格弛豫

a~c）一个典型 FePt 纳米颗粒在 300kV 电压下暴露于约 20Å/cm² 电流密度下 0、20 和 30 分钟后的实验出射波相位图像（白色箭头标记了部分占据的壳层，黑色箭头标记了通常缺失的边缘原子柱，图 2-19a 的插图是相位图像的傅里叶变换，显示出 0.090nm 的信息极限）　d、e）从实空间图像中的指定区域提取的线剖面，可以分辨出间距窄至 0.09nm 的细节　f）图 2-19a 中颗粒的原子柱位置图　g）出射波相位图中壳层间距随壳层编号的变化（实线是拟合的指数函数，符号Ⅰ、Ⅱ和Ⅲ分别对应图 2-19a~c）

的微观变形机制与宏观力学性能之间的关系。由于位错形核与局部应力集中有关，所以纳米孪晶铜变形的主导位错形核机制主要取决于孪晶界台阶处和孪晶界/晶界交界处的局部应力集中程度。而局部应力集中程度受孪晶片层厚度的影响，在孪晶界台阶处的局部应力集中程度随着孪晶片层厚度的减小而减小，孪晶界/晶界交界处的应力集中程度随着孪晶片层厚度的减小而显著增加。两者应力集中程度相当时对应的临界孪晶片层厚度为 18nm。这一原子尺度的定量应变分析的结果与宏观力学性能测试得到的临界孪晶片层厚度（15nm）较为吻合，这为预测进而优化具有纳米片层结构的金属材料的力学性能提供了新途径。

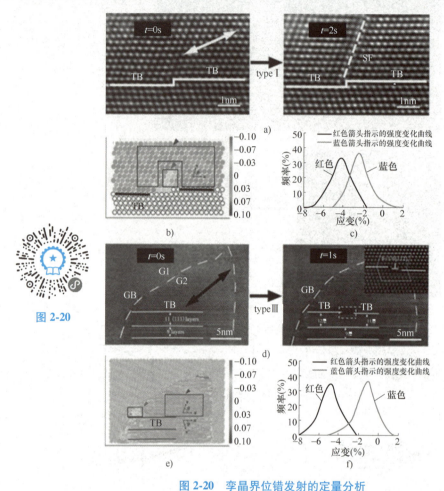

图 2-20

图 2-20 孪晶界位错发射的定量分析

a）孪晶界发射 I 型位错的动态过程　b）I 型位错发射前的剪切应变分布　c）图 2-20b 中黑框区域内的定量分析　d）孪晶界/晶界交界处发射 III 型位错的动态过程　e）III 型位错发射前的剪切应变分布　f）图 2-20e 中黑框区域内的定量分析

　　浙江大学张泽院士使用像差校正的原位 TEM 观察在应变过程中的 Pt 晶界，揭示了 Pt 双晶中的不对称倾斜晶界中滑动主导变形机制（图 2-21）。为了更详细清楚地解释晶界滑动，开发了自动原子柱跟踪法，可以自动标记原子列，从而在反映晶界滑动的图像序列中识别出特定的原子柱。结果显示，存在沿晶界的直接滑动和在边界平面上的耦合的晶界迁移和滑动，后一种滑动过程是由使晶界原子能够传输的断开运动介导的，导致以前无法识别的耦合晶界滑动和原子平面转移的模式。在未来的电镜实验中，高通量的定量分析也是一个重要的方向，尤其是原位实验中一次就可能是上千张的电镜照片。现在网上可以搜集到很多支持批量处理的软件包，有兴趣的读者可以自己搜索学习。

　　在原位电镜实验中，样品可能在反应条件下发生结构演化，这种变化也可能仅有皮米尺度的，需通过定量分析才能发现。但是透射电镜图像是二维投影，其对应的真实三维结构往往很难判断。这个时候，高分辨定量分析结合高分辨像模拟可以很好地解决这个问题。

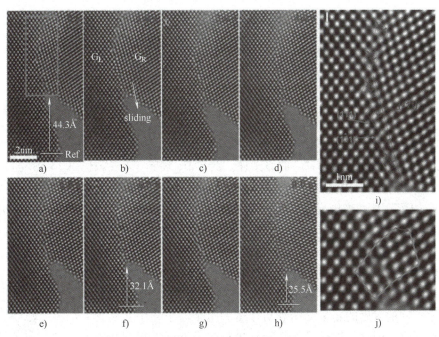

图 2-21 Pt 双晶中不对称倾斜晶界的原子尺度滑动

图 2-22 所示为 H. Kohno 等人用球差校正电镜拍摄的负载的 Au 纳米晶的高分辨图像和对应的模拟像与三维原子模型。可以看到，当样品暴露在反应气氛中后，Au 纳米晶在 2s 时发生了位移，Au 纳米晶的高分辨像在 39s 时从点阵变成了晶格条纹，43s 时恢复成点阵。高分辨像的变化可能来源于环境气氛引起的样品结构的变化。为了确认这一猜想，高分辨像模拟就必

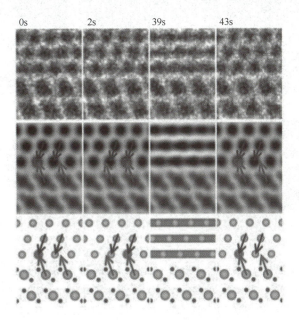

图 2-22 CeO$_2$ 表面负载的 Au 纳米晶的横向位移的示意图（上、中、下三排图片分别代表实际观测到的高分辨图像、对应的高分辨像模拟、对应的三维原子模型）

不可少。通过高分辨像模拟发现，将 CeO$_2$ 表面的 Au 纳米晶旋转 4° 后得到的高分辨模拟像与实验图像最接近，说明通入气氛后金纳米颗粒转动了 4°。这个工作说明，在分析结果难以确定时，可以使用高分辨像模拟来提高定量电子显微分析的可信度。

2. STEM 图像定量分析

利用 Z 衬度，在 STEM 像中可以直观地观测到单原子，区分结构相似而元素组成不同的物质。如图 2-23a 所示，可以清楚地看到 SiO$_2$ 表面负载的 Co 单原子。在图 2-23b 所示的单层 MoS$_2$ 与单层 WS$_2$ 堆叠形成的异质结构中，因为 W 的原子序数远大于 Mo，通过衬度的差异可以轻易地区分出 MoS$_2$ 与 MoS$_2$ 对应的原子柱。图 2-23c 展示了另一个 WS$_2$/MoS$_2$ 的异质结构。快速傅里叶变换处理得到的 FFT 图中只显示了一套衍射点，这说明 MoS$_2$ 与 WS$_2$ 的晶体结构几乎完全一致，HRTEM 图像中它们几乎没有差异。而根据 Z 衬度则可以很容易地区分出 MoS$_2$ 与 WS$_2$ 的分布。利用 HAADF 像的 Z 衬度对样品的原子结构进行定量分析时，可以直接根据原子柱衬度获得每个原子柱中的原子数，进而得到样品的三维原子模型。而在 TEM 图像的定量分析中，想要获得每个原子柱中的原子个数是很困难的。如图 2-23d~f 所示，Au 纳米晶中的每个原子柱的衬度正比于每个原子柱中的原子个数。因此通过对每个原子柱的衬度的定量分析就可以得到每个原子柱中实际含有的原子个数。根据这一信息，结合晶体学知识进行建模就可以得到非常接近真实结构的三维原子模型，进而可以对样品的表面配位数等信息进行定量分析。

图 2-23

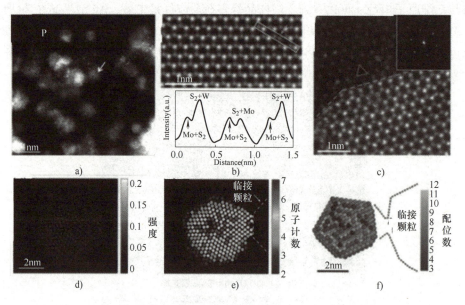

图 2-23 STEM 图像的定量分析

a）SiO$_2$ 负载的 Co 的单原子、原子团簇、纳米晶的 STEM 图像 b）单层 MoS$_2$ 与单层 WS$_2$ 堆叠形成的异质结构的 HADDF 图像 c）WS$_2$/MoS$_2$ 双层结构的边缘（虚线表示 WS$_2$ 的边缘，上方和下方的三角分别表示 MoS$_2$ 和 WS$_2$ 的取向，插图为这张图片的快速傅里叶变换图像）d）MoS$_2$ 负载的 Au 纳米晶的环形高角暗场像 e）图 2-23d 中的 Au 纳米晶的每个原子柱原子计数的结果（不同颜色代表了每个原子柱中的原子个数，白色虚线代表临近的另一个 Au 纳米晶的轮廓）f）根据原子计数重构的三维原子模型（每个原子的颜色代表原子配位数）

分子筛由于其结构的可设计性和多样性，在吸附、催化等各个领域发挥着重要的作用。因此，对其结构中每个原子的直接观察，包括框架中的硅、铝、氧、取代性的杂原子，以及非框架的阳离子等，对理解其结构和性能起着至关重要的作用。受限于该类材料极强的电子束敏感性，目前这方面的研究仍颇具挑战。现在利用低剂量成像技术已经可以拍摄到原子分辨的分子筛的电子显微像。低剂量成像技术通常是基于 STEM 的，因此通过对图像中的原子坐标、原子柱衬度进行定量化分析，可以对分子筛的结构开展细致的表征。如图 2-24 所示，在三嗪基氮化碳晶体的 STEM 图像中，通过对不同原子柱衬度强度和位置的定量分析，揭示了三嗪基氮化碳晶体的蜂窝状结构、三嗪环的六元特征及插层 Cl 离子的位置所在，并通过实验与模拟 DPC-STEM 图像相互印证，明确了这两个轻元素 Li 和 H 的占位。

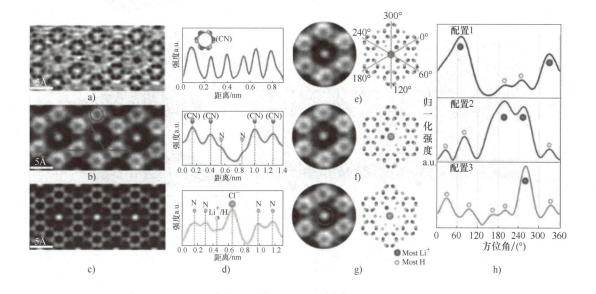

图 2-24 三嗪基氮化碳晶体的原子结构分析

a、b）三嗪基氮化碳的典型 dDPC 和 iDPC 图像（dDPC 图像中的暗区表示正电荷） c）随机占据 Li 和
H 原子的 PTI 模型的模拟 iDPC 图像（厚度：10nm，离焦量：−5nm） d）图 2-24b 中标记的圆圈和
线的强度剖面图 e～g）在蜂窝状结构空腔中观察到的三种 Li/H 配置及其对应的原子模型
h）Li/H 在图 2-24e～g 中标记的圆圈内三种配置的归一化分布曲线

在另一个工作中，对图片中 Ti 和 O 原子柱的强度进行了定量分析，分析发现样品中存在 O 空位。用图像模拟定出了可用于 O 空位识别的强度阈值，并应用于实验数据，得到了 ZSM-5 中 O 空位的三维分布（图 2-25）。该方法得到的 O 空位含量与吡啶吸附方法测得的路易斯酸位点的数量基本相符。这对进一步研究沸石分子筛中酸性位点的分布具有重要意义。

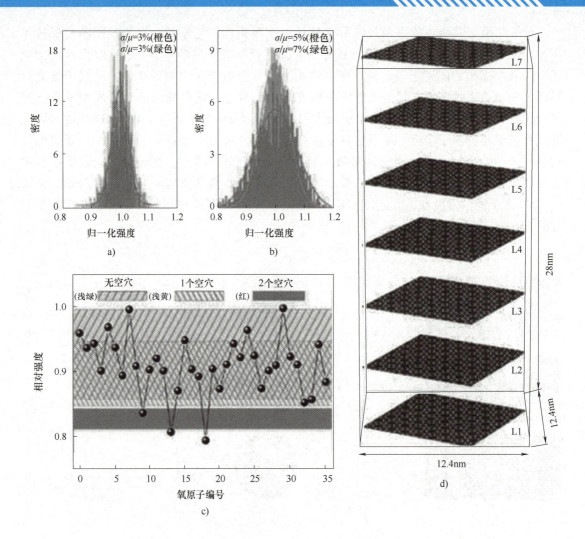

图 2-25 ZSM-5 中 O 空位的三维分布

a）Ti 原子柱在实验（绿色）和模拟（橙色）相位图像中的强度分布直方图　b）O 原子柱在实验（绿色）和模拟（橙色）相位图像中的强度分布直方图（σ 表示标准差，μ 表示均值，强度通过 μ 进行归一化）　c）实验图像中36 个 O 原子柱的衬度强度变化（每个原子柱的强度通过 1 纳米范围内的最大强度进行归一化，浅绿色区域代表使用无空位模型模拟的图像中 O 原子柱的强度范围，浅黄色和红色区域标记了在 4nm 厚度内含有一个和两个 O 空位的 O 原子柱的强度范围）　d）研究区域内识别的 O 空位分布（实际实验中红点表示识别出的含有 O 空位的列，L1~L7 表示第 1~7 层）

2.3 原位电子显微术

　　透射电子显微技术的飞速发展使 TEM 的时间、空间和能量分辨能力飞速提高，获得材料微观结构信息更加丰富，因此被广泛应用于科学研究和工业生产过程中。但是，在材料制备前后或经历物理化学过程前后进行静态表征，对结构和性能之间的关联了解有限，对物理化学过程中材料的实际结构也不甚清楚。材料在微纳尺度结构演化的过程和机制，对材料的设计、优化和应用都十分重要。因此人们致力于在 TEM 中获得反应环境，并施加外场激励，即在 TEM 中构建一个反应器，来获得材料在物理化学过程中的结构演化的信息。经过几十年的发展，原位技术取得了长足的进步，使用专用的 TEM 或样品杆，可以实现力、热、光、电、磁、气体、液体中一种或多种条件，模拟反应的物理化学环境，并实时观察包括原子结构、元素组成和电子结构在内的结构演化过程，还可以利用质谱等方式实时评估反应进行程度。原位技术已经被广泛应用于材料学研究的各个方面，如晶体的成核生长、催化剂的结构演化、电池的充放电过程、材料的物性测量等方面。本节将分别介绍原位技术的基本原理和在各个领域的应用。

2.3.1　原位电子显微术原理

1. 电子束

在 TEM 中，为了获得图像或能谱，电子束辐照是不可避免的。电子束在经过样品时会发生弹性散射和非弹性散射，入射电子被样品原子散射时将发生动量和能量的传递，这可能产生原子位移或溅射、加热、充放电、辐照分解等效应。这些过程可以用于研究物质的合成、分解和辐照损伤及原子级加工。对于散射过程，电子传递的能量 E 遵循公式

$$E = E_{max} \sin^2(\theta/2) \tag{2-9}$$

$$E_{max} = E_0(1.02 + E_0/10^2)/(465.7A) \tag{2-10}$$

式中，E_0 为入射电子能量（eV），常见的 TEM 电压为 60~300kV；A 为原子序数。对于小角度散射，θ 接近 0，能量转移可以忽略不计（$\ll$1eV）。对于反向散射（θ>90°），能量损失可能是几电子伏特。对于 θ=180°时电子与原子核的正面"碰撞"，电子损伤的能量将很高。材料中原子移动所需能量称为位移能。位移能的大小受到材料原子序数、晶胞参数、成键强度等因素的影响。如果 E 超过了位移能，材料内部的原子将会发生位移。一些常见材料的位移能和对应的入射能量见表 2-1。

表 2-1　常见材料的位移能和对应的入射能量

材料	E_d/eV	E_0/keV
石墨烯	30	140
金刚石	80	330
铝	17	180
铜	20	420
金	34	1320

因为表面原子另一侧是真空，位移能比内部原子低很多，当表面原子因高角度弹性散射获得足够能量离开样品进入真空称为溅射。与样品内原子位移的情况类似，电子束溅射仅在入射能量 E_0 超过某个阈值时发生，不同原子序数的原子起始溅射的阈值如图 2-26 所示。此外，溅射速率在高于入射能量阈值时迅速增加，在阈值的两倍左右接近其最大值，并且在较高的入射能量下变化相对较小。通过原子位移或溅射可以获得空位等缺陷，可以进一步研究离子注入、原子级加工等技术，还可以模拟太空或核反应堆中的辐照环境，研究材料或器件对于辐照的反应。

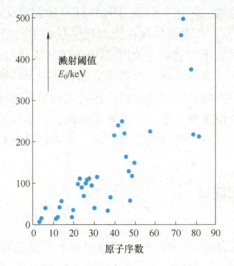

图 2-26 固体元素中电子溅射起始的阈值入射能

非弹性散射还会导致样品加热。假设样品厚度均匀，外侧由电阻率恒定的圆环形导体包围，电子束辐照位置位于样品中心，仅考虑热传导。假设光束轮廓是高斯分布，则样品中心最大升温温度可计算为

$$\Delta T_{\text{Gauss}} = \frac{1}{4\pi\kappa e}\frac{\Delta E}{d}\left(\gamma + 2\ln\frac{b}{a}\right) \tag{2-11}$$

式中，κ 是样品的热导率；e 是电子电荷；γ 是欧拉常数；a 是高斯函数的"宽度"；b 是外部导体的半径；ΔE 是厚度为 d 的样品中每个电子的总能量损失，可以通过 Bethe-Bloch 方程计算

$$-\frac{\Delta E}{dx} = \frac{2\pi Z\rho\left(\frac{e^2}{4\pi\varepsilon_0}\right)^2}{mv^2}\left\{\ln\left[\frac{E(E+mc^2)\beta^2}{2I_e^2 mc^2}\right] + (1-\beta^2) - (1-\sqrt{1-\beta^2}+\beta^2)\ln 2 + \frac{1}{8}(1-\sqrt{1-\beta^2})^2\right\}$$

$$\tag{2-12}$$

式中，Z 是样品的原子序数；ρ 是原子密度；ε_0 是介电常数；m 是电子静止质量；v 是电子速度；c 为真空光速；E 为电子能量（511eV）；I_e 为样品中电子的平均激发能（$\approx 8.8Z$），且 $\beta = v/c$。

辐照分解是由电子的非弹性散射引起的，如果传递的能量为几电子伏特，可能激发价电子，如果传递的能量为数十到数百电子伏特，可能导致内层原子电离，这个过程中可能会导致化学键断裂。如常见的亚克力材料中，这个值约为 4.8eV。

2. 外场激励

外场激励包括加热、偏压、应力、光束、磁场。施加外场激励的方式分为两种：一种是通过对应的微机电系统和配套的原位芯片，在芯片上实现加热通电等效果，DENS 公司生产的原位样品杆如图 2-27 所示；另一种是通过改造电镜本身来实现的，如使用电镜的洛伦兹模式在样品区域获得可控的磁场，通过在镜筒打孔引入激光等。

温度是物理化学反应的基础条件之一，对样品物理化学反应的研究离不开对样品温度的精准控制。在 TEM 中加热不仅仅要获得对应的温度，还需要考虑温度的范围、均匀

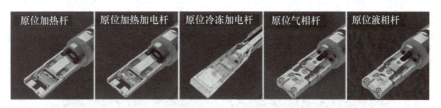

图 2-27　各种原位样品杆

性、准确性、稳定性、功耗和响应时间，材料的热应力和热胀冷缩导致的样品漂移也很重要。加热芯片是利用微纳加工技术在基片上加工出金属电极，通过焦耳热实现加热，加热芯片的结构和形貌图如图 2-28 所示。为了实现电子透明，加热芯片上需要有一个薄膜窗口，厚度一般为 10~20nm。商业加热芯片一般选择硅作为基片，Si_3N_4 作为窗口，金属 Cu 作为电极。稳定温度上限约 1300℃，加热速率 10^5 K/s，并可以在气氛环境中工作。实现低温的方式与高温不同，低温是利用液氮或液氦降温的方式实现的。在样品杆中放置铜丝，样品杆后端的液体罐中倒入冷却液体，通过铜丝导热实现降温。超低温样品杆可将样品温度降至几开尔文，但在温度稳定性和样品稳定性等方面与加热芯片相比还有一定差距。

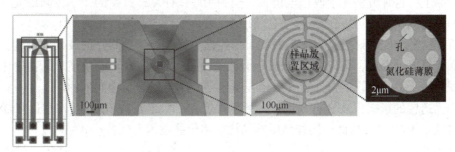

图 2-28　加热芯片的结构图和形貌图

原位力学系统由装载样品的针尖和控制系统组成，如图 2-29 所示。在微纳尺度的力学测试中，针尖的控制精度和力学传感的测量精度至关重要，最先进的微电子驱动装置可以实现纳米级的操纵精度，负载传感器可以实现纳米级的测量精度。力学系统可以实现拉伸、压缩、剪切和弯曲，将几种力学操作复合，还可以实现多轴非线性的复杂测试。在非单调载荷、断裂和附着力测试中，会出现弹性势能的瞬间释放，需要通过反馈控制器进行稳定。整体的位移控制过程中还会使用一系列电压电流反馈系统，来确保位移的准确性。利用原位力学系统除了测量基本的力学参数，还可以对材料的断裂、疲劳、磨损进行研究。

原位电学有两种施加方式：一种是基于原位力学系统，在原有的控制系统上再复合一套电极，给针尖施加电压。这种方式操作简单，而且没有衬底的影响，分辨率更高；另一种方式类似于原位加热系统，通过芯片上的电极施加电压，相比于将针尖作为电极，芯片上的电极在数量和控制精度上都更具有优势，根据需求可以实现三电极、四电极或更复杂的组合方式。如果采用两侧氮化硅封口的密闭式设计，还可以在腔室中加入气体或液体，观察气相或液相中的电化学反应过程。

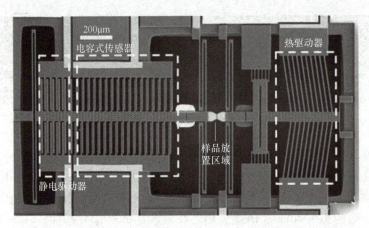

图 2-29　原位力学机械装置图（从左向右依次是静电驱动器、
电容式传感器、样品支架（放置区域）和热驱动器）

在 TEM 中引入光有两种方式：一种是采用原位光学支架，如在样品杆前端安装光纤和反射镜，将外部光源通过样品杆引导到样品上，或使用带有发光组件的光学芯片，直接将光照射到样品上。这种方法无须改造电镜，完全利用原位样品杆自带的光学控制系统，不影响样品室的原有结构，还可以在不同电镜上使用。另一种是在镜筒上打通一个端口，从端口处引入光纤，这种方式的好处是对于光源的可操控性更好，便于控制光的波长和强度。与先进的泵浦激光技术结合后，可以获得最短飞秒级的激光脉冲，实现对超快激光下物理化学反应过程的观测。近几年实现的泵浦激光成像技术也是利用类似的结构实现的。

受到磁透镜的影响，TEM 样品区域的磁场强度在 1T 量级，洛伦兹技术可以将样品区域的磁场降低到 1mT 以下从而观测样品磁畴结构。洛伦兹技术有两种模式：

菲涅尔（Fresnel）模式通过改变图像的离焦量实现对畴壁的观察，磁畴的衬度取决于畴壁两侧的电子与畴作用后是相互接近还是相互远离，进而区分畴壁的种类是布洛赫（Bloch）壁、奈尔（Neel）壁还是十字（Cross-tie）壁。

傅科（Foucault）像是通过遮挡或保留后焦面上与磁畴相关的衍射信号来实现的，这种方式与获得暗场像时类似。这种模式可以快速确认磁畴中的磁化方向。如果在观察时改变磁场强度，就可以观测磁畴的变化。

3. 外场激励

反应环境包括气体、液体、固体及所需的外场激励。气体的引入方式有两种，一种是直接在样品室中通入所需气体，这种方法会对镜筒内的真空产生影响，所以需要对电镜结构加以改造，一种典型的环境透射电子显微镜结构图如图 2-30 所示。在样品室附近安装阀门控制进气流量，在电子枪和样品室之间安装三组差动泵抽出从样品室扩散的气体，用以保护镜筒和电子枪的真空度。这种结构的电镜称为环境透射电子显微镜（ETEM），压力上限一般为 20mbar，同时还可以保持亚埃级分辨率，如果使用单层石墨烯或二硫化钼这样的超薄载体，还可以进一步避免氮化硅薄膜对图像的影响。另一种方式称为气体池（Gas Cell），是通过反应池实现气体环境，如图 2-31 所示，气体芯片的反应池由上下两个厚度约 10nm 的 Si_3N_4 窗口组成，通过样品杆中的气路向反应池中输运气体，其压力最高可以达到 4.5bar。

样品杆气流输出部分还可以连接一个质谱仪，测试反应后的气体成分。

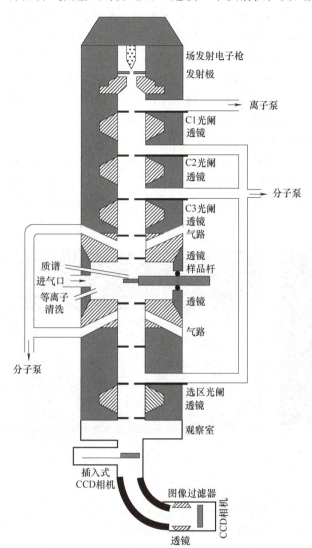

图 2-30　环境透射电子显微镜构造示意图

（在样品室增加气体通路通入气体和测量气体
成分，在 C1、C2、C3 光阑和样品室
上下压差光阑处增加气体通路将气体抽出）

在高真空条件下，液体的挥发速度很快，不能采用差动泵结构，必须将液体密封起来。最简单的方法是用上下两层碳膜或石墨烯这样水分子无法穿过的材料将液体包覆，液体以一个个小液滴的形式存在。但是超薄材料耐受电子束辐照的能力较弱，容易发生液体泄漏。通常采用的方式是液体池（Liquid Cell）结构，与气体池结构类似，同样由 Si_3N_4 窗口和反应池组成，可以通过蠕动泵控制反应池液体的流量。此外，由于液体的黏度远远高于气体，在反应池中的流体状态也需要考虑，人们也设计了具有不同流场环境的液体芯片。近年来，石墨烯逐渐成为 Si_3N_4 窗口的替代材料，有效地提高了分辨率，允许在液相环境中捕捉到单原子的运动。

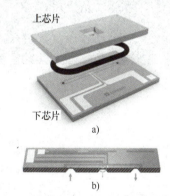

图 2-31　气体/液体芯片的构造示意图

a）体视图（由上下两个片和中间的密封圈
组成）　b）下片体视图（大箭头显示了气体
或液体进出的通路，小箭头为电子束观察区域）

2.3.2　原位技术应用

1. 晶体的成核生长和结构演化机制研究

成核是制造固体的第一步，了解成核机制对于纳米材料的设计、制备和规模化生产具有重要意义。早期的成核理论认为，在反应温度、界面张力和离子过饱和度的驱动下，单体通过一步过程直接聚集成纳米晶体。如果晶体的尺寸大于临界尺寸，能够克服表面自由能和体积自由能导致的能垒，晶体会稳定存在；反之，晶体将会溶解。这种理论称为经典成核理

论。Henninen 等人观察到 Pt 颗粒在成核过程中先从原子聚集为只有几个原子的团簇，团簇进一步生长形成纳米颗粒，如图 2-32a 所示。Schreiber 等人在电子束诱导多氟金属酸盐溶液结晶过程中也观察到了几个分子先聚集为团簇，进而长大形成单晶。同时，还观察到了另一种不符合经典理论的现象。分子先形成了无序的团簇，而后发生结晶，不吸附其他分子。有赖于原位电镜技术的发展，越来越多的非经典现象被观察到。Jeon 等人在毫秒级分辨率条件下观察了石墨烯上金团簇的成核过程，发现这一过程是通过无序非晶态与有序晶态之间的可逆结构转变进行的，如图 2-32b、c 所示，团簇在非晶和结晶之间不断循环，不同时间的 FFT 强度代表了对应时间团簇结晶性的强弱。在 Pt 纳米晶体生长过程中存在约 2nm 的临界亚稳态中间核，当原子核达到临界尺寸时，Pt 团簇开始从无序结构转变为晶体结构，Au 和 Ag 纳米晶体在液体环境中也存在类似的成核途径。人们发现这种成核途径在液体反应环境中形成金属纳米晶体时很常见，可以通过调节非晶中间体的形成和生长来调节和控制纳米晶体的尺寸、形貌、晶体和表面结构。

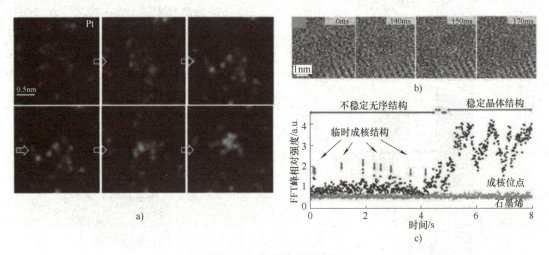

图 2-32 晶体的成核过程

a) 独立的分子聚集为团簇的时间序列图像 b) 金纳米晶在非晶和结晶之间转变的时间序列图像

c) 纳米晶 FFT 信号强度随时间的变化（FFT 信号强度代表纳米晶结晶程度）

纳米晶成核之后会进行生长，生长过程控制着晶体的尺寸、形态和表面结构。了解纳米晶体生长过程中的驱动力、传质途径和晶面演化对于纳米晶体的调控十分重要。要详细分析晶体生长机制，离不开原子尺度原位表征。Zheng 利用液体池原位观测 Pt 纳米晶体的生长过程如图 2-33a 所示，Pt 颗粒不同生长阶段各个晶面生长速度不同，不同时间晶体中心与晶面的间距如图 2-33b 所示，距离不变代表晶面停止生长。在初期各晶面生长速度接近，70s 后不同晶面生长速度发生变化，（100）面先停止生长，其他表面继续生长，最终形成长方体。奥斯瓦尔德熟化是另一种生长机制，在熟化过程中，小纳米晶会溶解，这部分原子会迁移到较大的纳米晶上。晶体的溶解过程会受到能量的影响，调节热力学条件会影响这种过程。Yue 在氮化硅衬底上观察到了熟化过程中原子迁移的具体过程，在两个 Au 纳米晶中间形成了 Au 链来实现 Au 原子的传输。取向连接也是一种常见的生长方式，广泛存在于零维纳米颗粒、一维纳米线、二维纳米片及复杂结构和大分子材料中。在晶体连接过程中，两个颗粒首先旋转到匹配的角度，进而吸附在一起，在开始吸附时会形成较细的颈部，原子逐渐迁移使颈部变粗。Sun 等人观察到两个 Au 纳米晶的（111）面夹角由开始的 31°减小到 0°，进而吸附在一起，形成一个颗粒。旋转的驱动力来自 Au 表面的柠檬酸盐配体。除 Au 以外，这种取向连接过程也在 Ag、Pt、PbSe 等多种材料中被观察到。如果两个晶粒的晶面没有完全匹配，就会产生晶界，一些条件下，产生的晶界会向一个方向逐渐迁移，使晶粒由双晶变为单晶。在 Au、Pt 等材料中都可以观察到这种现象。

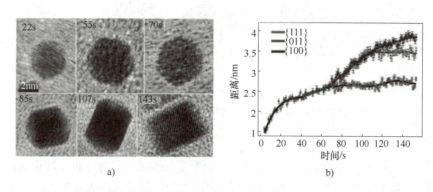

图 2-33　Pt 纳米晶的生长过程

a）TEM 图像（上方）和高分辨模拟图像（下方）　b）晶体中心到每一个面的距离随时间的变化

纳米晶在温度和气氛等条件的控制下，会发生结构演化。对于单金属而言，当温度高于稳定温度，纳米晶会从初始的立方体、八面体或其他形状转变为球型，当温度降低时，则会趋近于热力学稳定的截角多面体结构。如果有气氛存在，由于不同面对气体分子的吸附能力不同，最终获得的晶体形状也不同。例如 Pt（111）表面对 CO 的吸附能力更强，在 CO 气氛中（111）表面更加稳定，而（100）表面转变为更高指数的台阶表面。对于双金属来说，除了形状的改变，还会发生元素在元素的迁移和结构有序化。在 350℃ 的 H_2 环境中处理 CuAu 合金，内部的 Au 原子被气氛诱导表面发生偏析现象，同时伴有表面的应变和位错。Ni 核 Au 壳的核壳纳米晶在 CO_2+H_2 环境中会发生合金化，晶体表面不再是 Au，而是形成 NiAu 合金，如果撤去气氛，晶体又会恢复原有的核壳结构。这种反应前后结构一致的可逆结构变化仅通过非原位观测很难判断和确认。表面偏析还可以促进合金颗粒从固溶体到有序结构的转变。Prabhudev 等人借助原位 HAADF-STEM 和 EELS 发现，在有序 FePt 合金形成之前，表面 Fe 发生偏析。在有序过程中，金属间化合物 PtFe 的成核优先在富铁壳处进行。Zhou 等人在对 $Pt_{85}Fe_{15}$ 随机合金进行处理时，发现有序的 $L1_2$ 相 Pt_3Fe 在 1 分钟出现在晶体表面，并传播到晶体内部，最终转变为具有薄 Pt 壳的核壳结构，如图 2-34 所示。在 Pt_3Co 合金中也发现了类似的 Pt 扩散及富 Pt 壳的偏析。

2. 气相催化过程研究

在化学工业中，大约 85%~90% 的化学品是通过催化过程生产的，涉及从精细化工到减少污染的各个过程。在全部催化反应中，多相催化剂占据了 80% 的比例。多相催化剂通常分为载体和负载在载体上的纳米颗粒，一般认为纳米颗粒是活性位点。但是在反应过程中，受到温度和反应气氛的影响，催化剂的结构可能发生变化，导致催化剂失活，因此从原子尺度了解纳米晶体的表面和界面在反应条件下的重构过程十分重要。环境透射电子显微镜和气体池为研究反应条件下催化剂的结构变化，如形变、烧结和分散、金属载体强相互作用等提供了条件。

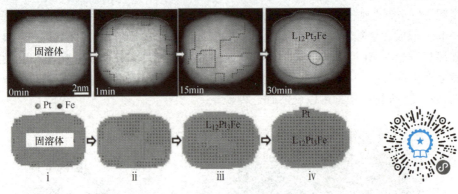

图 2-34 在 700 ℃真空中退火的 Pt₈₅Fe₁₅纳米颗粒有序
转变的原位 HAADF-STEM 图像和相应的示意图

图 2-34

烧结会使负载的纳米颗粒粒径增加，比表面积降低，能带结构也会发生改变，这些都会降低催化剂的催化活性，所以烧结是催化剂失活的主要原因之一，通过研究催化剂烧结机制可以针对性地设计抗烧结催化剂。Au 纳米颗粒在锐钛矿结构 TiO_2 不同表面具有完全不同的烧结行为。在（101）表面的 Au 颗粒会产生奥斯瓦尔德熟化现象，而（100）表面的 Au 颗粒没有发生明显变化。在大部分实验中，气氛都会使颗粒发生烧结现象，在不同气氛中的颗粒直径一般为 $H_2>N_2>O_2$。但是，在某些条件下，颗粒不仅不会烧结，还会分散为单原子。如负载在 Ru 颗粒上的 Pt 颗粒，在 200℃的 H_2/N_2 气氛处理时，Pt 颗粒会逐渐向 Ru 表面浸润，接触角逐渐增大，最终完全分散在 Ru 颗粒表面，如图 2-35 所示。Fe_2O_3 上负载的 Pt 颗粒在 800℃的空气中煅烧也可以使 Pt 颗粒分散为单原子，CeO_2 和 TiO_2 负载的 Pt 颗粒也会在气氛的处理中产生分散现象。不同方式制备的负载型催化剂，原子分散后的配位环境也不尽相同，这导致催化剂的催化活性产生了差异。这些研究为人们研究抗失活和激活已失活催化剂提供了帮助。

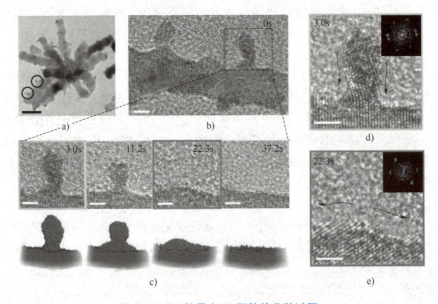

图 2-35 Ru 枝晶上 Pt 颗粒的分散过程
a）低倍形貌 b）高分辨图像 c）图 2-35b 中颗粒分散过程的时间序列图像及原子示意图 d、e）图 2-35c 的放大图

在气氛作用下，载体原子会迁移到金属颗粒表面，在表面形成包覆层，这种现象称为强金属载体相互作用（SMSI）。这种现象不仅可以锚定金属颗粒，还可能提升催化活性。早期的 SMSI 理论认为，包覆层来源于还原性气氛如 H_2 或 CO 对可还原载体的诱导，氧化性气氛可以逆转这一过程。1997 年，Boyes 等率先采用原位 TEM 来研究 SMSI 现象，在 H_2 环境中观察到 Pt/TiO_2 表面富 Ti 覆盖层的产生。Zhao 等进一步通过原位 EELS 观测到 Co/TiO_2 界面上的 Ti 价态降低，证明界面处的 TiO_2 更容易被还原，可能由此发生原子迁移现象。Zhang 等人在 250℃ 的 H_2/Ar 气氛中观察到 Pd/TiO_2 表面非晶覆盖层开始产生，当温度升高到 500℃，非晶覆盖层转化为两层结晶的 TiO_2，如图 2-36 所示。将气氛切换到 O_2，覆盖层逐渐消失，再次切换回 H_2/Ar，覆盖层再次产生。在近年来的实验中人们发现，许多现象不能用早期的 SMSI 理论解释，为了进行区分，把早期的 SMSI 理论称为经典的 SMSI 理论，其他理论称为非经典 SMSI 理论。2012 年，Liu 等人首次在 Au/ZnO 催化剂中发现了氧化导致的 SMSI，在 300℃ 的 O_2 氛围中，Au 表面产生了 ZnO 覆盖层。Tang 等人在 550℃ 的 O_2 氛围中观察到了 Pd/TiO_2 表面产生了内层为 PdO，外层为 TiO_x 的覆盖层。理论模拟表明，Ti 原子倾向于迁移到 PdO_x 上并与 O 原子结合，形成 TiO_x 结构。这种理论称为氧诱导的 SMSI 理论。Matsubu 等人将 Rh/TiO_2 暴露在 CO_2/O_2 气氛中时，Rh 颗粒表面形成的覆盖层主要为 Ti，Ti^{3+} 与 Ti^{4+} 的比例约为 3∶7，这与 H_2 中 Ti^{3+} 为主的经典 SMSI 结构不同。这种独特的封装是由于 HCO_x 在载体上的高覆盖率而产生的，从而导致了氧空位的形成。因此，这种理论称为吸附物诱导的 SMSI 理论。由于这种封装层的无定形和多孔性质，气体分子可以渗透通过覆盖层，从而优化催化活性和选择性。Liu 等人在碳负载的 Ir 纳米粒子表面也观察到了 SMSI 现象，此时，包覆层不再为氧化物，而是石墨层。此外，人们在磷化物、硫化物、氮化物载体上也观察到了 SMSI 现象。

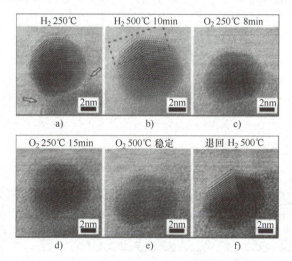

图 2-36　在不同条件下，Pd/TiO_2 中 Pd 纳米颗粒上 TiO_x 覆盖层的可逆形成

a）氢气环境下原位加热 250℃　b）氢气环境下原位加热至 500℃，颗粒表面出现 TiO_2 包覆层　c、d）降温至 250℃，
并切换至氧气气氛，包覆层非晶化　e、f）退回 500℃ 氢气环境中，包覆层重新出现

在催化过程中，催化的结构可能由于反应而产生可逆结构波动，在停止反应后结构会恢复原状。Pt 颗粒在催化 CO 氧化反应中，形状会在球形和规则形状之间反复切换，CO_2 的产

率也随之不断波动，如图 2-37 所示。计算表明，当 CO 浓度高时，因为台阶处对 CO 的吸附能力更强，（211）台阶几乎完全被 CO 覆盖，Pt 颗粒呈现球形，当 CO 浓度较低时，Pt 表面主要被 O 覆盖，由于 O 在平面吸附更加稳定，Pt 颗粒呈现更规则的形状。在 NiAu 核壳结构催化 CO_2/H_2 的反应过程中，表面的实际结构是 NiAu 合金，而不是初始的 Au 壳层。

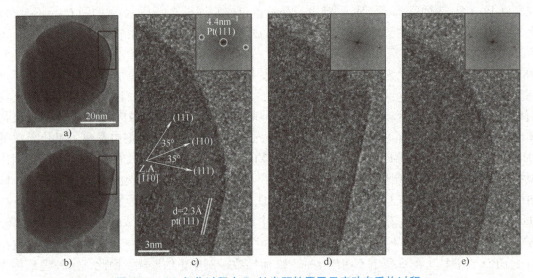

图 2-37　CO 氧化过程中 Pt 纳米颗粒原子尺度动态重构过程

a、b）反应环境中 Pt 颗粒形貌发生演变　c~e）HRTEM 捕捉结构演变的原子过程（插图为相应的傅里叶变化图像）

环境电镜还使直接"看"到催化剂表面吸附的气体分子成为可能。Yoshida 等人观察到 CeO_2 载体上 Au 颗粒表面吸附的 CO 会使最表层 Au 原子发生重构现象，从原本的正方形晶格重构为六方形晶格，次表层原子不发生重构，但会发生轻微的偏移。Wang 等人首先用 O_2 诱导 TiO_2 的平整表面发生 1×4 重构现象，使每 5 个原子就有一个突出表面，如图 2-38 所示。将 O_2 切换为 H_2O 后，在凸起的原子上方观察到两个新的凸起，当提高通入 H_2O 的压强后，凸起更加明显。结合图像模拟和红外光谱技术确认这两个新的凸起实际上是吸附的 H_2O 分子。将 H_2O 气氛切换到 H_2O/CO 的反应气氛后，双突起结构不再稳定，大部分时间是模糊的，表明 Ti 吸附的羟基与 CO 发生反应。

图 2-38

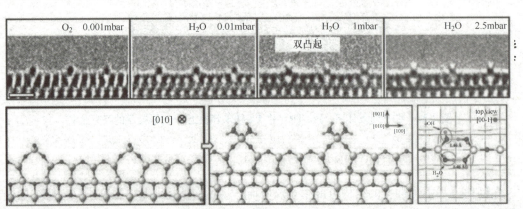

图 2-38　TiO_2（1×4）重构表面在水蒸气环境中的动态原子结构演化的高分辨图像和原子模型

3. 电化学过程研究

电化学范围非常广泛，下面主要介绍原位技术在电沉积、电腐蚀、燃料电池和离子电池上的应用。电沉积和电腐蚀在化学合成和工业生产中具有广泛的应用，如机器零件、半导体器件、微机电系统。利用液体池可以直接观测这些电化学过程，进而为工业生产和工艺优化提供指导。

由于电极上的电沉积和生长而导致的内部短路是导致电池或燃料电池设备故障的主要原因。Chen 等人使用液体池观察了施加电压时的 Ni 电极的电沉积和电抛光。当施加正向电压时，Ni 枝晶主干尖端的生长速率高于主干侧面的生长速率，非线性的固液界面运动表明溶液成分和局部电场都会影响沉积过程。当施加反向偏压时，枝晶以均匀的速率被刻蚀，并且沉积物在完全溶解之前最终分解成岛状。

在电腐蚀过程中，自由基和配体的种类、刻蚀剂浓度及纳米颗粒的初始形貌都会影响刻蚀的路径和结果。以水作为溶剂，pH 对刻蚀途径有着本质影响。在电子束辐照下，溶液会产生各种自由基，如 $OH \cdot$、H_2O_2、$HO_2 \cdot$、$H \cdot$、$H_3O \cdot$、H_2 和 O_2 等。Park 等人研究了正八面体 CeO_2 纳米颗粒在不同溶液中的刻蚀速度，在纯水溶液中的刻蚀速度明显高于在 30% H_2O_2 的水溶液中。Ye 等人研究了 $FeCl_3$ 溶液中 Au 颗粒的刻蚀过程。在低 $FeCl_3$ 浓度时，Au 纳米棒虽然体积减小，仍然维持棒状。在高浓度 $FeCl_3$ 中，快速的刻蚀过程使系统不能维持平衡，Au 纳米棒先变为椭圆形，之后变为球形。他们还进一步研究了刻蚀过程中的稳定形貌，发现纳米棒、立方体和菱形十二面体在刻蚀过程中都会趋近于四六面体。Shi 等人对 Pd@Pt 纳米颗粒的研究还发现，包覆形式也会影响抗腐蚀性。如图 2-39 所示，第一种结构在立方体尖角处 Pt 层数最多，第二种结构在接近尖角处的 Pt 层数比第一种多，在尖角的最尖端比第一种少，第三种 Pt 是均匀包覆。第二种结构抗腐蚀性能最好，说明采用低应变的角保护可以获得最佳的抗腐蚀性能。

在质子交换膜燃料电池中，载体和纳米催化剂的溶解是影响其商业化的主要因素。采用具备三电极的液体池芯片可以在电镜中实现与常规电化学测量一致的三电极配置，即工作电极、参比电极和对电极，因此可以在 TEM 中观察电池运行全过程。Beermann 等人观察了碳负载的 PtNi 合金催化剂的活化和溶解过程。在相对于可逆氢电极电位为 0.05~1.20V 的伏安循环过程中，颗粒只有轻微的聚集，在 1.40V 电位下保持几分钟，会导致严重的颗粒团聚，颗粒也失去了初始八面体的形貌，如图 2-40 所示。这说明高电位导致的颗粒团聚比碳载体腐蚀导致的团聚速度快得多。在碳负载的 Pt_3Co 和 PtFe 催化剂的伏安循环过程中，观察到了明显的碳腐蚀，但颗粒的团聚较为轻微。Fu 等人对 Ru 掺杂的 $NiPS_3$ 进行原位观测发现，在经历 2h 的电位测试后，催化剂边缘出现明显的重建现象，结合衍射花样可以确认，催化剂边缘由单晶转变为多晶，进而转变为非晶，同时，Ru 原子在非晶层中富集。随着测试时间延长，非晶层厚度增加，最终稳定在 7.5nm。这一发现表明非晶层有助于稳定 Ru 原子并增强碱性析氢反应活性。

固态锂离子电池相比液体电解质锂电池更安全，具有更高的能量密度，为了提升性能和扩大应用范围，需要深入研究其电极、电解质和界面的动态演化过程。$LiCoO_2$ 是第一个商业化使用的锂离子电池正极材料，在电解质中工作时会从层状相变为尖晶石结构，再转变为岩盐结构。Gong 等人在原位的 $LiCoO_2$ 脱 Li 过程中发现，在固体电解质中，$LiCoO_2$ 从单晶转变为多晶。Yang 等人发现，使用 Li_2O 作为固体电解质，Li 金属和 $LiCoO_2$ 正极的自发反应会产生 LiO_2 和 Co，这将导致 $LiCoO_2$ 不可逆的膨胀和粉碎。锂硫电池具有比锂电池高一个数量级的理论比容量，但其应用仍存在困难。Xu 等人在 Li_2O 电解质的锂硫电池放电过程中发现，Li 会优先扩散到 S 表面并形成 Li_2S，这会增加电阻并导致电池容量下降。Li 金属

图 2-39

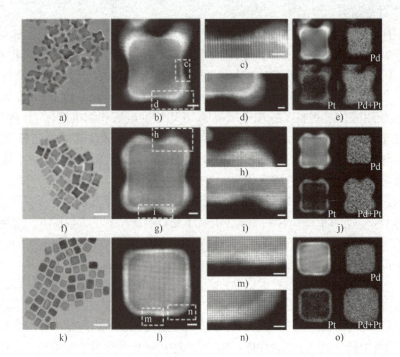

图 2-39 不同 Pd@Pt 核壳立方纳米颗粒的形态、结构和组成特征

a）Pt 尖角包覆颗粒表面结构的 TEM 图像（比例尺为 20nm） b）Pt 尖角包覆颗粒表面结构的 HAADF-STEM 图像（比例尺为 2nm） c、d）图 2-39b 中白色虚线框的放大显微照片（比例尺为 1nm） e）Pt 尖角包覆颗粒表面结构的 EDX 元素分布图像 f）Pt 圆角包覆颗粒表面结构的 TEM 图像（比例尺为 20nm） g）Pt 圆角包覆颗粒表面结构的 HAADF-STEM 图像（比例尺为 2nm） h、i）图 2-39g 中白色虚线框的放大显微照片（比例尺为 1nm） j）Pt 圆角包覆颗粒表面结构的 EDX 元素分布图像 k）Pt 均匀包覆颗粒表面结构的 TEM 图像（比例尺为 20nm） l）Pt 均匀包覆颗粒表面结构的 HAADF-STEM 图像（比例尺为 2nm） m、n）图 2-39l 中白色虚线框的放大显微照片（比例尺为 1nm） o）Pt 均匀包覆颗粒表面结构的 EDX 元素分布图像

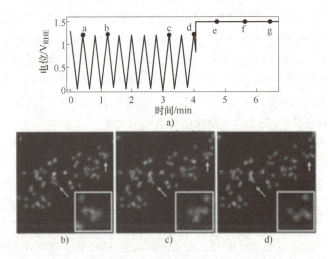

图 2-40 PtNi 合金催化剂的活化和溶解过程

a）外加电压随时间的变化 b~d）PtNi 合金颗粒在不同阶段的形貌图

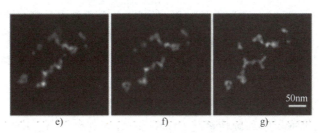

图 2-40　PtNi 合金催化剂的活化和溶解过程（续）

e~g）PtNi 合金颗粒在不同阶段的形貌图

在所有的负极材料中具有最高的理论容量（2061mA·h/cm³）和最低的电化学电势。然而充放电循环期间枝晶生长引起的安全问题严重限制了锂金属负极的实际使用。Cui 等人使用内部有 Au 颗粒的碳纳米壳限制 Li 金属的体积增长，原位观察显示 Li 会仅填充在碳纳米壳内部。将壳层由碳换为电导率更高更加稳定的石墨烯后，这种机制仍然适用。Matthias 等人进一步改进了这种方法，仅使用双层石墨烯时也观察到 Li 可逆地插入层间。

4. 原位原子加工技术

将物质逐个原子地组装成功能器件是纳米技术的目标。Don 在 1990 年首次使用扫描隧道显微镜的金属尖端实现了原子的逐个排列。原位 TEM 技术使人们能够在 STEM 模式下操纵原子。

电子被材料中的原子散射会发生动量和能量的传递，如果传递的能量高于原子在材料表面的迁移势垒，原子将发生运动。因此，可以通过电子束精准地控制原子的迁移。Li 等人用电子束诱导 Pt 原子在 MoS_2 上的迁移。在干净的 MoS_2 上，Pt 原子位于 S 空位上，在电子束的作用下会跳跃到附近的 S 空位上，如果 MoS_2 表面被碳污染，则 Pt 原子会出现在不与 Mo 原子和 S 原子对齐的位置，这是因为 Pt 与周围的无定形碳层键合，破坏了固有的 Pt 与 MoS_2 相互作用，理论计算表明，Pt 当与单硫空位或双硫空位结合时会保持稳定。Dyck 等人利用电子束引导洁净石墨烯表面的 Si 占据缺陷位置，并逐渐形成二聚体、三聚体和更复杂的结构，如图 2-41 所示。电子束不仅能驱动单个原子的运动，还可以使两个原子交换位置。Susi 等人在 Si 掺杂的石墨烯中观察到 Si 与一个相邻的 C 原子产生位置交换，还可以在三配位和四配位两种结构中切换。之后，Si 三聚体在石墨烯中的旋转和三重对称缺陷在 WSe_2 中的旋转也被观察到。

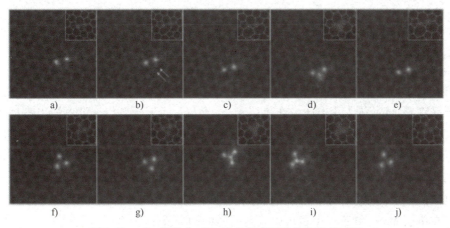

图 2-41　硅二聚体在 60keV 电子束下结构演化的过程

a~j）硅二聚体原子迁移 STEM 成像及结构示意插图

缺陷和原子的迁移机制对于调控材料的结构具有重要意义。Shen 等人通过电子束实现了 MoS_2 和 $BiTe_3$ 孔洞的自修复，这种修复工艺为二维器件的制备提供了一种新途径。Lin 等人使用电子束诱导 Ru 掺杂的 MoS_2 产生相变，使 2H 相的 MoS_2 中产生晶格扭曲，进而向 1T 相转变，多次电子束扫描使 1T 相的边界迁移面积增加，如图 2-42 所示。新相产生和边界迁移过程中没有发生原子损失，仅依靠原子位移进行。Zhao 等人利用原子位移产生的晶界滑动消除了 MoS_2 中的堆垛层错和旋转紊乱。Chuvilin 等人观察了石墨中生成富勒烯的全过程。石墨烯边缘 C 原子损失产生五边形结构，这种结构使石墨烯弯曲成碗状随后 C 原子不断迁移到开放的边缘上使边缘封闭形成富勒烯结构。

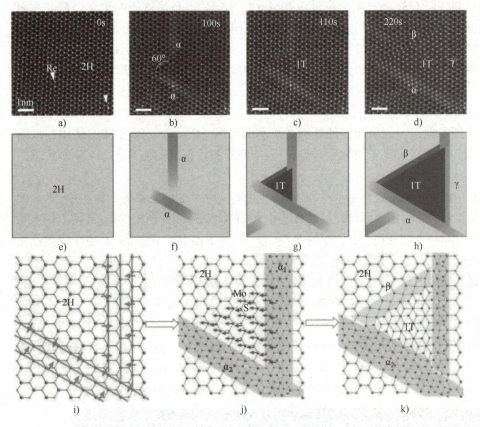

图 2-42　单层 MoS_2 中 2H 相向 1T 相转变的过程

图 2-42

a~d）MoS_2 的 STEM 图像　e~h）相变过程的简单示意图　i~k）相变过程的原子结构示意图

材料表面原子可能被高能电子溅射到真空中，STEM 模式的电子束"针尖"可以实现精准的原子敲除。Wang 等人用电子束在单层 MoS_2 上从一个原子开始逐渐刻蚀出直径为 0.6nm 的孔洞。在这个过程中，只有 S 原子被溅射，Mo 原子则会迁移到 MoS_2 表面。Lin 等人使用 60keV 的低能电子束在单层 $MoSe_2$ 上原位刻蚀出单根纳米线。先用电子束在 $MoSe_2$ 上打出两个较大的孔，由于原子发生迁移，孔中间从单层变为较厚的纳米带。将电子束在纳米带上多次扫描刻蚀掉多余的原子，最终获得直径为 0.5nm 的单层纳米线，如图 2-43 所示。利用这种技术，在单层 MoS_2 和 WS_2 上也可以获得同样的纳米线。

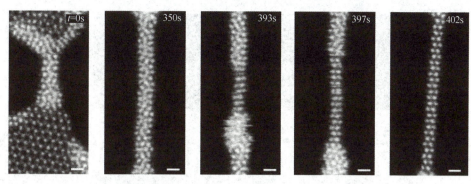

图 2-43　使用聚焦电子束制造 $MoSe_2$ 纳米线的过程

5. 力学条件下结构演化研究

功能材料通常会在不同的应力环境中工作，反复或超限的应变会导致材料性能降低乃至断裂。研究不同应力条件下材料微观结构演化及缺陷的产生与运动，有助于了解载荷对材料性能的影响。原位力学技术使人们能够直接观测力学测试过程中，材料结构演化的原子级过程。从基本的拉伸、压缩、剪切和弯曲到复杂的循环应变、高速应变、多轴应变，以及高度局域化的剪切不稳定性、裂纹产生和扩展等，都实现了原位的观察和研究。

晶界迁移在改变多晶材料的微观结构和相关性能方面发挥着重要作用，但是复杂的结构使晶界变形的原子尺度动态过程仍然难以确认。Bowers 等人发现 90°夹角的面心立方 Au（110）晶面在滑移过程中，几个台阶合并为一个。Wei 等人利用电子束触发 $\alpha\text{-}Al_2O_3$ 中晶界的迁移过程，进而观察晶界迁移的全过程，发现晶界迁移存在特定机制，界面原子排列存在三种稳定和亚稳定的结构，如图 2-44 所示。晶体界面两侧的原子依次经历这三种结构的排列方式，最终使一侧晶体上的原子迁移到另一侧晶体上。Wang 等人观察了两个 Pt 晶体间由晶界滑动主导的变形行为。在右侧晶体从上到下滑移的过程中，除了晶界本身的刚性运动，左侧晶体的原子还会迁移到右侧晶体上，使新位置的结构保持原有的界面取向关系，这解释了为什么晶界在滑动的过程中几乎不会迁移。体心立方晶体的晶格摩擦力更高，位错滑移面更少，因此塑性形变机制与面心立方晶体不同。Taylor 发现 $\alpha\text{-}Fe$ 滑移发生在一定的晶向上，但并不总是沿着严格的晶面移动。Wasilewski 在实验中发现，Nb 单晶在塑性形变的过程中产生孪晶。没有可测量的总剪切应力。此外，人们还发现了反孪晶、高指数孪晶等反常现象。

断裂是材料失效的重要原因之一，裂纹尖端奇点附近的局部应力状态和微观结构控制着断裂过程。尽管可以通过各种参数量化裂纹发展过程，但是裂纹机制非常复杂，需要同时对裂纹扩展、缺陷演变和局部应力变化进行成像。

Lee 等人观察到在裂纹出现时，应变集中在裂纹尖端，发生雪崩式的位错成核和生长，然后发生位错滑移。由于摩擦应力较高，去掉外加应力后，弯曲的位错无法伸直。Feng 等人在裂纹扩展的过程中发现尖锐的裂纹尖端会逐渐变钝，扩展速率降低，位错和空位等缺陷会迁移并聚集在裂纹尖端前方。当缺陷密度足够高，新的纳米空隙会突然出现并扩大，此时裂纹扩展速率恢复。MoS_2 在裂纹前端的应力场非常复杂，包含拉应力、剪切应力和撕裂应力，裂纹发射的位错可以显著改变裂纹尖端的应力场，并显著影响裂纹路径，如图 2-45 所

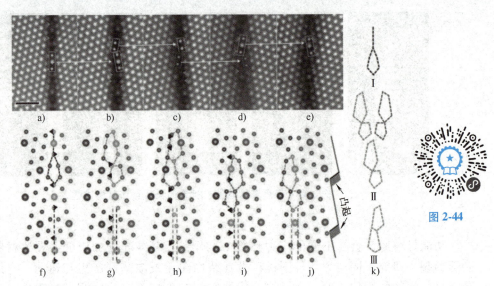

图 2-44 晶界运动原子过程的逐列成像和相应的结构图（箭头和方块标记了原子柱的迁移，
虚线框标记了晶界运动过程中的结构单元）

a~e）α-Al$_2$O$_3$ 中晶界迁移的 STEM 图像 f~j）α-Al$_2$O$_3$ 中晶界
迁移的原子示意图 k）相变过程的结构示意图

示。人们还进一步对裂纹桥接、裂纹短接和纳米裂纹形成进行成像，以研究微观结构对裂纹
扩展的影响。

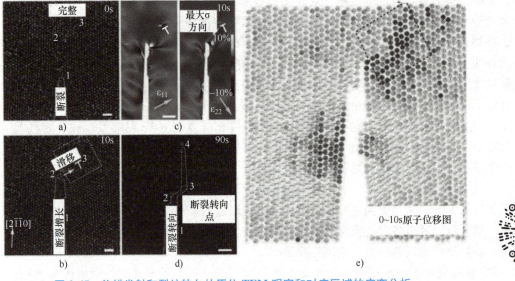

图 2-45 位错发射和裂纹转向的原位 TEM 观察和对应区域的应变分析

a、b、d）MoS$_2$ 裂纹扩展和转向的 TEM 图像 c）图 2-45a、b 的应变强度图 e）原子模型图

塑性变形和伪弹性变形都可以用于成形，但伪弹性材料总是恢复到开始的"静止形
状"，而不是保持形变。Sun 等人观察到了 10nm 的 Ag 单晶的形变过程。如图 2-46 所示，施
加压应力时，Ag 纳米晶发生剧烈形变，最终形成扁平的煎饼状，使纳米晶与上方的 ZrO$_2$ 分

离后，纳米晶恢复了最初的形态。Kong 等人发现伪弹性是由表面能驱动的塑性变形引起的，包括表面扩散与剪切塑性变形的混合及真实弹性能的释放，当纳米线的直径减小到临界值以下时，表面压力可以接近金属的理想强度。Zhong 等研究了 Ag 超出理论极限的伸长现象，表面位错成核能够激活表面原子台阶的扩散，表面台阶上的原子填充了伸长过程中产生的空缺，阻止了塑性不稳定性和一般超塑性拉伸中的颈缩现象。

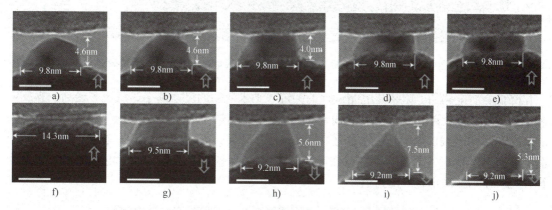

图 2-46   Ag 纳米晶的可逆伪弹性变形的过程

6. 电学条件下结构演化研究

电子工业的发展使器件尺寸越来越小，纳米级加工工艺已经广泛应用于芯片制造领域，了解纳米器件的电学性质和运行过程中的结构演化和失效机理，有助于设计和优化具有高性能、高寿命、低能耗的商业器件。

由于微电子器件中的电流密度通常非常高，由电流引起的材料定向流动成为影响微电子系统可靠性的主要原因之一。电流会导致材料从阴极迁移到阳极，在阴极产生拉应力，在阳极产生压应力，电子迁移产生的电子风力会使原子发生迁移。Mecklenburg 等人对 Al 电极连接的 Si_3N_4 导线施加偏压发现，施加正向和反向电压都会导致 Al 原子从阴极迁移到阳极，使阳极一侧的纳米线变粗，如图 2-47 所示。纳米线中的应力呈现线性变化，阴极处压力为 $-2GPa$，中心处为 0，正极处为 $2GPa$，中心区域的温度也比两端升高约 $100℃$。Zhao 等人在 TiAl 合金的电学过程观察显示，电脉冲增强了交叉滑移，产生了波状位错形态，这种过程阻止位错迁移到平面滑移带中，可以避免合金受到张力的早期失效。随着研究的深入，科研人员发现还有其他因素控制着原子迁移。Li 等人对孪晶界施加电脉冲时，晶界迁移方向并不沿着电流的正向或负向，而是随机的，与常规电子风力控制迁移方向的理论不符。通过原子迁移的定量分析表明，异常的晶界迁移由电子-位错相互作用控制，相互作用增强了位错处的原子振动，最终导致了界面迁移。

块体材料会由于高应力和电流导致的原子迁移而产孔洞，Tseng 等人在对单层 MoS_2 施加高压时发现焦耳热会导致 S 损失和 Mo 团聚，并产生裂纹。纳米线宽度较小，快速的原子迁移会导致其断裂。Batra 等人对 Ag 纳米线的研究表明，直纳米线击穿过程有两种机制，在缓慢升高电压时会先产生颈缩，断裂时形成水滴状的末端，在快速升压时产生针状的末端。如果初始时纳米线是弯曲的，则还会表现出共振和重组现象，如图 2-48 所示。有时这种损伤现象也可以被利用，Heersche 等人用这种方法制造纳米间隙。

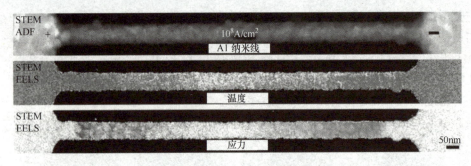

图 2-47　Si_3N_4 纳米线通电过程中的 STEM 暗场像和通过电荷密度计算出的温度和应力分布

降低金属电路的电阻率是电路设计的关键。纳米通路的尺寸越小，载流子受到晶界反射和表面散射的强度越高，这使纳米线电阻率远高于块体。Gorzny 和 Wang 等人制备的 10nm 的 Au 和 Pt 纳米线电阻率比块体高了 10~100 倍。Zhang 等人在 Ge/Si 核壳纳米线大尺度弯曲的状态下发现 Si 壳转变为多晶或非晶状态，Ge 核保持单晶状态，同时电阻减小，理论计算发现被压缩区域出现导电通道。

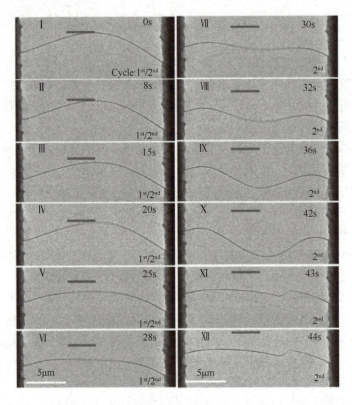

图 2-48　Ag 纳米线施加偏压时产生的共振现象

存储器件在电学器件中占有重要地位，具有高速、高密度、结构简单等特点的电阻式存储器正在迅速发展，这种器件最关键的就是电阻转变过程。通过原位电学技术可以在原子尺度分析电阻循环的机制，探索内在的结构-性能关系，以改善器件的性能。Bai 等人在 α-Cu_2Se 材料中观察到可逆的电阻变化，当电压高于 0.49V 时，（10$\bar{1}$）晶界沿电场方向向（0$\bar{1}$0）迁移，电阻从 650Ω 降低到 300Ω，电压下降至 0.26V 时，晶界反向迁移，电阻值又升高至 650Ω。Cu 原子会自发从 Se 四面体中心位置偏移形成电偶极子，晶界迁移时也是 Cu 原子的集体迁移实现的。Beak 等人对 $TiN/Pr_{0.7}Ca_{0.3}MnO_3/Pt$ 施加矩形脉冲电压，TiN 界面处 $\alpha\text{-}TiO_xN_y$ 不断生长，最大电流也随之减小，在 10 个循环后达到稳定。Li 等人利用电子全息技术获得了电学循环过程中材料的电荷分布，施加正偏压时，注入的电子出现并聚集在 HfO_x 层底部，当 O 空位形成连接两个电极的通道时，电子通过 O 空位桥，器件从高电阻转变为低电阻。

2.4　单原子成像技术

对单个原子进行成像和分析是物质结构表征分析技术的终极目标之一，是现代科学技术研究的前沿领域。通过具有单原子分辨的成像和分析技术，研究人员能够对材料的基本结构和物理、化学性质进行更为精细的分析和理解。

单原子成像技术的发展源自人类对微观世界的无限好奇和探究热情。几个世纪以来，显微技术经历了从光学显微镜到电子显微镜的巨大飞跃，其空间分辨率和成像能力不断提升，使人们能够探测到越来越小的结构单元。特别是 20 世纪初电子显微镜的发明，以及 20 世纪中期冷场发射电子枪的引入和高分辨扫描透射电子显微镜（STEM）的发展，使得利用高能电子束对单个原子成像和分析成为可能。20 世纪末期，得益于像差校正技术的发明和使用，研究人员能够以更高的空间分辨率和成像精度对更为广泛的材料体系进行原子尺度的直接观测和分析，包括实现了对元素周期表 Be 元素以后的所有元素的单个原子进行直接成像和分析。

如今，单原子分辨的成像技术（简称单原子成像技术）的发展不仅对于显微分析技术的研究具有重要意义，也在材料科学、凝聚态物理、化学、纳米技术、生命科学、能源化学等诸多领域的前沿研究中发挥着关键作用。利用单原子成像技术，研究人员可以探测到材料中最基本的组成单元，并在原子尺度解析物质的物理、化学特性，为理解物质结构和性质之间的本征关联提供新的研究手段和视角，有望推动上述科学领域取得突破性进展。

此外，单原子成像技术可以与单原子分辨的电子显微镜谱学分析技术相结合，在原子尺度研究材料的晶格结构、化学成分、电子结构和晶格振动等关键信息，帮助进一步理解材料的性质和行为。这种高精度的微观表征分析技术对于优化材料性能、开发新材料及探索物质科学新现象具有重要意义。

本章节将介绍单原子成像技术的发展历史、基本原理和前沿研究中的实际应用，为读者提供一个全面的视角，了解这项极限分辨的成像和分析技术在现代科学研究中的重要作用和未来发展方向。

2.4.1　单原子成像发展历史

1938 年，Manfred von Ardenne 设计出了第一台 STEM，虽然其空间分辨率只有 40nm，但研究人员对单原子成像技术的发展和最终实现充满信心。1939 年 von Ardenne 预言"超级显微技术迟早能表征单个原子及其在物体平面中的分布"。此外，早期的理论计算也令人鼓舞：Schiff 在 1942 年估算，基于相位衬度，原子序数 Z 大于 7 的单个原子（如 N 原子）可以在 60kV 的电压下成像。然而，实际上要实现单原子成像需要在多个方面取得重大突破，包括大幅度提高电子显微镜的稳定性、减小透镜像差、校正图像像散及优化电子枪性能等。经过 30 余年的发展，1970 年，Albert Crewe 等人首次获得了分散在超薄非晶碳膜上的单个 U 原子的电子显微图像，如图 2-49a 所示，这是人类历史上首次利用电子显微镜成功地对单个原子进行"拍照"。Crewe 的成功得益于在专用的 STEM 中使用了冷场发射电子枪，并配备了高分辨率物镜，从而能够获得约 5Å 直径的聚焦电子束用于样品成像分析。随后，Crewe 团队进一步将 STEM 环形暗场（ADF）成像的空间分辨率提升至约 2.5Å，不仅能分辨类似 Ag 这种相对较轻元素的单个原子，还能够直接分辨 U 和 Th 纳米颗粒中的原子面，如图 2-49b 所示（Wall 等，1974 年）。Crewe 团队还发现 STEM-ADF 图像的强度与 U 团簇中的原子数成正比（图 2-49c），从而证明了 ADF 成像的非相干性和易于解析的本质。

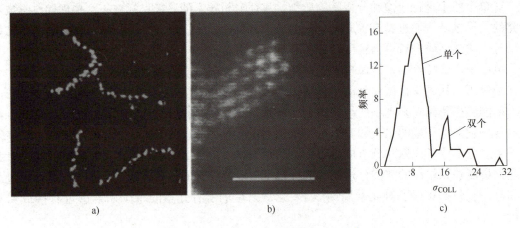

图 2-49 早期的原子级分辨 STEM 图像

a）分散在非晶碳膜表面的 U 原子的 STEM 图像（图中成串的亮点是 U 原子组成的原子链） b）纳米晶粒原子面的 STEM 图像（晶粒中包含 U 和 Th 原子，比例尺为 2nm） c）U 样品图像中 135 个亮点的强度直方图（显示单个 U 原子和两个 U 原子所对应的峰）

在 20 世纪电子显微学的发展过程中，除了利用 STEM 成像，研究人员也尝试在常规透射电子显微镜（TEM）中使用暗场成像模式来观察单个原子。然而，由于该成像模式使用较小的离轴光阑，非晶碳膜会呈现明显的黑白相间的散斑图案，使得碳膜上分散的单个重元素原子的图像很难直接进行解析。1971 年，通过使用单晶石墨薄片来有效消除支撑膜的散斑图案，Hashimoto 等人实现了对分散的 Th 单原子的 TEM 暗场成像。在 TEM 明场成像模式下对分散于非晶碳膜表面的重原子进行成像则更为困难，但在 1977 年，使用石墨薄片作为支撑膜，Iijima 也能够在明场 TEM 图像中获得单个重原子的清晰图像。此外，Thon 等人在 1972 年利用 TEM 的空心锥照明方法也曾实现单个重原子的成像，这一成像模式在电子光路倒易性上等效于 STEM 中的 ADF 成像。

1997 年前后，Krivanek 等人及 Rose、Haider 等人分别成功开发了用于 STEM 和 TEM 的球差校正器（即三阶几何像差校正器）。得益于球差校正技术的迅速发展，电子显微镜的空间分辨率在 2002 年进入亚埃分辨率的时代，单原子成像技术也得到了高速发展。2003 年，研究人员已经可以观察到单个 Bi 原子在 Si 晶格中的分布；2004 年，研究人员还观察到清晰的 Pt 三聚体中的 Pt 原子，并能将其几何形态与密度泛函计算的结果关联起来。此外，利用电子能量损失谱（EELS），研究人员还能准确定位 $CaTiO_3$ 晶体中掺杂的单个 La 原子。对于轻元素而言，借助配备高阶几何像差校正器的低加速电压 STEM 及中角环形暗场（MAADF）成像技术，可以分辨原子序数低至 5 的 B 原子，并在单层 BN 中区分不重合的 B、N、C 和 O 单原子（Krivanek 等，2010 年）。

球差校正器的出现不仅推动了 STEM 技术的革新，也极大促进了高分辨透射电子显微镜（HRTEM）的发展。2012 年，Björn Gamm 等人利用球差校正的 HRTEM 技术在 Pt、Mo 和 Ti 单原子上成功实现了与模拟绝对强度定量一致的 HRTEM 实验图像。2014 年，Wang Weili 等人使用负球差平衡高阶像差的方法实现了石墨烯中 Si 单原子的 HRTEM 成像，并直接观察到单个 Si 原子催化石墨烯中 C 原子解离的动态过程。尽管 HRTEM 方法在成像速度上相比 STEM 成像具有显著优势，但其图像衬度易受离焦和其他几何相差的影响，这增加了图像解析的难度。此外，HRTEM 技术目前难以与具有空间分辨能力的谱学表征方法兼容，限制了其在单原子成像技术中的应用。

2.4.2　单原子成像技术基础

在单原子成像技术的早期发展阶段，虽然 STEM 的空间分辨率尚未达到 1Å 的关键门槛，但它已经能够实现对高分散重元素原子的直接成像，这主要归功于 STEM 的暗场像模式，该模式对于原子序数 Z 比较敏感，因此也称为"Z 衬度成像"。

1. STEM 高角环形暗场（HAADF）成像原理

在 STEM 成像过程中，电子束从电子枪发射后经过一系列磁透镜汇聚到薄样品上。电子束与样品相互作用后，携带样品信息的电子继续传播，到达探测器位置，被探测器接收并转化为可观测的信号。电子的波函数变化如图 2-50 所示。当电子束照射样品的不同位置时，由于样品化学组分与结构的差异，探测器接收到的电子强度随之改变，因此能实现对样品的成像。到达探测器平面的波函数 $\Psi(R)$ 可表达为

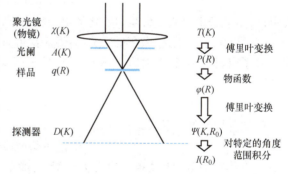

图 2-50　STEM 成像原理示意图

$$\Psi(R) = \varphi(R) \otimes F^{-1}\left[e^{-i\chi(K)}\right] \quad (2\text{-}13)$$

式中，$\varphi(R)$ 为物函数；$\chi(K)$ 为电子束通过磁透镜时由于几何像差产生的相位偏移；$F^{-1}\left[e^{-i\chi(K)}\right]$ 可看作电子束的衬度传递函数，其振幅分量表示为 $p(R)$。

通过理解 $\Psi(R)$，可以阐释实验得到的图像，并进一步研究材料的微观结构与性质。

在 STEM-HAADF 像中，由于高角环形暗场像所采用的探测器面积较大，且探测器的接收角较大（$\theta_{inner} > 50\text{mrad}$），图像为非相干成像，相位衬度几乎消失。图像衬度可表示为电子束强度分布 $P(R)$ 与物函数的 $O(R)$ 的卷积

$$I(R) = O(R) \otimes P(R) \quad (2\text{-}14)$$

式中，$O(R) = |\varphi(R)|^2$；$P(R) = |p(R)|^2$。

由于晶体具有一定的对称性和周期性，晶体势场也有相应的周期性。因而通常将晶体内的电子波函数用布洛赫波代替。考虑到热漫散射的贡献

$$I_{HAADF} = |f_{at}(\Delta k)|^2 \left[1 - e^{-(\Delta k)^2 <u^2>}\right] \quad (2\text{-}15)$$

式中，$f_{at}(\Delta k)$ 为和原子相关的波函数项；Δk 为电子波矢的变化量；$e^{-(\Delta k)^2 <u^2>}$ 为 Debye-Waller 因子，u 为热漫散射相关的原子位移。

对于 HAADF 而言，f_{at} 在高的 Δk 只考虑 1s 电子态对入射电子的散射，近似于卢瑟福散射，这种情况可表达为

$$I_{HAADF} = \frac{4Z^2}{(a_0^2 k^4)} [1 - e^{-(\Delta k)^2 <u^2>}] \tag{2-16}$$

式中，a_0 为波尔半径。

由此可见 HAADF 成像衬度和原子序数 Z 是正相关的，因此也称为"Z 衬度成像"。衬度与 Z 的指数关系受收集角的影响，当 HAADF 收集内角大于 50mrad 时，HAADF 图像强度约正比于 $Z^{1.7}$。

2. 分辨率的影响因素

若需要对于常规的原子序数差异不大的样品进行单原子成像且进行比较精细的分析，则需要比较高的空间分辨率，即比较小的束斑尺寸。电子束强度分布函数 $P(R)$ 与球差、色差、衍射效应、光源尺寸等都有关系。对于影响分辨率的因素首先考虑电子束衍射效应，衍射限制的电子束斑尺寸 d_{diff} 的大小与电子波长 λ 和电子束汇聚半角 α 有关

$$d_{diff} = 0.61\lambda/\alpha \tag{2-17}$$

其次，分辨率和电子光源性能有关，电子枪亮度越强并且稳定性越高，则信噪比越好，由电子束光源限制的电子束斑尺寸 d_{src} 在样品平面处可表示为

$$d_{src} = 2(I_p/B_n V_0^*)^{1/2}/(\pi\alpha) \tag{2-18}$$

式中，I_p 是电子束束流；B_n 是归一化的电子枪亮度；V_0^* 是校正后的加速电压。

电子束由于电磁透镜的不完美引起很多几何像差，在球差校正器出现之前，球差是限制电子束尺寸的主要因素，球差引起的电子束斑尺寸 d_s 与球差系数 C_s 和汇聚半角 α 相关：

$$d_s = 0.5 C_s \alpha^3 \tag{2-19}$$

色差引起的电子束斑尺寸 d_{chrome} 为

$$d_{chrome} = C_c \alpha(\Delta E/E) \tag{2-20}$$

式中，C_c 为色系数；E 为电子束能量；ΔE 为能量展宽。整体的电子束斑的尺寸可表示为

$$d_{probe}^2 = d_{diff}^2 + d_{src}^2 + d_s^2 + d_{chome}^2 \tag{2-21}$$

3. 低加速电压 STEM 成像的影响因素

对于不太稳定的单原子成像，尤其是轻元素原子的成像，需要使用低加速电压的 STEM 成像技术来避免 knock-on 损伤。在有球差校正器的时代，球差不再是影响分辨率的主要因素。此时影响低压 STEM 成像分辨率的因素主要有：

1）色差（如果没有校正）和高阶几何像差。图 2-51 展示了当色差系数 C_c 为 1.3mm，ΔE 为 0.35eV 时束斑尺寸随不同电压的变化，以及校正到不同阶数像差时束斑尺寸随不同电压的变化。从图 2-51 中可见，球差在未校正时为限制束斑尺寸的主要因素；校正了球差后在加速电压低至约 50kV 时色差为限制束斑尺寸的主要因素；在 200kV 下校正了五阶像差后，色差仍然是限制束斑尺寸的主要因素。

2）电子源亮度。只考虑 d_{src} 和 d_{diff} 时，有

$$d_{probe} = (d_{diff}^2 + d_{src}^2)^{1/2} \tag{2-22}$$

由式（2-18）得知电子束束流与电子束光源限制的束斑尺寸的二次方成正比。由于衍射极限决定了相干宽度，我们定义相干电流 I_c 为 $d_{src}=d_{diff}$ 时的束流。式（2-22）可写为

$$d_{probe}=(1+I_p/I_c)^{1/2}d_{diff} \tag{2-23}$$

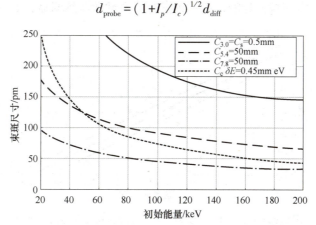

图 2-51　不同主导像差因素下理论电子束斑尺寸随初始电子能量的变化曲线
（所有情况下的电子束电流均为 $0.25I_c$）

STEM 常用的电子枪有两种，分别是肖特基场发射电子枪（Schottky）和冷场发射电子枪（CFEG）。其中 CFEG 亮度更高，对亮度归一化后 CFEG 的 I_c 为 0.14nA，而 Schottky 的 I_c 为 0.028nA。其束斑尺寸的比较如图 2-52 所示，由此可见 CFEG 更容易实现较高的分辨率，并且越小的束流越容易实现高的分辨率。

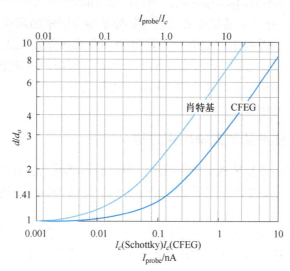

图 2-52　两种典型电子枪的束斑尺寸随电流变化的曲线

3）原子尺寸和散射离域效应。当电子束斑展宽比较小时（<0.03nm），HAADF 衬度近似为原子势函数和电子束强度分布函数的卷积；当电子束斑展宽比较大时（>0.1nm），以上近似就会产生严重错误。而 EELS 的采集受离域效应的影响更大，其空间分辨率为电子束斑尺寸加上内壳层损失散射的空间扩展。根据 Egerton 方程，可使用包含 50% 非弹性散射电子时的电子束斑尺寸描述 EELS 离域效应

$$d_{50} = 0.5\lambda / (\Delta E / E_0^*)^{3/4} \tag{2-24}$$

式中，ΔE 为损失能量；E_0^* 为相对论校正后的初始能量。

由此可见，加速电压越高和能量损失越低时，离域效应越明显，如图 2-53 所示。

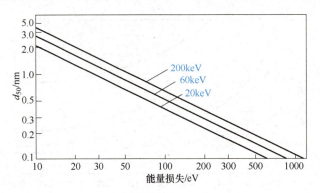

图 2-53　根据 Egerton 方程计算的 EELS 离域效应随加速电压和能量损失的变化

4）图像上的噪声。为了提高轻原子图像的信噪比，可以从几个方面入手。首先选择合适的收集角，比如较轻的元素可以使用较低的收集内角，即 MAADF 成像。值得注意的是此时图像衬度与原子数是非线性的关系，即两个原子叠加的衬度要大于单个原子衬度的两倍。其次可以增加暗场探测器的光电倍增管增益，使信号相对于探测器的背底噪声更强。最后增加单个像素的采集时间，也即增加电子剂量，可以增加信噪比。另一方面，虽然增加电子束束流也可以提升信噪比，但会对分辨率造成影响，如图 2-53 所示。

5）仪器不稳定性：电子束的展宽受到多种额外不稳定因素的影响。例如，高压的不稳定可能引发色差恶化；像差校正的准确度不足则会导致几何像差无法得到良好的校正。此外，电子光路电源的波动、电镜平台受到的地面微振动、镜筒的机械振动、样品台的漂移或抖动、镜筒外部的电磁干扰、冷水系统的不稳定及电镜内部真空度的变化等，均可能对高分辨率图像的采集产生不利影响。

2.4.3　单原子成像技术及其谱学应用方法

通过球差校正的低电压扫描透射成像技术，可以显著降低入射电子束对样品的 knock-on 型辐照损伤，进而实现单原子级别的成像及谱学分析。这使得研究人员能够深入了解材料的基本结构和性能。

1. 通过 Z 衬度成像对低维材料中的原子级结构及缺陷进行直接观察

通过球差校正低加速电压 STEM-ADF（Z 衬度）成像技术，可以实现对低维材料中单原子尺度结构和化学成分的精确解析。2010 年，Krivanek 等人利用配备了高阶几何像差校正器的低加速电压 STEM 的 MAADF 成像技术，首次在单层氮化硼中区分出其中的 C 和 O 杂质单原子。2012 年，Zhou 等人提出了"单原子显微学"的概念，系统探讨了通过球差校正低电压 STEM-ADF 成像技术，以及 STEM-EELS 分析对二维材料中的单原子尺度结构、化学成分和价电子激发等进行精确解析的技术可行性。2013 年，Zhou 等人采用 60kV 加速电压下的像差校正 STEM-ADF 成像首次系统地研究了化学气相沉积（CVD）生长的单层 MoS_2 中的本征结构缺陷。值得一提的是该电压低于 MoS_2 的 knock-on 损伤阈值，从而保证了图像的准确性和材料的安全性。通过精确校正至五阶像差获得的原子级电子束斑，能够利用定量的强度分析来实现原子级的化学鉴定。这一方法使得单层 MoS_2 中六种本征点缺陷的精细原子结构得以直接可视化和识别，并且具有单原子灵敏度，如图 2-54a~f 所示。计算结果表明，在所有 MoS_2 点缺陷中单个 S 空位（V_S）具有最低的形成能，这与实验中观察到的 V_S 浓度最高的结论相符。此外，计算还显示，Mo 空位旁的 S 原子很容易丢失，这解释了为什么实验中观察到的大多数 Mo 空位（V_{Mo}）缺陷都是缺失邻近 S 原子的复杂形式。对于 MoS_2 样品中 Se 原子掺杂的统计，使用计算机算法分别定位 MoS_2 晶格中的阳离子和阴离子位点，提取每个原子位点的图像强度，并绘制成强度直方图（图 2-54）。根据 STEM-ADF 成像中衬度与原子序数 Z 的关系，判别不同类型阴离子位点（S_2、S+Se 和 Se_2）的强度。随后，可以通过选择直方图中不同范围的图像强度，以逐个原子的方式绘制不同类型阴离子位点的相应分布，如图 2-54g~i 所示。

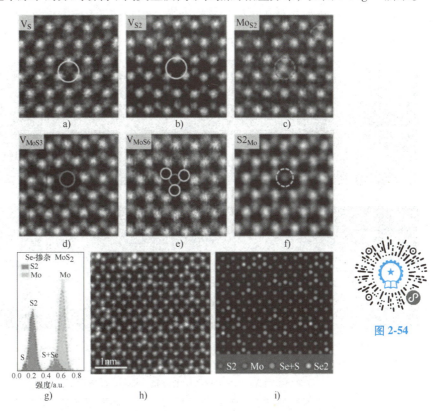

图 2-54

图 2-54　通过 STEM-ADF 成像对 MoS_2 缺陷进行结构和元素分析

a) S 原子单空位（V_S）的 STEM-ADF 图　b) S 原子双空位（V_{S2}）的 STEM-ADF 图　c) Mo 原子取代 S_2 柱（Mo_{S2}）反位缺陷的 STEM-ADF 图　d) 缺失相邻的三个硫（V_{MoS3}）的 Mo 空位 STEM-ADF 图　e) 缺失相邻的三个二硫对（V_{MoS6}）的 Mo 空位 STEM-ADF 图　f) S_2 柱取代 Mo 原子（$S2_{Mo}$）反位缺陷的 STEM-ADF 图　g) Se 掺杂单层 MoS_2 材料 STEM 图像中不同位点的强度直方图　h) 典型的 Se 掺杂单层 MoS_2 材料原子级别的 STEM-ADF 成像　i) 通过对图 2-54h 强度阈值分析获得的结构模型

2. 利用 STEM-HAADF 成像分析单原子催化剂活性中心结构

2011 年，中科院大连化物所的张涛、乔波涛等人基于单原子分散的 Pt/FeO 催化剂提出了"单原子催化剂"的概念，其中负载的活性贵金属 Pt 以单原子形式分散于 FeO_x 载体表面，可以最大化贵金属的利用率、提高活性位点密度。单原子催化剂因此迅速成为催化研究的前沿热点方向。大部分单原子催化剂使用的是原子序数较高的金属原子分散于平均原子序数较低的轻质载体表面，这样的结构能够利用 STEM-HAADF 的 Z 衬度像最好地进行分析。因此，基于 STEM-HAADF 成像的单原子成像技术在过去十余年里被广泛应用于单原子催化剂活性中心结构的研究。图 2-55 展示了几个具有代表性的单原子催化剂研究实例，包括用于一氧化碳氧化的 Au/FeO$_x$（Herzing 等，2008 年）和 Pt/FeO$_x$ 催化剂（Qiao 等，2011 年）、用于甲醇重整产氢的 Pt/α-MoC 界面双功能催化剂（Lin 等，2017 年；Zhang 等，2021 年）、用于水汽变换产氢的 Au/α-MoC 催化剂（Yao 等，2017 年）等。在这些例子里，基于单原子分辨的 STEM-HAADF 图像，都可以清晰地观察到单个重金属原子（Au 或 Pt）以明显的亮衬度高分散于载体表面，同时也可以观察到由于金属原子团聚形成的亚纳米尺寸贵金属团簇。通过利用 STEM-HAADF 成像对于催化反应前后活性贵金属原子分散形式进行统计分析，可以帮助揭示具有催化活性的反应中心的具体结构，进而帮助设计、构筑性能更优的新催化剂体系。

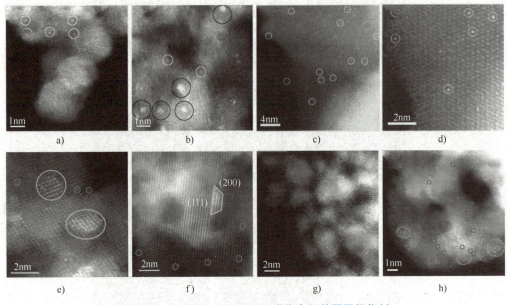

图 2-55　通过 STEM-HAADF 成像表征单原子催化剂

a、b）Au 单原子和 Au 团簇在 FeO$_x$ 上的分布　　c、d）Pt 单原子在 FeO$_x$ 上的分布

e、f）Au 单原子和团簇在 α-MoC 上的分布　　g、h）Pt 单原子和团簇在 α-MoC 上的分布

3. 通过 STEM 成像和 EELS 相结合的技术对单原子催化剂材料进行表征

对于非周期性且元素原子序数差异比较大的团簇材料，只用 Z 衬度成像无法准确判断其结构和化学成分，因此还需要结合 EELS 技术进行表征。比如 2020 年，Wang 等人在 Ni-N-C 催化剂的表征中可以使用原子级分辨的 STEM-HAADF 成像技术清楚地区分出孤立的 Ni 原子（图 2-56a），相应的 EELS 显示氮通常分布在 Ni 原子附近（图 2-56b、c）。进一步地，图 2-56d~f 中的单原子 STEM-EELS 谱学成像明确揭示了 Ni 原子和三重配位的 N 原子之间直接化学成键，同时证实了 Ni 与 C 之间也存在化学键合，确保了稳定的四配位构型。当面对样品结构不稳定、易受碳沉积污染、样品台不稳定或目标区域信噪比不足等挑战时，同样可以运用 EELS 线扫描或点扫描叠加的方法来准确确定单原子的化学成分。

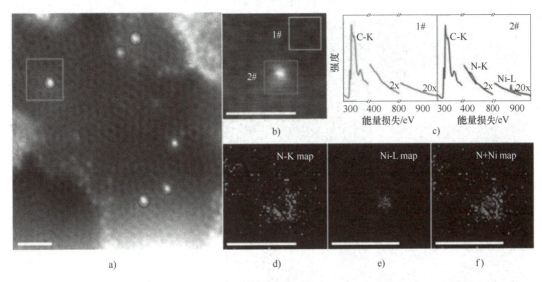

图 2-56　Ni-N-C 催化剂材料的球差校正 STEM 表征

a）STEM-HAADF 图像（其中圈出来的 Ni 原子位于石墨烯状的基底平面上）　b）对图 2-56a 中部分区域进行
EELS mapping 采集时同步采集的 STEM-HAADF 图像　c）分别从图 2-56b 中标注为 1# 和 2# 的区域提取的 EELS 谱
d）N 的 EELS 元素分布图　e）Ni 的 EELS 元素分布图　f）N 和 Ni 元素分布图的叠加图（图中比例尺为 1nm）

4. 对于重元素基底上轻元素的单原子使用原子级 EELS mapping 表征

以 α-MoC 基体负载的原子级分散的 Ni 物种催化剂为例（Lin，2021
年），由于负载的 Ni 元素比载体中的 Mo 元素更轻，因此难以利用 STEM-
HAADF 成像技术来揭示其催化活性位点的原子级结构。为了克服这一难
题，借助 EELS mapping 技术，通过优化实验中的电子光路和采集参数，并
结合主成分分析（PCA）算法对图像进行去噪处理，成功地将单个过渡金

图 2-56

属 Ni 原子可视化（图 2-57a~d）。进一步地，通过和标准谱精细结构的对比获得价态信息，
得出 Ni 是以 0 价金属态的形式存在。同样，对于 α-MoC 基体上 Ni 和 Co 两种原子级分散的
物种催化剂（Ge，2021 年），用 EELS mapping 的方法识别了化学元素周期表上相邻元素的
分布，并且验证了 Co-Ni 原子对（间距<0.3nm）的存在，这对于全面理解双金属催化剂中
的协同效应至关重要（图 2-57e~g）。

5. 单原子分辨 STEM-EELS 技术的最新进展及应用

单原子分辨的 STEM-EELS 技术通常和 STEM-HAADF 单原子成像结合使用，通过 STEM-
HAADF 成像对原子结构进行直接观察和鉴别，进而利用 STEM-EELS 谱学成像在同一样品区
域对于局域的电子结构、自旋态、价电子激发特性、局域晶格振动模式（需结合电子单色
仪技术方可实现）进行单原子尺度的谱学分析。例如 2010 年，Suenaga 等人对石墨烯边缘不
同配位的碳原子进行了 EELS 谱近边精细结构分析，发现了由于碳原子配位不饱和造成的谱
学特征峰，首次将 STEM-EELS 近边精细结构分析的灵敏度提升到单原子尺度；2012 年，
Zhou 等人对石墨烯中三配位和四配位的硅原子的单原子尺度 EELS 近边精细结构进行分析，
从 Si 元素 L 边精细结构的不同可以对单个 Si 原子的键合杂化方式进行实验区分；2015 年，
Lin 等人进一步将单原子尺度 STEM-EELS 近边精细结构的分析进行拓展，用于分析石墨烯晶格
中嵌入的单个过渡金属原子的自旋态。最近几年，得益于直接电子探测器技术的发展，STEM-

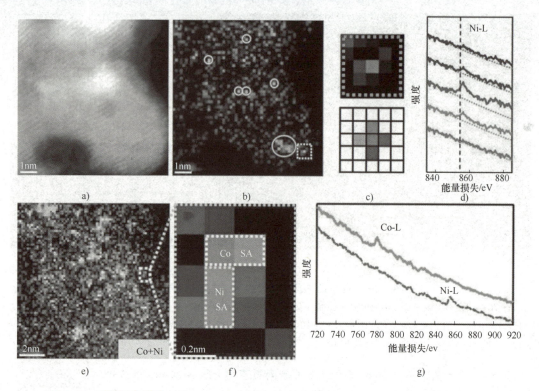

图 2-57　单原子分散的 Ni/α-MoC 和 NiCo/α-MoC 催化剂材料的球差校正 STEM 表征

a）Ni/α-MoC 催化剂材料的 STEM-HAADF 图像　b）Ni 在图 2-57a 中的 EELS 元素分布　c）Ni 在图 2-57b 框中 EELS
元素分布的放大图（每个像素的横向尺寸为 0.15nm）　d）从图 2-57c 中相应颜色的像素中提取的 EELS 谱（表明
Ni 信号集中在中央像素中，证明为原子级分散的 Ni 原子）　e）NiCo/α-MoC 催化剂材料中 Ni 和 Co 的 EELS
元素分布（实际中绿色和红色分别为 Co 和 Ni）　f）图 2-57b 方框区域的放大图（每个像素横向
尺寸为 0.15nm）　g）图 2-57f 相应区域 Co 和 Ni 单原子的 EELS 谱

　　EELS 信号的信噪比可以得到大幅度提升，帮助提升实验数据分析的灵敏度。
Xu 等人利用配备直接电子探测器的低电压单原子分辨 STEM-EELS 技术，
实现了对单层石墨烯中由单个 Si 原子缺陷引起的特定电子态的实空间
EELS 谱学成像测量。

图 2-57

　　相比上述内壳层电子激发所产生的 EELS 信号，在低能量损失区间采
集的 EELS 谱受离域效应的影响比较大，通常难以达到原子级别的空间分
辨率，如声子振动谱的采集。然而，借助离轴 EELS 技术，通过利用具有较大动量转移的非
弹性散射电子进行低能量损失谱的采集，则可以测量到既具有高空间分辨率又具备高能量分
辨率的局域晶格振动谱。2020 年，Hage 等人首次在石墨烯中的 Si 原子缺陷处利用高能量分
辨离轴 STEM-EELS 实现了具有单原子分辨的局域晶格振动谱实验测量。随后，通过进一步
提升实验精度和灵敏度，Xu 等人采集了具有原子分辨的晶格振动谱学成像数据，系统分析
了单层石墨烯中不同配位环境的单个 Si 原子杂质缺陷附近的声子振动谱。通过比较不同 C
配位数的 Si 原子缺陷的晶格振动谱及缺陷处不同化学环境的碳原子的局域晶格振动谱特征，
首次实现了具有化学键合灵敏度的单原子振动谱学测量，将振动谱学技术的灵敏度推进到新
极限，如图 2-58 所示。

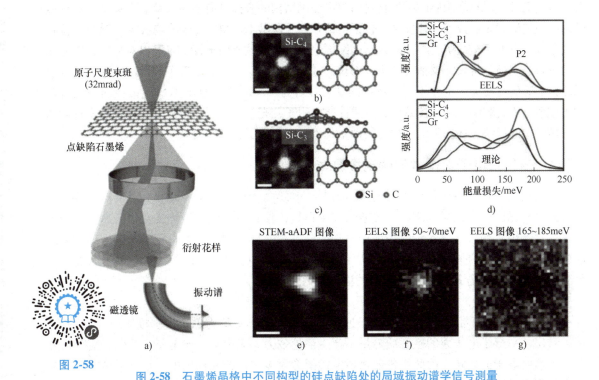

图 2-58

图 2-58　石墨烯晶格中不同构型的硅点缺陷处的局域振动谱学信号测量

a）离轴声子振动谱测量的实验示意图　b）Si-C_4 缺陷结构在石墨烯中的 ADF-STEM 图像及相应的结构模型

c）Si-C_3 缺陷结构在石墨烯中的 ADF-STEM 图像及相应的结构模型　d）从 Si-C_4（红色）和 Si-C_3（蓝色）

缺陷处累计的声子 EELS 光谱（扫描窗口为 0.4×0.4nm²）　e）Si-C_3 缺陷的原子分辨率的 ADF-STEM 图像

（与图 2-58f、g 中的声子谱图同时采集）　f）图 2-58e 中 50~70meV 能量区间的集体振动信号分布成像

g）图 2-58e 中 165~185meV 能量区间的集体振动信号分布成像

（呈现出原子分辨率和单原子灵敏度，比例尺为 0.2nm）

2.5　洛伦兹透射电镜

　　原子结构的有序排列决定了材料的对称性和力学性能，而材料的物理性能与自旋磁矩的有序排列密切相关，因此，精准地表征和操纵磁矩有序分布的磁畴结构是理解磁性物态及宏观磁性能微观机制的关键，有望发现磁性自旋新物态、新现象、新机制和新功能。洛伦兹透射电镜（Lorentz transmission electron microscope，L-TEM）可以高分辨率、实空间直观研究磁畴结构。1959 年 Hale 首次利用洛伦兹透射电镜实现了磁畴结构的观察。洛伦兹透射电子显微成像通常基于传统透射电镜的洛伦兹模式下对磁性样品进行观察：即将主物镜关闭，利用专门的洛伦兹透镜进行成像从而实现低磁场环境下（约 20mT）磁性样品的磁畴成像，也可以通过手动增加物镜电流对样品施加垂直磁场，在电子束没有严重畸变的情况下，垂直磁场可以加至几百毫特斯拉。此外，日本电子（JEOL）公司设计改造物镜极靴后的专门洛伦兹透射电镜，可使样品处的剩余磁场几乎为零（<1mT），但通过物镜电流能够施加的垂直磁场仅为几十毫特斯拉，这种特殊设计的专门洛伦兹透射电镜的磁畴成像空间分辨率相比普通电镜的洛伦兹模式

有了显著提升，对磁场敏感的磁性材料内部本征磁结构的表征具有明显优势。多种基于洛伦兹透射电镜的磁畴表征技术逐渐发展，包括洛伦兹电子显微术、离轴电子全息技术、微分相位衬度技术等，有助于全面解析丰富的磁有序结构信息。洛伦兹透射电镜不仅可以对自旋磁矩有序结构进行静态高分辨表征及精细解析，而且通过配备电流、磁场、温度等多种功能性样品杆可以原位实时研究磁畴结构在不同外场下的动力学行为。2010 年，日本 Tokura 教授研究组首次利用透射电镜直观解析和调控纳米尺度磁性斯格明子，充分展现了原位、实时表征纳米尺度精细磁畴结构的优势，在探索磁性材料物性微观机制中发挥了关键作用。

2.5.1 洛伦兹电子显微术磁畴成像原理

透射电镜洛伦兹电子显微术磁畴成像的原理基于高能量电子束（通常在 200 或 300keV）通过磁性样品时受到磁场作用下洛伦兹力发生偏转，偏转后的电子经物镜会聚成像，再经中间镜与投影镜系统放大最后到达像平面呈现明暗不同衬度的图像。垂直于电子束运动方向的面内磁场分量 E 会使电子束在洛伦兹力下发生偏转，当电荷为 e，速度为 v 的电子经过一个具有静电场和静磁场 B 的空间，受到的洛伦兹力表达式为

$$F_L = -e(E + v \times B) \tag{2-25}$$

式中，e 为电子所携带电荷量；v 为电子速度；E 为静电场；B 为磁感应强度。由式（2-25）可以看出，平行于电子束的磁感应分量不产生洛伦兹力，只有垂直于电子束的磁感应分量才会引起透射电子的偏转，因此洛伦兹透射电镜图像衬度只对样品面内的磁矩分量敏感，样品上方与下方的杂散面内磁场同样也会对成像有贡献。电子束通过样品后的偏转角可表示为

$$\beta_L = \frac{e\lambda t}{h}(B \times n) \tag{2-26}$$

式中，h 为普朗克常量；λ 为电子波长；t 为样品厚度；n 为平行于入射电子束的方向。

因此偏转角与平均磁感应强度和样品厚度的乘积成正比，通常偏转角 β_L（$<100\mu rad$）比典型的布拉格电子衍射角（$1\sim10mrad$）小 $1\sim2$ 个数量级，不会出现磁散射与布拉格散射混淆的现象。

从量子力学角度来理解，入射电子波透过磁性样品会发生相位改变并产生干涉效应，从而形成明暗衬度。透射电镜实验电子束偏转形成的会聚和发散，在欠焦和过焦模式下会在电镜像平面上形成明暗相反的衬度，进而研究微观磁畴结构。常用的洛伦兹磁畴成像模式为菲涅尔模式（Fresnel Mode）和傅科模式（Foucault Mode）如图 2-59 所示观察 180°磁畴的光路原理图。菲涅尔模式是在较高的物镜欠焦值下表征不同磁矩排列方向过渡的磁畴壁信息。正焦状态时，如图 2-59a 所示，偏转电子束均匀聚焦在像平面上，因而正焦模式不出现磁畴衬度。当在过焦状态时，如图 2-59b 所示，电子束偏转远离畴壁处，导致磁畴壁区域的强度对比度下降，在畴壁处出现暗衬度线。类似地，当在欠焦模式时如图 2-59c 所示，畴壁处由于偏转的电子束发生重叠，使得衬度增加，产生亮条纹线。菲涅尔模式成像可总结为过焦和欠焦磁畴壁处的衬度变化，而正焦模式没有磁畴衬度，从而判断是否具有磁畴结构。该方法的优势在于操作简单并且能实时地记录磁畴的动态变化过程。但需要注意离焦状态下的菲涅尔条纹对观察到的磁畴衬度会产生影响，相应的空间分辨率也会有所降低。因此菲涅尔模式不适用于研究样品边缘处的磁畴状态。傅科模式是在正焦模式下直接观察磁畴衬度，具有不同磁矩分布的相邻磁畴对电子束的偏转角不同，使得样品处的倒空间的衍射点发生分裂，通过

偏移物镜光阑选取分裂的衍射点来实现特定磁畴取向的观测，类似于普通透射电镜中的暗场成像。如图 2-59d、e 所示，被光阑选中的衍射点对应的磁畴区域显示亮衬度，不是该方向的磁畴将会产生暗衬度，因此该明暗衬度能够直接反映样品磁畴信息。傅科模式下的电子束图像衬度对实际外加场变化及光阑位置非常敏感，因此很难进行原位实时磁畴动态演变研究。

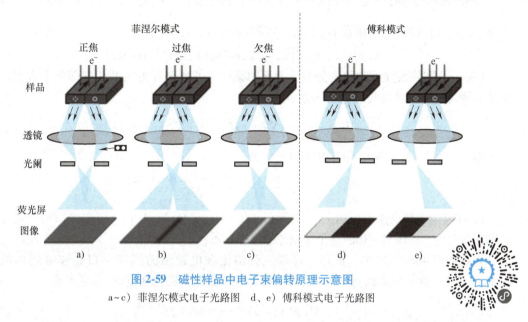

图 2-59　磁性样品中电子束偏转原理示意图

a~c）菲涅尔模式电子光路图　d、e）傅科模式电子光路图

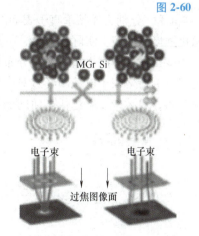

图 2-60

图 2-60 所示为磁性斯格明子在菲涅尔模式中的磁畴成像示意图。磁性斯格明子的磁矩呈现非线性逐渐过渡的圆形排列方式，电子束经过拓扑磁性斯格明子后，根据电子束的会聚和发散呈现亮和暗不同的圆形衬度，同一手性的斯格明子分别处在欠焦和过焦离焦状态时，或相反手性斯格明子在相同离焦状态时，洛伦兹成像分别表现为圆形亮、暗衬度。

图 2-60　菲涅尔模式在相同离焦条件下表征具有相反手性的斯格明子呈现明暗衬度的圆形磁畴像

2.5.2　洛伦兹菲涅尔模式磁畴结构解析方法

通过菲涅尔成像模式的欠焦、正焦、过焦三张洛伦兹电镜图像（或欠焦与过焦两张图像），采用基于强度输运方程（Transport of Intensity Equation，TIE）的 QPt 软件包，可以解析磁畴结构中磁矩的分布。当电子平面波通过样品时，上述电子传播方向发生改变（会聚或发散）产生的不同强度洛伦兹电镜图像，反映了携带样品信息的出射电子束的振幅与相位，TIE 方法可以从电镜图像强度的分布提取出电子相位信息，如下所示为强度与相位的关系：解析获得磁畴结构的面内磁化分布，这使得洛伦兹透射电镜成了磁畴结构表征与解析的有力工具。强度传输方程由 Teague 等人提出，通常洛伦兹电镜图像中的磁衬度只包含了透射电子波的强度信息，通过 TIE 解析方法能够从强度分布获得电子波的

相位分布信息。电子的强度传输方程由薛定谔方程得到，在真空小角近似下表示为

$$\left(2ik\frac{\partial}{\partial_z} + \boldsymbol{\nabla}_{xy}^2 + 2k^2 \right)\psi(x,y,z) = 0 \tag{2-27}$$

波束沿着 z 方向，k 是波矢 $\left(k = \dfrac{2\pi}{\lambda} \text{，其中 } \lambda \text{ 是波长} \right)$，$\boldsymbol{\nabla}_{xy}^2$ 是二维拉普拉斯算子，波动方程 $\psi(x, y, z)$ 由两个实函数 $I(x, y, z)$ 和 $\varphi(x, y, z)$ 表示

$$\psi(x,y,z) \equiv \sqrt{I(x,y,z)}\exp\{i\varphi(x,y,z)\}\exp(ikr) \tag{2-28}$$

I 和 φ 分别代表强度和相位分布，上面的薛定谔方程会分为实部和虚部两个方程，通过虚部方程可以得到强度传输方程表达式为

$$\frac{2\pi}{\lambda}\frac{\partial}{\partial_z}I(x,y,z) = -\boldsymbol{\nabla}_{xy}\cdot\left[I(x,y,z)\,\boldsymbol{\nabla}_{xy}\varphi(x,y,z) \right] \tag{2-29}$$

而 $I(x, y, z)$ 的偏微分可以近似表达为

$$\frac{\partial}{\partial_z}I(x,y,z) \approx \frac{I(x,y,z+\Delta z)-I(x,y,z-\Delta z)}{2\Delta z} \tag{2-30}$$

Δz 在电镜中是离焦量，如图 2-61 所示，$I(x, y, z-\Delta z)$、$I(x, y, z)$ 和 $I(x, y, z+\Delta z)$ 分别对应欠焦、正焦与过焦的洛伦兹图像的强度分布。

根据菲涅尔模式欠焦、正焦、过焦三张洛伦兹电镜图的强度分布能够得到相位信息 $\varphi(x, y, z)$。进一步由麦克斯韦-安培方程，电子相位与磁化强度 $\boldsymbol{M}$ 满足关系

$$\nabla_{xy}\varphi(x,y,z) = -\frac{e}{h}(\boldsymbol{M}\times\boldsymbol{n})\,t \tag{2-31}$$

$\boldsymbol{n}$ 和 t 分别为样品垂直于表面的单位矢量和样品厚度。因此，得到的相位信息可以反映磁化强度的分布。实际操作中，一般用离焦量相同的欠焦和过焦两张洛伦兹电镜图，之后进行强度传输方程解析获得磁矩分布信息。图 2-62 给出了布洛赫型斯格明子的解析过程，欠、过焦下的斯格明子电镜图经过对中后进行相位重构，进一步根据相位信息得到斯格明子的面内分布，实际中，彩色代表面内磁矩的方向，其中黑色的区域代表磁矩朝向面外。

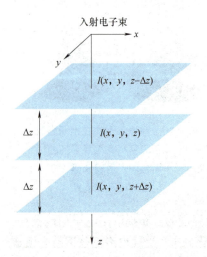

图 2-61　欠焦、正焦和过焦条件下的
洛伦兹透射电镜强度分布示意图

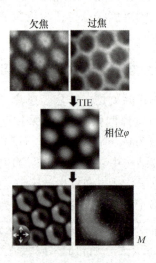

图 2-62　通过 TIE 解析
斯格明子磁矩分布过程

图 2-62

2.5.3　离轴电子全息磁畴成像原理及方法

电子全息术最早由 Gabor 于 1948 年提出，得益于高相干性场发射电子光源的出现。电子全息技术可以用来测量各种材料的平均内电势、样品厚度、材料内外磁场的分布、观察材料的应力及半导体的掺杂等，当前采用球差校正技术，电子全息空间分辨率可以达到原子级别。在磁性材料表征中最常用的是离轴电子全息术（Off-Axis Electron Holography，OAEH），离轴是指将样品从电子显微镜的电子轴中心移除一部分，使得一部分电子束通过样品作为物波，另一部分电子穿过真空区域作为参考波，通过物镜下方的静电双棱镜使物波和参考波偏转，在双棱镜下发生重叠产生干涉，从而在像平面形成全息图，即干涉条纹（图 2-63）。该干涉条纹携带了物体的振幅与相位信息，可以通过后期数据处理，重构出样品的相位信息，从而得到样品的磁化分布。由于电子相位对于局部静电势和静磁势的变化也较为敏感，利用电子全息能够得到的是磁势和电势的总体相位变化，难点在于后期的数据分析。

电子全息成像原理如下。

参考波为平面波：

$$\varphi_r = \exp[\,i\boldsymbol{k}\boldsymbol{r}\,] \qquad (2\text{-}32)$$

式中，振幅看作 1；φ_r 为相位；$\boldsymbol{k}$ 为电子束的波矢（$k = 2\pi/\lambda$，λ 为电子波的波长）；$\boldsymbol{r}$ 为与电子束入射方向垂直的平面内的位置矢量。当电子束穿过样品时，穿过样品的物波函数可表示为

$$\varphi_o = A(\boldsymbol{r}) \exp[\,i\varphi(\boldsymbol{r})\,] \qquad (2\text{-}33)$$

式中，$A(\boldsymbol{r})$ 为振幅；φ_o 为相位。电子束穿过双棱镜的静电场后，物波与参考波相干涉时可表示为

$$I_{hol} = 1 + A^2(\boldsymbol{r}) + 2VA(\boldsymbol{r})\cos[\,2\pi q_c\boldsymbol{r} + \varphi(\boldsymbol{r})\,] \qquad (2\text{-}34)$$

式中，$\boldsymbol{q}_c = 2\alpha/\lambda$ 为电子全息图干涉条纹的空间频率；α 为双棱镜的干涉半径；$V = \dfrac{I_{max} - I_{min}}{I_{max} + I_{min}}$ 为干涉条纹衬度，由电子束的相干性决定，数值介于 0~1。

式（2-34）前两项形成明场像，记录电子全息图的背底强度；$\cos[\,2\pi q_c\boldsymbol{r} + \varphi(\boldsymbol{r})\,]$ 形成周期性条纹，反映样品内部电磁场与电子波相互作用后的相位变化。

1. 电子全息图像的重构原理

由以上得到的电子全息图，对其进行傅里叶变换，获得分离的振幅和相位，需对全息图

电子枪
真空参考波　　样品波
磁性样品
洛伦兹透镜
双棱镜
全息像
a)

20nm
b)

20nm
c)

图 2-63　电子全息与成像效果

a）电子全息原理图　b）、c）两种不同的钴纳米颗粒环由电子全息图解析的磁力线分布图

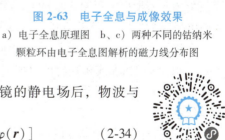

图 2-63

进行重构获取样品信息。傅里叶变换由公式表示为

$$FT\{I_{\mathrm{hol}}\} = \delta(q) + F(A^2) + VF(A\exp(\mathrm{i}\varphi)) \otimes \delta(q - q_c) + VF[A\exp(-\mathrm{i}\varphi)] \otimes \delta(q + q_c) \quad (2\text{-}35)$$

傅里叶变换后的函数为一个复函数，等式右侧分为三部分：其中第一项与背底有关，称为中心带，只包含强度信息；第二项与第三项均来自余弦函数，称为两个边带，只包含相位信息，两者是共轭的，取其中一个边带，令 $q = 0$ 后，对其做反傅里叶变换，可得到

$$\varphi_o = VA(r)\exp[\mathrm{i}\varphi(r)] \quad (2\text{-}36)$$

即通过该方法可以从电子全息图中重新解析出物波的振幅与相位信息。图 2-63b、c 所示为电子全息术解析的钴纳米颗粒环的磁化分布示例。

2. 电势与磁势对电子全息相位的影响

入射电子波通过样品后的相位变化源于样品本身的电势与磁势，因此样品的电势与磁势信息可以通过重构物波的相位变化而解析出。通过样品后物波的相位相对于真空参考波的相位变化可以表示为

$$\varphi(x) = C_E \int V(x,z)\mathrm{d}z - \left(\frac{e}{\hbar}\right) \iint B(x,z)\mathrm{d}x\mathrm{d}z \quad (2\text{-}37)$$

式中，z 为电子束方向；x 为样品平面方向；V 为样品的平均内电势；B 为磁感应的面内分量；C_E 为取决于电镜加速电压的相互作用常数。

式（2-37）第一项为电势对相位的影响，第二项为磁势对相位的影响。当材料的电势场和磁场沿 z 方向不变时，式（2-37）可简化为

$$\varphi(x) = C_E V(x)t(x) - \left(\frac{e}{\hbar}\right) \int B(x)t(x)\mathrm{d}x \quad (2\text{-}38)$$

对于没有磁性的样品，如果已知样品厚度，通过相位的变化可以直接计算该材料的平均内电势

$$V = \left(\frac{1}{C_E}\right) \frac{\mathrm{d}\varphi(x)}{\mathrm{d}x} \bigg/ \frac{\mathrm{d}t(x)}{\mathrm{d}x} \quad (2\text{-}39)$$

对于有磁性的样品，电子波相位包含电势场和磁场两者影响，其中电势场为标量势，磁场为矢量场，若要研究材料内部的磁场分布，则需要将磁场和电场对相位的贡献区分开。把磁场与电场对相位的贡献区别开主要有两种方法：一是利用时间反演特性，记录两个全息图，一个相位变化为 $\varphi_{o1} = \varphi_E + \varphi_B$，在相同条件下，把样品翻转记录另一个全息图的相位为 $\varphi_{o2} = \varphi_E - \varphi_B$，两式相加或相减就可以把电磁场分别作用的相位信息分开；另一种方法是用同一个样品在不同加速电压下收集两张全息图，由于磁场的作用与加速电压无关，就可以得到电场的信息。

如果电镜样品为均匀厚度的薄片，研究其内部磁畴的磁矩分布，则可以认为其内电势导致的相位为均匀的，因此可以只考虑电子与磁感应的面内分量相互作用，那么通过公式可得到磁化分布

$$\frac{\mathrm{d}\varphi(x)}{\mathrm{d}x} = \left(\frac{et}{\hbar}\right) B(x) \quad (2\text{-}40)$$

式中，t 为样品厚度。

电子全息技术是基于傅里叶变换从全息图恢复相位信息的，其磁畴结构分辨率高，但电子全息术的视野有限，需要将样品放置在接近真空的位置，这可能会受到由杂散场引起的磁

力线分布的影响，并且该技术不适用于在外场下原位实时观察磁势的分布。

2.5.4　微分相位衬度技术磁畴成像原理及方法

洛伦兹和离轴电子全息磁成像技术一般基于平行光照射的透射模式。微分相位衬度（Differential Phase Contrast，DPC）技术基于会聚电子束的扫描透射模式，是一种具有高分辨率的磁畴成像技术。DPC 相比于洛伦兹的菲涅尔磁成像技术，不需要使用较大的离焦量，因此可以避免离域效应带来的分辨率下降问题。相比于高分辨的定量电子全息技术，DPC 不需要特定的真空参考区域，因此可以测量远离真空位置的磁结构，并且对于空间磁场分布的测量也十分有效。特别地，近年来随着四分格探头在透射电镜上的普遍使用，DPC 成像技术，不仅在原子尺度的电场测量或相位衬度成像中发挥了巨大的作用，在纳米尺度的磁结构测量中也得到了广泛的应用。

DPC 技术成像基本原理：磁感应效应可以被描述为量子力学中的相移。两个电子沿不同轨迹从同一原点到达同一终点的相位差为

$$\Delta\varphi = 2\pi\frac{e}{h}\oint \boldsymbol{A} \cdot \mathrm{d}\boldsymbol{l} \tag{2-41}$$

式中，$\oint \boldsymbol{A} \cdot \mathrm{d}\boldsymbol{l}$ 是沿电子轨迹的路径积分；$\boldsymbol{A}$ 是磁势矢量。

如果使用向量微积分中的 Stokes 定理 $\oint \boldsymbol{F} \cdot \mathrm{d}\boldsymbol{l} = \int (\boldsymbol{\nabla} \times \boldsymbol{F}) \cdot \mathrm{d}\boldsymbol{S}$，并且结合矢量微积分法中的磁矢势方程 $\boldsymbol{B} = \boldsymbol{\nabla} \times \boldsymbol{A}$，可以推导出方程

$$\Delta\varphi = 2\pi\frac{e}{h}\oint \boldsymbol{A} \cdot \mathrm{d}\boldsymbol{l} = 2\pi\frac{e}{h}\int \boldsymbol{B} \cdot \mathrm{d}\boldsymbol{S} \tag{2-42}$$

式中，$\int \boldsymbol{B} \cdot \mathrm{d}\boldsymbol{S}$ 是通过两个电子轨迹之间区域的磁通量。

如果磁通量仅受限于试样，并且假设与经典描述中相同，即磁感应强度 $\boldsymbol{B}$ 均匀，且处处等于 B_s 以及试样厚度 t 恒定，则相位差简单地为

$$\Delta\varphi = 2\pi\frac{e}{h}B_s tx \tag{2-43}$$

式中，$B_s tx$ 为通过试件的磁通量。

最后，如果对式（2-43）沿 x 方向取梯度，可以看到相位差的梯度与洛伦兹偏转角成正比

$$\frac{\partial}{\partial x}(\Delta\varphi) = 2\pi\frac{e}{h}B_s t = 2\pi\frac{\beta L}{\lambda} \tag{2-44}$$

对于这种偏移（相位变化）的测量，可以将探测器分裂为四个象限，其原理如图 2-64a 所示。DPC 技术的原理是通过场发射电子枪产生具有高单色性的电子束，通过聚焦形成电子束探针逐点扫描穿透样品，类似于正常的 STEM 工作模式，当电子束穿透样品后，出射的锥体电子束携带样品信息，电子波相位的微分或梯度分布将被投影到圆形的四极探测器上；若样品是非磁性的，则电子束投射的圆盘将处于探测器居中位置；若样品是磁性的，则洛伦兹力将会使电子束发生偏转，导致电子束投影的圆盘发生偏移，不再是同心位置；四极探测器的每个部分分别单独测量电子信号，来自对立方向的探测器检测到的磁感应信号差异作为两个正交分量。洛伦兹透射电子显微镜的 DPC 分辨率取决于电子束探针尺寸，通常所能达到

的最佳分辨率约为 2~5nm，最近像差校正的 STEM-DPC 的最佳分辨率约为 0.9nm。DPC 技术的主要优势是高分辨率，能直接进行磁感应成像。图 2-64b、c 展示了在 $Co_8Zn_8Mn_4$ 三角几何限制的样品中，通过 DPC-STEM 技术测得的单个斯格明子在非常小的垂直磁场下转变为三重斯格明子态。

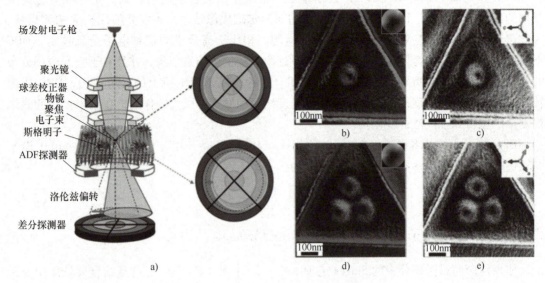

图 2-64 DPC-STEM 技术与成像

a）DPC-STEM 技术的原理示意图　b~e）DPC-STEM 直接探测 $Co_8Zn_8Mn_4$ 中的斯格明子

思 考 题

图 2-64

1. TEM 中有哪些像差？其形成原因是什么？
2. 针对不同的像差，有哪些消除像差的设备？
3. 物镜球差校正和聚光镜球差校正各有哪些特点？适用于哪些情况？
4. 扫描透射电子显微成像的衬度与样品原子序数有什么关系？
5. 典型的原位电镜技术有哪些？分别适用于哪些科学问题的研究？
6. 简述单原子成像中低加速电压的意义。
7. 在高分辨定量分析中，高分辨像模拟有什么作用？
8. 试说明扫描透射电子显微成像的分辨率与哪些因素有关。
9. 低加速电压扫描透射显微镜对于单原子成像有什么优势？
10. 洛伦兹电镜的原理及其应用范围是什么？

参 考 文 献

［1］ PENNYCOOK S J, NELLIST P D. Scanning transmission electron microscopy：imaging and analysis［M］. New York：Springer Nature, 2011.

［2］ ZHOU W, OXLEY M P, LUPINI A R, et al. Single atom microscopy［J］. Microscopy and Microanalysis,

2012, 18 (6): 1342-1354.

[3]　GAMM B, BLANK H, POPESCU R, et al. Quantitative high-resolution transmission electron microscopy of single atoms [J]. Microscopy and Microanalysis, 2012, 18 (1): 212-217.

[4]　WANG W L, SANTOS E J G, JIANG B, et al. Direct observation of a long-lived single-atom catalyst chiseling atomic structures in graphene [J]. Nano Letters, 2014, 14 (2): 450-455.

[5]　ZHOU J, LIN J, SIMS H, et al. Synthesis of co-doped MoS_2 monolayers with enhanced valley splitting [J]. Advanced Materials, 2020, 32 (29): 1906536.

[6]　WANG Z-L, CHOJ, XU M, et al. Optimizing electron densities of Ni-N-C complexes by hybrid coordination for efficient electrocatalytic CO_2 reduction [J]. ChemSusChem, 2020, 13 (5): 929-937.

[7]　LIN L, YU Q, PENG M, et al. Atomically dispersed Ni/α-MoC catalyst for hydrogen production from methanol/water [J]. Journal of the American Chemical Society, 2021, 143 (1): 309-317.

[8]　GE Y, QIN X, LI A, et al. Maximizing the synergistic effect of CoNi catalyst on α-MoC for robust hydrogen production [J]. Journal of the American Chemical Society, 2021, 143 (2): 628-633.

[9]　XU M, BAO D-L, Li A, et al. Single-atom vibrational spectroscopy with chemical-bonding sensitivity [J]. Nature Materials, 2023, 22 (5): 612-618.

[10]　HALE M E, FULLER H W, RUBINSTEIN H. Magnetic domain observations by electron microscopy [J]. Journal of Applied Physics, 1959, 30 (5): 789-791.

[11]　CHAPMAN J N, SCHEINFEIN M R. Transmission electron microscopies of magnetic microstructures [J]. Journal of Magnetism & Magnetic Materials, 1999, 200: 729-740.

[12]　GABORD. A new microscopic principle [J]. Nature (London), 1948, 161: 777-778.

第 3 章

聚焦离子束技术

聚焦离子束（Focused Ion Beam，FIB）技术起源于外太空领域，更准确地说，是离子束在航天器推进中的应用。在太空中，推力只能靠喷出物质产生，而物质必须与航天器一起携带。除基于燃烧物质的化学推进器外，离子推进器已成为实现高精度运动的重要动力装置——由场电离或电喷雾产生的带正电离子经电场或磁场加速后，向与预期运动相反的方向喷出，从而产生推力，以实现卫星的超精确位置控制。其中一种基于液态金属离子源的推进器实际上与许多地面 FIB 仪器的核心非常相似。

太空中的离子推进器能够对空间物体施加一个微牛（顿）级的力用于其导航，而地面的 FIB 仪器则能够对物体进行微纳米级的加工、修改和表征。

聚焦离子束加工是离子束加工的一种，与常规离子束对材料的加工机理相同，都是通过离子束轰击材料表面来实现加工。常规离子束加工，如用于制备透射电镜样品的 Ar 离子抛光和半导体光刻工艺中的反应离子刻蚀，均属于宽束加工，加工范围一般为几毫米到几十厘米，束流密度低，若要形成加工图形必须要有掩模。而聚焦离子束则是将离子束会聚到一点，束斑直径为几纳米到几微米，束流密度高，通过控制离子束的运动轨迹可形成加工图形，是一种不需要掩模的直写加工技术。

聚焦离子束的加工主要体现在两方面：一方面，离子束本身可以对材料表面溅射剥离，实现"减材"加工；另一方面，聚焦离子束与化学气体配合可以直接将原子沉积到材料表面，实现"增材"加工。这些特点与聚焦离子束的高分辨率能力相结合，使聚焦离子束成为一种用途广泛的微纳米加工/表征工具。

本章将首先概述 FIB 结构，重点是离子光学系统，它的机理作用是在样品表面产生一束高质量的会聚离子束，然后讨论离子与固体样品之间的相互作用，基于这种机理再介绍 FIB 功能，利用这些功能在随后的内容中列举几个具体应用实例，最后针对实际应用中的不足总结 FIB 系统所做的一些改进或发展。

3.1　聚焦离子束系统结构

聚焦离子束系统工作原理与扫描电子显微镜（Scanning Electron Microscope，SEM）非常类似：一束带电粒子经产生、会聚后在样品表面形成聚焦束，并在偏转线圈的控制下对样品扫描。主要区别是 FIB 用离子作为仪器光源，而 SEM 则用电子。图 3-1 给出了聚焦离子束系统的结构示意图。在离子柱顶端的液态离子源上加一强电场来抽取带正电荷的离子，通过位于柱体中的静电透镜、可控的四极/八极偏转装置，将离子束聚焦并在样品上扫描，离子束轰击样品时不仅会溅射出样品原子，而且还会从样品中激发出各种信号（如二次电子、二次离子），信号探测器收集到这些信号后可生成聚焦离子束显微图像。为避免离子束运动过程中受周围气体分子的碰撞干扰，真空系统保证离子柱在高真空条件下（$10^{-6} \sim 10^{-5}$ Pa）工作。样品室中装有多自由度样品台，以实现对样品不同位置和角度的加工/分析。

3.1.1　离子源

聚焦离子束之所以能在科学研究和工业（主要是半导体工业）中得到重要应用，是因为 20 世纪 70 年代在高亮度离子源方面的成就。高性能的聚焦离子束必须符合这样的条件：在直径小于 $1\mu m$ 的离子探针中至少包含 $10 \sim 5000$ pA 的离子流，即靶上束流密度必须大于 $1A/cm^2$。这样一个束流密度指标与场发射电子源相比是一个低指标。在直径为 $1nm$ 的电子探针中可包含 $10nA$ 的束流，束流密度可达到 $10^6 A/cm^2$。但对离子源来讲，这是一个高指标。在液态金属离子源之前广泛应用的等离子体源，在亚微米直径的探针中只包含几皮安的束流。能满足上述要求的离子源必须是场发射型的点源，液态金属离子源和气体场离子源正是这样一种源。场离子源对于聚焦离子束系统的重要性，与场电子源对扫描电镜和电子束曝光系统相同。

图 3-1

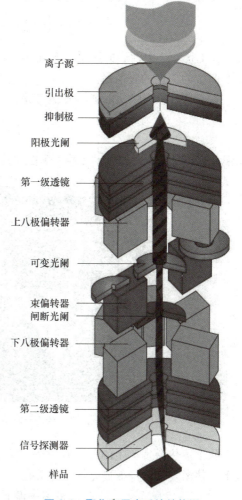

离子源
引出极
抑制极
阳极光阑
第一级透镜
上八极偏转器
可变光阑
束偏转器
闸断光阑
下八极偏转器
第二级透镜
信号探测器
样品

图 3-1　聚焦离子束系统结构图

高束流密度离子探针的发展，直接导致了扫描离子显微镜高分辨率成像、二次离子质谱仪成分分析及微纳米尺度加工的实现。

1. 液态金属离子源

液态金属离子源（Liquid Metal Ion Source，LMIS）起源于带电荷的液体喷嘴性质的研究。1964 年，泰勒曾从喷嘴液体的表面张力和外加的静电力的平衡，计算出稳定的喷嘴结构应是半锥角为 49.3° 的锥体，称为泰勒锥。随后的研究工作证明，从液态金属带电的微液滴上可以发射出电子或离子，视所加外场的极性而定。Mahoney 第一个发现，可以利用这种液态金属来产生单原子离子束，用毛细管来输送液态 Cs。在此之后又有人发展用针尖表面输送液态金属的技术，这种结构后来得到广泛应用。

液态金属离子源发射离子的主要机制是场蒸发，如图 3-2 所示。所谓场蒸发，是一种越过由于外场而降低了的离子势垒的热激发过程。在无外场时表面原子的离子态相对于中性状态通常是亚稳态，当存在强的外场（$\approx 10^8$ V/cm）时，离子的势能曲线与中性原子的势能曲

线发生交叉，产生一个降低的离子位垒。当热激活能超过这个位垒时，离子就可以从液态金属中发射出来。离子发射的势垒可表示成

$$Q = \Lambda + I - \Phi - \frac{1}{2}\left[\frac{n^2 e^3 F}{\pi \varepsilon_0}\right]^{1/2} \tag{3-1}$$

式中，Λ 是一个中性表面原子的蒸发热；I 是原子的电离电位；Φ 是功函数；最后一项是外场 F 产生的位垒的降低量。

离子越过这个势垒的场蒸发概率是

$$D = \gamma \exp\left(-\frac{1}{kT}\right) \tag{3-2}$$

式中，γ 是表面原子的振动频率；T 是温度；k 是玻尔兹曼常数。

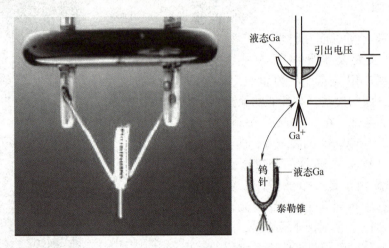

图 3-2　液态金属离子源实物图及场蒸发原理图

除上述热激发产生的离子发射外，离子隧穿表面势垒也存在一定的概率，温度在 100K 以下，热激发和隧穿效应是同等重要的。液态金属离子源的发射特征可以概述如下：

（1）**虚源直径 d_v**　液态金属离子源是点源，理论上讲，它可以有很小的虚源，就像场发射电子源一样。但间接测量得出的虚源直径 $d_v \approx$（40～50）nm。这个数值大约是场发射电子源的 5～10 倍。虚源直径和许多因素有关，根据量纲分析和 Monte Carlo 模拟的结果

$$d_v \propto M^{0.23} I^{0.45} V^{-0.91} l^{0.77} \tag{3-3}$$

式中，M 是离子质量；I 是发射电流；V 是引出电压；l 是长度，包括离子发射端的曲率半径和离子向后"行走"的长度两个因素。

液态金属离子源的虚源之所以大，最主要的原因是在发射尖端附近强烈的空间电荷效应所引起的离子轨迹位移。

（2）**角电流强度 I'**　这是指单位立体角中的电流，它与总发射电流 I 及引出极电压 V 成正比：

$$I' \propto IV \tag{3-4}$$

实验测得：对 Ga、Al、In 等源，I' 的阈值近似为 $20\mu A/sr$。从角电流强度计算出的液态金属离子源的亮度约为 $10^6 A/(cm^2 \cdot sr)$，说明液态金属离子源是一种亮度稍低于场发射电子源的高亮度离子源，后者的亮度约为 $10^8 A/(cm^2 \cdot sr)$，这一点是获得高性能聚焦离子束

的关键。

(3) 能量分散 ΔE　实验发现，无论发射电流如何低，几种常用的液态金属离子源的能量分布的半高宽（FWHM）都大于 5eV。

量纲分析和蒙特卡罗（Monte Carlo）模拟的结果可以表示为

$$\Delta E \propto (IM^{\frac{1}{2}})^{0.80} q^{0.62} V^{-0.87} l^{-0.07} \tag{3-5}$$

式中，q 是离子电荷；l 是长度。

式（3-5）中最有意义的一项是 $IM^{\frac{1}{2}}$，这一项在任何的理论分析模型中都出现，并且解释了液态金属离子源的能量分散比场发射电子源大得多的原因，后者 $\Delta E \approx 0.3eV$。原因在于在源的发射尖端处强烈的空间电荷效应引起的 Boersch 效应。大的能量分散和大的虚源都给聚焦离子束的性能造成了不良的影响。

(4) 伏安特性　对大多数液态金属离子源，为了形成一个在外场作用下稳定的液体发射锥，都存在一个最低的阈值电流，这个电流值大约在 $1 \sim 2\mu A$。液态金属离子源的总发射电流和引出电压的关系（伏安特性）的一个明显特点是 $I\text{-}V$ 曲线非常陡。改变基底（即针尖）的尺寸和形状，就可以改变 $I\text{-}V$ 曲线的陡度。

(5) 束流稳定性　对 FIB 离子源来讲，不仅需要有大的角电流密度和低的能量分散，而且要求束流起伏小于一定的值，如 1%/h。对于高能带电粒子的点源，束流起伏（即噪声）是获得高分辨率图像的一个限制因素。按 Rose 判据，可探测信号电平至少应为噪声电平的 5 倍。一帧看上去比较满意的图像，信噪比应在 50 以上。液态金属离子源具有低的噪声，如 Ga 源，总束流在 $2.0\mu A$ 时，根据噪声谱密度积分求出的束流噪声为 0.3%/h，接近散弹噪声的极限。低噪声是液态金属离子源能应用于扫描离子显微镜并获得高信噪比图像的关键。

(6) 离子束中的化学成分和源的寿命　对液态金属离子源发射出来的离子束进行质谱分析，可以精确地确定出束中的化学成分。对 Ga 源来说，在总发射电流为 $5\mu A$ 时，分析结果见表 3-1。

表 3-1　液态金属 Ga 离子源发射束中的化学成分

化学成分	M^+	M^{2+}	M_2^+	M_3^+	其他
含量	99.92%	0.0014%	0.060%	0.016%	0.006%

这表明，离子束中除单电荷单质量的 Ga 离子外，还存在着多电荷单质量的离子，以及单电荷的离子团。发射电流越大，杂质离子比例越高。在 $10\mu A$ 以下，主要是单电荷单质量正离子。这也是限制液态金属离子源应用于小的发射电流（$\approx 2\mu A$）的原因之一。

与场发射电子源不同，离子的发射意味着源物质的丧失。一般商品液态金属离子源结构大约可容纳 15mg 的 Ga。如果忽略蒸发和中性原子发射，则它的寿命按公式计算可达到 $5624\mu A \cdot h$。如果总发射为 $2\mu A$，则寿命大约为 2800h。但实际寿命的限制因素还包括液态金属的流动性质改变，特别是使用 LMIS 做化学辅助刻蚀或沉积时，某些有机分子吸附在液态金属表面，在二次电子作用下形成碳化层，使液态金属的流阻大大增加而缩短寿命。

目前绝大多数的聚焦离子束系统都是采用液态 Ga 离子源，有以下几个原因。

1) 元素 Ga 是金属，熔点低，只有 29.8℃，因此可以很容易地设计一个带小型加热器的紧凑型离子枪。Ga 源被储存在非常小的容器中，受热后不容易挥发，因此具有很长的使用寿命。

2）Ga 具有良好的流动性，在强的外部电场作用下能形成锐利的尖端（泰勒锥），导致电离和场发射，获得高亮度，这一结果对于聚焦离子束是至关重要的。尽管理论上也可以使用诸如 Ar（气体）的其他元素，但是这种枪的亮度将低得多，在相同束斑下 Ar 束流不是很强。

3）元素 Ga 在元素周期表的中心（元素编号 31），其动量传递能力对于各种材料来讲综合效果是最优的。较轻的元素如 Li 在加工较重的元素时溅射效率是不够的。

4）样品被 Ga 辐照或掺杂后将始终存在于样品中。穿透的深度很浅，通过 X 射线分析可以很容易地确定出该元素，因为它的 K 线与其他元素很好地分离，并且几乎不与其他 L 线重叠。换句话说，元素 Ga 的分析干扰非常低。

除 Ga 外，能发射其他元素离子的 LMIS 也相继被开发出来。最新统计显示，在元素周期表上已经有 46 种元素可以制备成 LMIS。此外还有许多共晶合金（Eutectic Alloy）LMIS 源，如 AuSi、AuSiB、PdAs、PdAsB、NiB、NiAs 等，共晶合金的特点是使一些难熔金属变成低熔点合金。共晶合金的不同元素离子可以通过离子质量分析器分离出来，常用的有 $E\times B$ 离子质量分析器和磁离子质量分析器。由于 $E\times B$ 离子质量分析器结构小巧，且离子通过分析器后保持方向不变，因此在聚焦离子束系统上得到广泛应用。

2. 气体场离子源

下面简要介绍另外一种高亮度离子源——气体场离子源（Gas Field Ion Source，GFIS）。它是通过高电场使气体原子电离形成的离子源。早在 20 世纪 50 年代就已发现，在金属针尖表面吸附的气体原子会在超高电场下发生场致电离，由此产生离子发射，并基于这一现象研制出了场离子显微镜（Field Ion Microscope，FIM）。气体场离子源真正成为一种能够产生聚焦离子束的离子源是源于 2006 年 Ward 等发明的一项技术。以往的场离子显微镜，针尖顶端的多个原子位置都会吸附气体原子，如图 3-3 所示。Ward 等发现，通过调节外加电场与通入气流量，可以使针尖上最后只有 3 个原子上吸附的气体原子电离，形成场离子发射。进一步可以由图 3-4 所示的离子束引出电极选择只有一个原子产生的场电离发射离子，阻断其他两个原子的场电离离子。

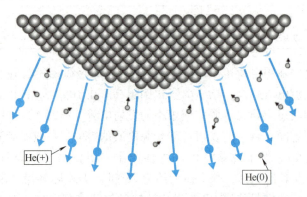

图 3-3　吸附在针尖的氦气原子产生的场电离发射离子

与前面介绍的液态金属离子源相比，这种由单个原子产生的场致离子发射亮度高于 $4\times10^9 \mathrm{A}/(\mathrm{cm}^2\cdot\mathrm{sr})$，具有极小的发散角（≤1mrad），因而可以有极小的虚源尺寸（≤0.25nm）。

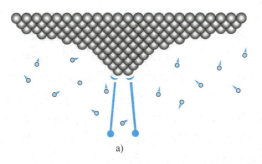
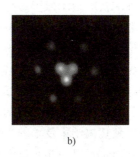

图 3-4 受限场离子发射

a）最尖端处少数氦原子的场电离示意图 b）只有3个原子发射的场离子显微图像

发射离子的能量分散只有约 1eV。极小的发散角与极低的能量分散可以大大降低聚焦系统的球差与色差，所以这种离子源最初应用于场离子显微镜，可以获得 0.25nm 的成像分辨率。由于场离子发射来自单个原子，总发射电流远小于 LMIS，在数十皮安量级。氦离子是最早开发的 GFIS 气体离子源，并基于它产生了氦离子显微镜（Helium Ion Microscopy，HIM）。后来又出现了氢气、氖气、氮气、氩气等气体场电离离子源。

3.1.2 离子光学柱体

除离子源外，离子光学聚焦系统的研究也是一个重要的问题。由于离子的质荷比，如最常用的 Ga，比电子高出 10^5 倍，以前发展起来并日趋成熟的电子光学设计已完全不适用了。SEM 电子光学柱体中的磁聚焦系统必须代之以静电聚焦系统，组成离子光学柱体，而后者的像差系数（主要是球差和色差）比前者要高得多。此外，为了获得化学上纯的离子源，还要考虑在离子光学柱体中加入粒子质量分析器，这是一种曲轴光学系统。这就给聚焦离子束光学柱体的设计带来了许多新的问题。

首先必须强调，在离子光学柱体中不能用所熟悉的磁透镜作为聚焦单元，这是由于磁透镜的聚集能力和带电粒子的荷质比 e/m 的 1/2 次方成正比，而离子（如 Ga^+）的质量约为电子的 10^5 倍，磁透镜对离子的聚焦能力约为对电子的 1/300。也就是说，为了达到和对电子相同的聚焦能力，磁透镜的磁路和激励安匝数都将惊人地增长，以致实际上不可能，因此 FIB 的聚焦单元只能是静电透镜。与此相伴随的一个问题是离子光学柱体质量的下降，按 Crewe 的分析，对静电透镜，球差和色差系数可分别表示成

$$C_s \approx 20f^3/L^2; C_c \approx 2f \tag{3-6}$$

式中，f 是焦距；$L = 4a$，a 是与轴上电位分布有关的一个特征长度，如对于单电位透镜，a 是轴上电位的钟形场分布的半高宽。

而对磁透镜，有

$$C_s \approx 5f^3/L^2; C_c \approx f \tag{3-7}$$

式中，$L = 4.47a$，a 是钟形场轴上磁场分布的半高宽。

可以看出，在焦距相同时，磁透镜的球差系数约为静电透镜的 1/4，而色差系数则约为其 1/2。而实际上静电透镜的焦距比磁透镜长，当加速电压为 50kV 时，为防止静电击穿，静电透镜的焦距最小只能做到 6~7mm，而对磁透镜，做到 1mm 左右也不是件困难的事。因此磁透镜和静电透镜相比占有极明显的优势，这就是在电子显微镜发展的历史上静电式电子

显微镜最终被淘汰的根本原因。除此之外，它对于精密机械加工和超高真空技术的要求，以及加速电压和透镜电压调节的不灵活也是导致失败的原因。在电子显微镜发展的初期，人们还没有从理论上和实践上充分认识到这一点，在长达二十多年的时间里，静电式电子显微镜和磁式电子显微镜一直在进行着激烈的竞争，最后以静电式电子显微镜退出历史舞台告终。最后一台静电式电子显微镜（EM8）生产于 1956 年，由德国 Zeiss 公司生产，加速电压只达到 50~70kV，分辨率 2.0nm，此后静电透镜只被应用在发射式电镜、CRT、粒子加速器及电子谱仪等中。聚焦离子束技术的兴起使静电透镜再度受到人们的重视。它虽然有很多缺点，但它的一个突出优点是在相对论效应不太显著的情形下，对带电粒子的聚焦能力和荷质比无关。在磁透镜对离子失去聚焦能力的情形下，它取代了磁透镜的地位。

整个 FIB 的光学柱体包括液态金属离子源、聚光镜、消像散器、偏转对中线圈、物镜，以及二次电子/二次离子探测器。在某些系统中还包括质量分析器或二次离子质谱分析器。

由于液态金属离子源的能量分散大，寻找低色差系数的静电透镜成为一种迫切的需要。在这方面 Jon Orloff 等提出的一种三电极系统有较好的性能，如图 3-5 所示，这是一种三圆筒电极，左右两侧电极接地，中心电极被偏置，调节偏置电压的大小可将离子聚焦到给定位置。偏置电压可正可负，但正偏压的像差更小。离子穿越此透镜后，能量保持不变，这一点与磁透镜一样，有利于独立设计各透镜。这种单电位静电透镜也称为 Einzel Lens，在 FIB 的光学柱体中得到广泛的应用。

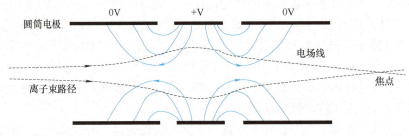

图 3-5　一种单电位静电透镜（Einzel Lens）

评价一个聚焦离子束的质量问题时，会遇到比评价扫描电镜更多的问题。在扫描电镜中，主要关心成像的分辨率；而对 FIB，除了离子束扫描成像，还要考虑离子注入、微加工等。对前者，关心的是束流密度分布 $J_{(r)}$ 的半高宽；而对后者，关心的是整个束流分布的形状，特别是它的尾部。一个能给出最好的成像分辨率的离子束流密度分布，并不一定能完成最好的微加工和离子注入。

分析表明，$J_{(r)}$ 随着光学柱体的聚焦条件而灵敏地改变。FIB 中的束流密度分布通常都有比较长的尾部，而引起长尾部的根本原因是大的球差和强的空间电荷效应。

离子束中包含的束流取决于源的亮度、能量分散、加速电压、物镜的球差和色差系数等多种因素。

当离子探针的直径是由物镜的色差所限制时，束径 d_t 和束流 I 的关系由式（3-8）给出

$$d_t = \left\{ \frac{I}{\frac{\pi^2}{4}B\alpha^2 E} + (0.34)^2 \frac{C_c^2 \Delta E \alpha^2}{E^2} \right\}^{1/2} \tag{3-8}$$

式中，E 是能量；B 是色亮度，是普通定义的亮度除以加速电压后所得的亮度；α 是半束角；d_t 定义为包含 50% 总束流的全宽度，即 F_{50}。

最佳孔径角为

$$\alpha_{opt,c} = 2.08 d_t \frac{E}{(C_c \Delta E)} \tag{3-9}$$

在最佳孔径角下，束流和束径的关系为

$$I_c = 5.3 d_t^4 \cdot B \cdot E^3 / (C_c^2 \cdot \Delta E^2) \tag{3-10}$$

在球差限制的情形下，有

$$d_t = \left\{ \left[\frac{I^{1/2}}{\frac{\pi}{2} B^{1/2} \alpha E^{1/2}} \right]^{1.3} + (0.18 C_s \alpha^3)^{1.3} \right\}^{1/1.3} \tag{3-11}$$

$$\alpha_{opt,s} = 1.24 d_t^{1/3} / C_s^{1/3} \tag{3-12}$$

$$I_s = 2.44 d_t^{8/3} \cdot B \cdot E / C_s^{2/3} \tag{3-13}$$

一般情形下，当加速电压为 30kV 时，总束流在 1pA～100nA 范围内，靶上束色亮度比液态金属离子源的色亮度低为 1～2 个数量级。靶上色亮度降低的原因是离子束中强烈的空间电荷效应。

靶上色亮度的降低使扫描离子显微镜图像的信噪比和分辨率比场发射扫描电子显微镜差得多。为了避免强的空间电荷效应，成像束流都用得很低（≈1pA），因此图像的信噪比差（估计仅有 20～50），分辨率约 5～7nm。

最后简单讨论一下上面提到的空间电荷效应。带电粒子束的空间电荷效应实际包括两方面：一方面是空间电荷散焦（Global Space Charge Effect），这种效应不严重，可通过调节聚焦系统加以补偿；另一方面是带电粒子随机库仑相互作用，这种作用又可分为两类：

1）轨迹位移（Trajectory Displacement），它造成束的径向扩展。

2）能量分散（Boersch 效应），它造成更大的色差。这种随机库仑相互作用是造成束流与束径关系的根本限制。

理论分析表明，以轨迹位移为例，空间电荷效应依赖于线性粒子密度参数 λ

$$\lambda \propto \left(\frac{m}{e} \right)^{1/2} \frac{I}{V^{3/2}} \tag{3-14}$$

式中，I 是总束流；V 是加速电压；m/e 是质荷比。

从式（3-14）可以看出，对离子束，λ 比相同条件下的电子束要大 2 个多数量级。空间电荷限制了可用的液态金属离子源的最大发射电流，造成了大的能量分散，产生了离子探针中束流密度分布 $J_{(r)}$ 的长的尾巴，降低了离子束的亮度。

回顾一下上面讨论的离子源和离子聚焦系统，它们的作用是在样品表面生成一束高质量的聚焦离子束。所谓高质量，是指针对不同的应用场景，FIB 系统能在样品表面产生相应的、满足使用要求的聚焦离子束。针对高分辨率成像，FIB 系统应产生一个小束斑的离子探针；而针对大尺度加工，FIB 系统则应产生一个大束流的聚焦离子束。这种应用切换，通常由两级静电透镜和一个孔径可变的光阑共同完成。

离子束在样品表面的扫描由四极/八极静电偏转器来控制。扫描消隐由束闸组件（包括束偏转器和闸断光阑）完成，确保样品在不需要辐照的时候离子束被偏转到其他地方——闸断光阑上。尽管 FIB 光学柱中有许多光学部件，但仪器性能最终还是取决于离子源的类型，因为大多数离子光学部件不能校正任何像差，而且它们还可能由于内在或制造缺陷而产生一些像差。因此，调整光学部件的设计通常只会轻微改进 FIB 的整体性能。如果离子源的性能很差，则离子束的低质量将不可避免地传输到样品上。

3.1.3 探测器和分析附件

聚焦的离子束在样品表面扫描时，会激发出二次电子（SE）、二次离子（SI）信号，这些信号可由 FIB 系统配备的各种探测器收集。若用于成像，则可使用二次电子探测器或二次离子探测器采集信号，从而获取样品表面形貌等信息；若用于成分分析，则可使用二次离子质谱（Secondary Ion Mass Spectrometry，SIMS）附件采集从样品表面溅射出来的二次离子，以 2D/3D 图像或深度剖面的形式绘制元素/化学成分信息。

当今的 FIB 系统大多数集成了 SEM 组成 FIB/SEM 双束系统。在这种仪器上当然还可以配备与 SEM 相关的探测器和分析附件，如各种类型的二次电子（SE）探测器和背散射电子（BSE）探测器，这些探测器可能位于样品室内、透镜内或者镜筒内，采集不同类型的信号，反映样品的不同信息，如形貌、成分、电位等。针对薄膜类样品，还可以配置 STEM 探测器，采集穿透样品的透射电子，获取样品内部结构信息。除这些用于成像的探测器以外，还有用于分析的探测器，常见的有 X 射线探测器（用于 EDS 能谱元素分析）和 EBSD 探测器（获取样品晶体学信息）。

3.1.4 其他附件

1. 气体注入系统

气体注入系统（Gas Injection System，GIS）是 FIB 系统的基本配置之一，是实现"增材"加工的必需硬件。它的作用是将加工所需的气体——前驱体注入加工区。它通常由一个带有温控功能的储存管、一个定量阀和一个喷嘴组成。储存管里是前驱体，常温下是固态，受控加热到指定温度后变为气态。然后控制喷嘴运动到距离加工区 $100\mu m$ 左右的位置，打开阀门，前驱体气体从喷嘴中以设定流速喷出并吸附到样品表面。

GIS 有两种主要功能：材料沉积功能和辅助刻蚀功能。沉积功能是通过离子束或电子束诱导使吸附在样品表层的气体分子分解成挥发性物质和非挥发性物质，挥发性物质被真空系统抽走，非挥发性物质则在离子束或电子束扫描区形成材料沉积。此外，GIS 还能够增强离子束的刻蚀速度，使用特定的气体或气体混合物可以加速刻蚀或进行选择性的刻蚀。

可沉积的材料包括导电材料 Pt、W、Au、Co 和 C 等，以及绝缘材料沉积的 SiO_2 等。常见的刻蚀气体包括 XeF_2、Cl_2、Br_2、I_2 和 H_2O 等。一般在样品室上留有 3~5 个接口供选配 GIS，有的 GIS 系统可以让前驱体气体各自通过一个喷嘴注入样品，有的则可以好几路气体共用一个喷嘴。

2. 纳米操纵手（Nano Manipulator）

也称为原位操纵器（In Situ Manipulator），是绝大多数 FIB 系统的基本配置之一，它的功能是高精度控制一根金属探针在样品室内多自由度运动。探针通常是一根针尖直径小于 $2\mu m$ 的钨针，由电动机或压电陶瓷驱动，可实现 XYZ 三个方向的移动和绕针轴旋转

R 的转动，精度可达纳米级。整套组件可以安装在样品室接口上或样品室内。

纳米操纵手在 FIB 系统中的典型应用是原位制备透射电镜（TEM）样品，即从样品的感兴趣区域中提取一块薄片并转移到 TEM 铜网上。薄片可以来自样品截面，也可以来自样品表面。制备 TEM 样品是 FIB 系统极其重要的应用。

3. 近红外相机（IR-CCD）和光学导航相机

IR-CCD 用于监视样品室内的各部件（包括样品）的实时位置，以防碰撞等安全事故发生，是绝大多数 FIB 系统的基本配置之一。

光学导航相机可以提供样品表面的光学宏观图像，基于此图像导航样品台运动，帮助操作人员快速找到样品上的目标区域选配件。

4. 等离子清洗（Plasma Cleaner）

选配件，来自样品、真空系统、GIS 系统及操作人员的碳氢化合物等会累积吸附在样品室内，在电子束/离子束作用下不断沉积碳，这种积碳会污染样品和探测器，影响分辨率等性能。等离子清洗器通过射频电源在给定的压力情况下起辉产生高能量的无序的等离子体，进而轰击被污染表面，实现清洁目的。

5. 氩离子枪

选配件，产生的低能氩离子束可以对 FIB 制备的透射电镜样品进行精抛，有效去除表面的非晶层，有助于保留样品原始的结构和特性。

6. 电子中和枪

选配件，用于中和样品表面因离子束轰击而积累的电荷，维持样品表面的电中性，保证离子束的正常工作，提高成像质量，减少样品损伤。

3.2　离子束与固体的相互作用

前面介绍了聚焦离子束系统的硬件组成部分，其中离子源和离子光学柱体是核心，它们的作用是在样品表面产生一个高质量的聚焦离子束。本节主要讨论离子束与固体样品的相互作用机理，它是聚焦离子束系统功能的理论基础。

3.2.1　离子束与固体的相互作用机理

离子撞击固体时，会通过与样品原子的相互作用而逐渐失去动能和动量。这种作用分为两类：一类是离子与样品原子中的电子相互作用，为非弹性散射；另一类是离子与样品原子中的原子核相互作用，为弹性散射。在非弹性散射作用中，离子能量损失给样品中的电子（即电子能量损失），导致电离和电子发射及样品的电磁辐射。在弹性散射作用中，离子能量转移给样品目标原子（即核能损失），并可能导致损伤（样品原子离开其初始位置）和样品表面溅射。

离子与固体相互作用最广泛接受的概念是级联碰撞（Collision Cascade）模型。对于 5 ~ 30keV 能量范围的 Ga 离子撞击大多数固体的情况，级联碰撞涉及一系列独立的二元碰撞（线性碰撞级联机制）。如果在碰撞过程中传递到目标原子的能量超过位移能的临界值，原子就将被从其原始位置敲除。如果样品是晶体，就会产生间隙原子-空位对。这个初级反冲原子（Recoil Atom）可能具有足够的能量来移位更多的样品原子（次级反冲），从而在某个体积内产生大量的具有多余动能的原子。如果移位碰撞发生在表面附近，则反冲原子可能会从固体中发射出来并导致溅射。

图 3-6 描绘了一个 30keV Ga^+ 与晶体材料的相互作用过程。Ga^+ 在运动过程中会不断损失能量给样品原子核和电子，直到能量低于样品的位移能时停留在样品中，形成离子注入。图 3-6 也显示了在级联碰撞体积中产生的损伤。有三个重要的评价参数。

1）离子运动轨迹沿入射方向的投影距离，称为投影射程 R_p。

2）离子驻留点到入射方向的垂直距离，称为注入离子的横向范围 R_l。

3）离子驻留点到样品表面的垂直距离，称为注入离子的穿透深度 X_s。

离子与样品原子碰撞大约 10^{-11}s 后，5～30keV 的 Ga 离子静止在固体中，所有参与级联碰撞的粒子的能量都降低到位移能以下，级联碰撞结束。但还会发生粒子（包括离子和电子）发射和电磁辐射，以及离子束损伤，如晶格缺陷、离子注入和样品加热，所有这些都可能继续相互作用和演化。除电磁辐射之外，所有这些过程对 FIB 系统的应用都很重要。

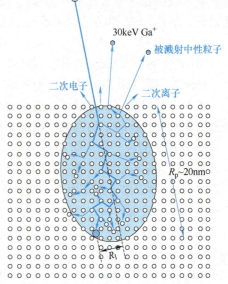

图 3-6　由入射到晶格上的 30keV Ga^+ 离子产生的级联碰撞示意图

定量研究级联碰撞过程可借助于模拟软件。分子动力学计算就非常适合模拟级联碰撞，因为其碰撞长度和时间尺度都很短。蒙特卡罗（Monte Carlo）计算也非常适合模拟离子-固体相互作用，包括入射离子受到样品电子"摩擦"阻击，和入射离子与样品原子的随机弹性碰撞。最广泛使用的蒙特卡罗模拟程序是 SRIM（Stopping and Range of Ions in Matters）。

SRIM 是模拟计算离子在靶材中能量损失和分布的程序组。它采用蒙特卡罗方法，利用计算机模拟跟踪一大批入射粒子的运动。粒子的位置、能量损失及次级粒子的各种参数都在整个跟踪过程中存储下来，最后得到各种所需物理量的期望值和相应的统计误差。该软件可以选择特定的入射离子及靶材种类，并可设置合适的加速电压。可以计算不同粒子，以不同的能量，从不同的位置，以不同的角度入射到靶中的情况。SRIM 中包含一个 TRIM 运算软件。

TRIM（Transport of Ions in Matter）是一个非常复杂的程序。它不仅可以描述离子在物质中的射程，还可以详细计算注入离子在慢化过程中对靶产生损伤等其他信息。它可以使用动画展示离子注入靶中的全过程，并展示级联反冲粒子和靶原子混在一起的情形。为了精确估计每个离子和靶原子间相遇时的物理情形，程序只能一次对一个粒子进行计算。因此计算可能会消耗很多的时间——计算每个离子花费的时间从 1s 到几分钟不等。而精确度由模拟采用的离子数来决定。典型的情况是，使用 1000 个离子进行计算将得到好于 10% 的精确度。以 190keV 磷离子与硅的相互作用为例，图 3-7 展示了 SRIM 程序模拟结果，图中展示了离子径迹及由反冲的硅原子产生的空穴。可见 P 离子在 250nm 深度处的浓度是最高的。

SRIM 模拟 30keV 的 Ga 辐照各种元素（从 Li 到 Bi）的计算结果表明：核能损失的离子

能量大约是电离能量损失的2倍（前者来自与原子核的相互作用，后者来自与电子的相互作用用）。而且在核能损失中，大部分损失的能量是通过样品原子的振动或加热而不是通过空位的形成而损失的。

30keV Ga 在样品中的投影和横向范围与样品密度相反，并且在 10～100nm 之间（投影）及在 5～50nm 之间（横向）。当 30keV Ga 垂直入射样品表面时，TRIM 模拟表明：溅射产率（每个入射离子所产生的溅射靶原子）在 1～20之间，并且随着样品的原子序数增加而有所增加。然而，溅射产率的预测值主要取决于表面结合能，但表面结合能并不为人所知，且对表面结构和化学性质敏感。TRIM 也预测：每个入射离子会造成 300～1000 个之间的空位。但这个值被高估了，因为它忽略了缺陷扩散和相互作用。同样在预测晶体中的级联碰撞范围方面，

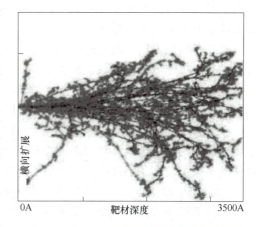

图 3-7　190keV P 离子在硅材料中的径迹模拟

实验和模拟结果之间也存在差异，因为 TRIM 针对的样品是各向同性的，不能处理好晶体的通道效应。尽管存在这些不足，但这种计算在预测离子-固体相互作用的趋势和估计所产生的影响方面是非常有帮助的。

3.2.2　离子束、电子束与固体的相互作用机理异同

FIB 与 SEM 在硬件结构上非常相似，它们之间最根本的区别在于光源，正是这一点导致了它们与固体样品的相互作用的区别，以 Ga^+ FIB 为例，Ga^+ 与样品相互作用时最重要的特征和结果如下：

（1）离子粒径比电子大　离子比电子大得多，所以离子与样品之间的散射截面大得多，它们不容易穿透样品的单个原子。相互作用主要体现在与样品原子外壳层电子的相互作用，使样品原子电离和原子化学键断裂，导致二次电子产生和化学价态变化。类似地，大尺寸离子无法到达原子的内壳层，因此不会发生内壳层电子激发，所以与可以容易地穿透目标原子电子云的电子相比，当用离子束辐照样品时不会激发出 X 射线。

离子尺寸大，致使其与样品中的原子相互作用的概率要高得多，因此离子会迅速失去能量，所以离子的穿透深度远低于相同能量的电子的穿透深度。

当离子在材料内停止时，它会被材料基体捕获。与可以在材料的导带中消失的电子相反，离子则被捕获在样品的原子之间，即对于既定能量与材料类型，在样品内沿入射离子束穿透深度方向，均存在 Ga 离子的掺杂分布。

（2）离子质量比电子重　因为离子比电子重得多，所以离子可以获得高动量。对于相同的能量，离子的动量为电子 370 倍左右。在电子与原子碰撞的情况下，它可以穿透电子云并到达原子核。由于强大的库仑力，电子会被排斥，其速度将逆转，导致高能背散射电子产生。由于电子质量与样品原子的质量相比较低，样品原子几乎不会移动（类似乒乓球碰足球）。但当离子撞击原子时，其质量与样品原子的质量相当，因此它将传递大量动量，使样品原子开始以足够高的速度和能量移动，将其从基体中移除（类似足球撞击另一个足球）。

原子从其基体中去除称为溅射或刻蚀，这个基本过程适用于元素周期表中的所有元素。溅射率通常是几立方微米每库（仑），实际速率将取决于目标原子的质量、其与基质的结合能以及基质相对于离子束入射方向。

对于相同的能量，离子的移动速度比电子慢得多。使得在利用离子束激发的信号成像时，信号采集速度不能过快。同样的问题也出现在离子束快速加工上，当离子束快速移动时，会有迟滞现象。离子束穿过上下偏转器的时间在微秒级，而控制信号在皮秒级，为此需要有飞行时间校正。

在 SEM 中常使用磁透镜来聚焦电子束，而离子要重得多，因而移动速度较慢，进而导致相应的洛伦兹力较低，故而磁透镜对离子的作用不如对具有相同能量的电子的作用，因此聚焦离子束系统配备了静电透镜，而不是磁透镜。

（3）离子带正电，电子带负电 带电粒子的正负性常在讨论绝缘体样品的荷电现象时才相关。绝缘体样品受电子束辐照后，表面所产生的电场的极性取决于出入样品的电子数量对比，有可能为正，也有可能为负，还有可能为零。但样品在受到离子束辐照时，会激发出中性原子、二次离子和二次电子。总体而言，由于入射为正离子，且出射的带电粒子中二次电子数量较多，因此绝缘体受离子束辐照后表面将只可能带正电荷。

总之，离子是正的、大的、重的和慢的，而电子是负的、小的、轻的和快的。上面列出的特性中，最重要的结果是离子束能从样品中直接溅射出原子，并且由于聚焦离子束在样品表面上的驻留点位置和各点驻留时间都能被计算机灵活控制，因此可以高度可控地局部去除材料，实现纳米级结构加工。

表 3-2 给出了 FIB 和 SEM 之间更详细的比较，包括单个粒子类型、属性和产生的信号等。其中一些数字是平均值，仅作为了解相关量表的指南，因为实际值取决于所涉及的材料。从表中的值可以理解聚焦离子束与样品原子的基本相互作用效果，以及它可以产生的基本功能。

表 3-2　FIB 和 SEM 与样品相互作用异同

项目		FIB	SEM	比值
粒子	类型	Ga^+ 离子	电子	—
	基本电荷	+1	−1	—
	粒径	0.2nm	0.00001nm	20000
	质量	1.2×10^{-25} kg	9.1×10^{-31} kg	130000
	速度（30keV）	2.8×10^{5} m/s	1.0×10^{8} m/s	0.0028
	速度（2keV）	7.3×10^{4} m/s	2.6×10^{7} m/s	0.0028
	动量（30keV）	3.4×10^{-20} kg·m/s	9.1×10^{-23} kg·m/s	370
	动量（2keV）	8.8×10^{-21} kg·m/s	2.4×10^{-23} kg·m/s	370
粒子束	束斑大小	纳米级	纳米级	—
	能量	最高 30keV	最高 30keV	—
	束流大小	皮安到纳安级	皮安到纳安级	—
穿透深度	在聚合物中（30keV）	60nm	12000nm	—
	在聚合物中（2keV）	12nm	100nm	—
	在铁中（30keV）	20nm	1800nm	—
	在铁中（2keV）	4nm	25nm	—

（续）

项目		FIB	SEM	比值
每 100 个 20keV 入射粒子所产生的平均信号数量	二次电子	100~200	50~75	—
	背散射粒子	0	30~50	—
	衬底原子	500	0	—
	二次离子	30	0	—
	X 射线	0	0.7	—

综合表 3-2 中参数可以看出：离子束与样品之间的相互作用有很多区别于电子束与样品之间的相互作用，两者有很多互补的地方，这就是当今的 FIB 系统往往与 SEM 集成在一起组成双束系统的原因，它具有以下优点：

1）FIB 不能从样品中激发出 X 射线，也不会产生背散射离子，但集成了 SEM 后，使 EDS 和 EBSD 分析成为可能。样品不用移出样品室就可以原位表征 FIB 加工出的新鲜截面，避免了大气污染。

2）FIB 成像时，二次电子信号更强（约为 SEM 的 3~5 倍），信息深度更浅（约比 SEM 低 2 个数量级），表面细节丰富，适用于表征低维纳米材料和含氧材料。

3）SEM 观察样品时，不会对样品产生刻蚀和出现离子注入等问题，因此可以实时监控 FIB 加工过程，尤其是终点（Endpoint）监控，比如多层膜加工和 TEM 制样过程中的厚度监控。

4）荷电中和。如果样品是绝缘体，则 FIB 加工时可以使用 SEM 的低能电子束进行中和。

3.3 聚焦离子束功能

上一节讨论了离子束与固体样品之间的相互作用过程，参考图 3-6 可以看出，入射离子进入样品后会逐渐丢失能量并驻留在样品中形成离子注入，也会导致样品非晶化等缺陷，同时从样品表面会产生三类物质——二次电子、二次离子和中性原子。收集表面产生的二次电子或二次离子可以用于 FIB 成像，而中性原子则是离子溅射（或刻蚀）的产物。

如前所述，SEM 中的碳氢化合物在电子束的辐照下会在样品表面沉积一层碳，同样的现象也会发生在 FIB 的使用中。如果将碳氢化合物用别的前驱体气体代替，并通过气体注入系统的喷嘴注入加工区，经离子束（或电子束）辐照后则可在样品表面诱导沉积所需材料。

总之，聚焦离子束系统有以下三个典型功能：成像、刻蚀和沉积，如图 3-8 所示。

3.3.1 成像

与 SEM 生成图像的方式相同，聚焦的离子束也可以在样品表面上做光栅扫描，并且可以探测激发出的二次电子或二次离子。到目前为止，FIB 中的大多数成像都是基于探测由入射离子束辐照样品所激发的低能二次电子，通常称为离子诱导二次电子（Ion Induced Secondary Electron，ISE）。通常，每个入射的 5~30keV Ga 离子会产生 1~10 个能量低于 10eV 的二次电子，这些电子产自受离子束辐照的样品区最顶层的几个原子层区域。低能电子的总产率还强烈地取决于表面氧化和污染，因此将随着表面被溅射清洁和 Ga^+ 注入而改变。

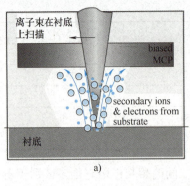
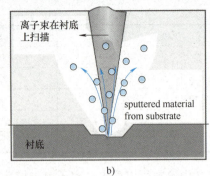
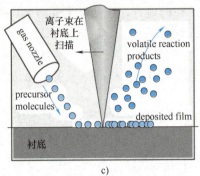

图 3-8　FIB 的三个典型功能

a）成像　b）刻蚀　c）沉积

Ga⁺FIB 所产生的二次电子图像分辨率通常不如 SEM，然而，ISE 生成的图像衬度机理与 SE 生成的衬度机理不同，并且可以提供关于样品表面的补充信息。同一样品（黄铜）的 SE 和 ISE 图像如图 3-9 所示。SE（图 3-9a）和 ISE（图 3-9b）图像都显示了由于表面形貌和材料成分差异而产生的衬度。然而，ISE 成像通常比 SE 成像提供更强的晶体通道衬度。由晶体取向引起的衬度很容易与材料衬度区分开来，因为晶体通道衬度随离子束的入射角而变化，而材料成分衬度不随离子束入射角而改变。在 Cu 或 Au 等通道衬度比较明显的样品中，ISE 通道衬度可以显示窄至 20nm 的孪晶片层和小至 50nm 的晶粒。

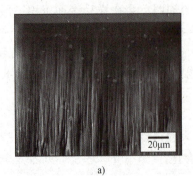
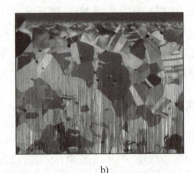

图 3-9　黄铜截面的二次电子图像

a）电子束激发的 SE 图像　b）离子束激发的 ISE 图像

不同的 ISE 图像衬度机制如图 3-10 所示，其中图 3-10c 中的原子比图 3-10a、b 和 d 中的原子质量更大。图 3-10a、b 的比较表明，当晶体取向为离子沿晶面"通道"时，与表面附近样品原子的离子相互作用较少，因此发射的电子较少；图 3-10c 表明，较重的样本通常会导致更多的 ISE（和 SE）；图 3-10d 显示，由于样品表面附近离子-固体相互作用的数量增加，表面形貌会导致 ISE（和 SE）的数量增加。类似的概念也适用于溅射产率。

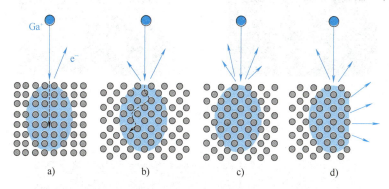

图 3-10　不同的 ISE 图像衬度机制

a、b）不同晶体取向　c）重原子质量　d）表面几何形状

此外，FIB 有时也可接收二次离子（SI）用于成像。一般来讲，表面功函数较低、化学键较弱的材料，二次离子产率相对较高。例如，碱金属元素的二次离子产率通常比过渡金属元素高。但离子束成像往往会引起样品表面的一些 Ga^+ 注入和溅射。

Ga^+ 的成像极限分辨率目前约为 5nm，为实现更高的分辨率，人们研制出了氦离子显微镜。它是一种气体场发射离子源，亮度达到 $10^9 A/(cm^2 \cdot sr)$，分辨率低至 0.35nm，介于 SEM 与 TEM 之间，填补了两者分辨率的空白。因为 He^+ 束流小，而且对样品的溅射率低，因此相比于 Ga^+，He^+ 更侧重于作为一种显微成像设备。

氦离子显微镜（HIM）的图像分辨率和对表面细节的敏感性比 SEM 强。图 3-11 是用一个样品（碳喷金）得到的 HIM 图像（图 3-11a）和 SEM 图像（图 3-11b）。可以看到，即使 HIM 采了很高的电压和很低的束流，图像中的颗粒细节依然清晰可见。除分辨率高以外，原因之一是 HIM 中背散射离子较弱，由其激发的 iSE2（由背散射离子所激发的二次电子）比入射离子激发的 iSE1（由入射离子所激发的二次电子）低很多，因此图像衬度得到增强。而 SEM 中，通常 50% 的 SE 信号是由 BSE 从样品深处产生的"SE2"，降低了图像分辨率。此外，大的景深在图 3-11a 中表现也比较明显。因为 He^+ 会聚角 < 0.5mrad（SEM 约 10mrad），对于 1mm 的水平视场，景深大于 1.5mm。

进一步探究绝缘材料的成像差异。图 3-12 所示图像来自同一个样品，采集的都是低能二次电子。图 3-12a 所示是 HIM 图像（20kV），图 3-12b 所示是 SEM 图像（5kV）。首先是材料衬度差异，He^+ 与样品作用深度浅，而且背散射离子较弱，因此对表面材料敏感，更容易区分不同的材料。

尤其要指出的是，HIM 图像的中央部分异常暗，是绝缘材料的荷电效应引起的。离子束束流虽然只有几皮安，远小于 SEM，但荷电效应却相当明显。图 3-13 显示了绝缘体材料（石英）受不同能量的电子束和离子束辐照后的表面总的净电荷。可见在 SEM 低能端，存在 E_1、E_2 两个交叉点使得进、出样品的电荷量相等，对外表现零电荷；而在 E_1 与 E_2 之间，从样品表面出去的电子数比进入的多，表现为正电场，其余为负电场。而对 HIM 来讲，所

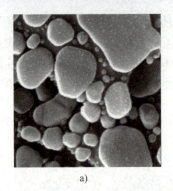

图 3-11　碳喷金样品成像图

a）1pA、30kV（HIM）　b）20pA、1kV（SEM）

a）　　　　　　　　　　　　b）

图 3-12　HIM 和 SEM 图像

a）HIM　b）SEM

有能量下都带正电荷，能量越高正电荷越强，会显著抑制二次电子的逃逸，图像表现为暗区，这对于离子束成像来说是不利的，需要有外界的中和措施，但对于判别材料的绝缘性来讲，却是重要的判据。这一特性被积极应用到半导体器件的失效分析中。

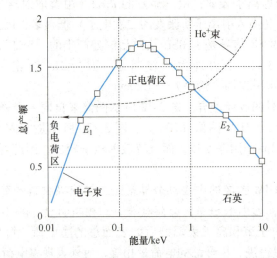

图 3-13　石英被不同能量的电子束和 He^+ 离子束激发后表面总净电荷量

3.3.2　刻蚀

刻蚀（也称为溅射）是离子束加工最主要的功能。刻蚀是入射离子将能量传递给固体靶材原子，使这些原子获得足够能量而逃逸出固体表面的现象。离子刻蚀的一个最主要参数是溅射产额，即每个入射离子能够产生的溅射原子数。

溅射产额并不是个常数，它与很多因素有关。讨论它之前，先说明离子束加工出图形的过程。如图 3-14 所示，离子束聚焦在样品待加工区表面，形成束斑。束斑在图形起点处驻留一段时间（如 1μs）后被偏转到下一点，并在该点驻留一段时间，然后再被偏转到后一点……按照这个过程离子束扫描完整个加工图形。循环上述过程直到加工深度达到目标为止。因此，离子束加工是一个逐点加工的过程，点与点之间的距离，即步进距离，会影响相邻两束斑的重叠程度，重叠越多，图形边沿越平滑。

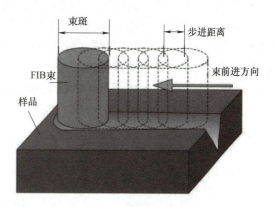

图 3-14　离子束加工过程

需强调的是，离子束辐照样品，要达到一定的量才会表现出刻蚀效果。单位面积上的离子注入量称为剂量，单位为 ions/cm²。以 Si 为例，剂量 $<10^7$ ions/cm² 时主要为离子注入；剂量介于 $10^7 \sim 10^{10}$ ions/cm²，有点缺陷产生；介于 $10^{10} \sim 10^{15}$ ions/cm² 时有缺陷族产生；介于 $10^{15} \sim 10^{16}$ ions/cm² 产生非晶层，表面出现肿胀（Swelling）现象；剂量 $>10^{16}$ ions/cm² 有刻蚀效应。

图 3-15

溅射产额与离子束能量和注入角度的关系如图 3-15 所示，可见，随着入射离子束能量增高，溅射产额随之增加。但能量达到一定值后，离子注入效应明显，溅射产额不会有明显增加。对于 Ga 离子束，能量在 30keV 以上溅射产额几乎维持不变。因此，聚焦离子束系统一般都工作在能量为 10~30keV 之间。但溅射产额随注入角度（离子束与加工表面的法线之间的夹角）变化很大，图 3-15 展示了不同能量的 Ga^+ 离子溅射 Si 时的结果，可见，无论能量大小，当注入角度约为 80° 时产额最高。

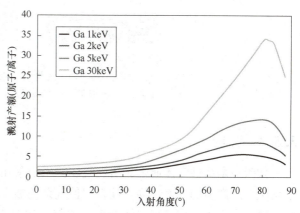

图 3-15　溅射产额与离子束能量和注入角度的关系

溅射原子再沉积（Redeposition）会影响实际的离子溅射产额，这种现象在利用离子束刻蚀深孔时尤为明显。随着孔深度增加，被溅射的原子会越来越多地沉积在孔的侧壁表面。减少原子再沉积的方法之一是尽量减小离子束在每一点的驻留时间。实验表明，离子束驻留时间越短，溅射速率越高，随着驻留时间的增加，离子溅射速率迅速下降。当离子束驻留时

间大于 $1\mu s$ 以后，离子溅射速率变化趋于平缓稳定，这说明离子溅射与再沉积之间达到一种平衡状态。为了提高溅射速率，可以采用快速多次重复扫描的方法。对于一定的离子剂量，反复多次扫描所产生的再沉积原子远少于只有一次扫描产生的再沉积原子。实验发现，离子溅射产额在离子束扫描速度从 $0.05\sim1.0\text{cm/s}$ 变化之间是一个常数，主要是因为，重复多次扫描可以将前次产生的再沉积原子溅射剥离。

离子束轰击与化学活性气体相结合可以大大提高溅射速率，这实质上是由于离子溅射与化学气体刻蚀相结合。活性气体离子（如氯或氟）能够与硅、砷化镓或铝产生强烈化学反应，生成可挥发的化合物。化学辅助溅射的原理如图 3-16 所示，在样品表面通入少量活性气体，这些气体分子将吸附在靶材料表面，聚焦离子束的轰击使吸附原子电离成为离子，然后与靶材料原子反应生成挥发性气体化合物，被真空系统排走。实验发现，化学气体辅助的离子溅射速率可比普通离子溅射的溅射速率高数十倍。辅助溅射的气体与所溅射的材料有关，某些气体只对某些特定的材料有效。比如 XeF_2，对 SiO_2 的增强系数为 $7\sim10$，但对 Al 没有效果。

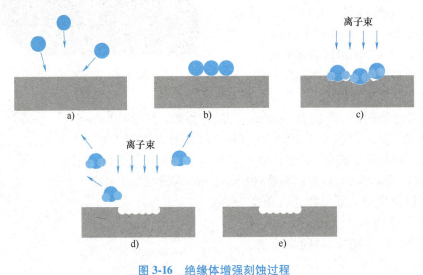

图 3-16　绝缘体增强刻蚀过程

a）气体注入　b）吸附　c）诱导反应　d）物质挥发　e）刻蚀结果

3.3.3　沉积

如果不是活性气体而是非活性气体分子吸附在靶材料表面，在离子束的轰击下，气体分子发生分解产生的挥发性物质被真空抽气系统抽走，而非挥发性物质则留在材料表面形成沉积。离子束沉积工作过程与辅助刻蚀类似，如图 3-17 所示，利用 GIS 系统将前驱体气体喷射到样品加工区附近的局部范围，产生约 130mPa 的压强，样品室其他地方和离子柱体中真空要低 $2\sim3$ 个数量级。气体吸附在样品表面后，离子束再辐照该区域，产生复杂的物理化学反应，使有机物气体发生分解，分解后的固体成分被淀积下来，而那些可挥发的有机成分则被真空系统抽走。由于物质沉积只在离子束轰击的地方发生，所以控制离子束的扫描可以生成任意形状的三维结构。

从加工原理可以看出，离子束沉积反应的产物只能是待沉积固体和挥发性气体。满足这

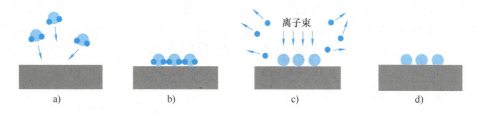

图 3-17 离子束沉积过程

a) 气体注入　b) 吸附　c) 诱导反应　d) 沉积结果

个条件的前驱体气体有限，目前能沉积的材料包括金属材料（如 Pt、W、Au 等）和非金属材料（如 C、SiO_2 等）。而且，这些沉积物并不纯。以 Pt 为例，离子束诱导沉积后在表面形成的膜的组分中，除 Pt 外，还有 Ga 和前驱体气体中的 C、H 等成分。通过 EDS 能谱分析后发现 Pt 在其中的原子百分比仅占少数部分，其导电性比起同类纯金属的电阻率高约 6 个数量级，采用电子束辅助沉积的 Pt 材料，由于缺乏 Ga^+ 离子注入，电阻率更高。

需要指出，离子束沉积过程中离子束仍然在不断地轰击表面，因此离子溅射与分子沉积过程并存，两者处于相互竞争的状态。只有细心地调整离子能量、剂量、通入气体的压力与流量，才能保证沉积速率大于溅射速率，使沉积膜不断增厚。实验表明：在较低的离子束流下由于吸附的前驱体气体未被充分分解，因而沉积速率较低；随着离子束流的增大，分解效率逐渐增高，沉积速率也相应加快。在合适的束流下所有气体几乎被完全分解利用，此时，沉积速率达到最大值。若继续增大离子束流，与气体反应后多余的束流就会对已沉积好的区域产生刻蚀作用，反而使沉积速率逐渐减慢。一般来说，束流的大小可以根据沉积区域的总面积来确定。比如，当沉积温度、前驱体气体流量等参数在标准范围内时，对于每 μm^2 的沉积面积，按经验，Pt 的沉积可采用 6~10pA 的束流；C 的沉积可采用 50~100pA 的束流；W 的沉积可采用 10~50pA 的束流。

关于离子束诱导沉积的机理，非常复杂，目前尚未明晰。21 世纪初主流观点认为，是离子束激发样品产生的二次电子 SE 对前驱体气体的分解起了主要作用。但最近的研究表明，沉积可能与三个因素有关：吸附的前驱体气体分别和入射离子（Primary Ion）、局部产生的二次电子（Secondary Electrons）和样品表面的受激原子（Excited Surface Atoms）三者之间的化学表面反应共同作用所引起的。如图 3-18 所示，物理吸附在样品表面的前驱体分子被辐照分解为挥发性和非挥发性物质，后者形成沉积物。入射离子通常达到 keV 级能量，而受激表面原子和二次电子具有 eV 级能量。受激表面原子是由级联碰撞（反冲原子）产生的，其能量低于表面结合能（未溅射）。

除了以上介绍的成像、刻蚀和沉积三个功能，还可以利用离子束与样品相互作用产生的其他效应开发应用，比如离子注入、化学键断裂、材料非晶化等，但这些效应对于当前广泛使用的 Ga^+ FIB 应用（例如制备 TEM 样品）来讲，往往是负面效应，因此通常只用于科研活动中的特定应用场景。

以上讨论了 FIB 的三个功能，一般来讲，成像所用的束流比刻蚀小，因为离子束在成像过程中也同时在刻蚀样品。但不能简单认为成像与刻蚀的区别仅仅在于束流大小，实际上它们对束流密度分布的要求是不同的。对刻蚀加工来讲，离子束拖尾会导致非目标区的加工，因而要求拖尾短，束流集中；而成像分辨率取决于束流密度分布的半高宽，拖尾对成像的影响是以背景噪声的形式出现的。束流密度的分布随聚焦条件而改变，图 3-19 展示了某 FIB 系统在两种极端聚焦情况下的束流密度分布情况，峰值在安每平方厘米量级，但拖尾低约 2~4 个数量级，实线是束流密度由最大的 15%~85% 时水平距离最长的聚焦情况（刃口法），适合成像；而虚线则是另外一个极端聚焦情况，适合加工（包括刻蚀和沉积），沉积对束流密度分布的要求与刻蚀是相同的。

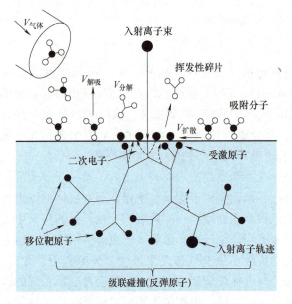

图 3-18　离子束诱导沉积原理图

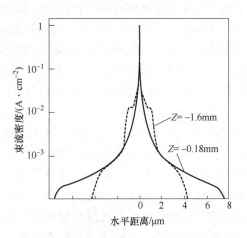

图 3-19　某 FIB 系统在两种极端
聚焦状态时的束流密度分布

3.4　应 用 实 例

上一节介绍了 FIB 的三个功能：成像、刻蚀和沉积。这三个功能可以集中体现在图 3-20a 中的集成电路修改中：利用刻蚀功能将中间的竖直导线切断，然后利用沉积功能将中间导线与右边大电极用 W 相连，最后利用成像功能对加工结果拍了图片。在这个过程中为分别满足三个功能离子束束流要做变化，样品台也需要相应改变倾斜角度，效率很低。尤其是离子束成像时，不可避免地产生离子注入，这对器件性能来讲有时是致命的。

现代的 FIB 系统很少采用单束形式，更多与 SEM 系统集成在一起形成 FIB/SEM 双束系统。其中 FIB 通常用于加工，而 SEM 通常用于成像。用于科研的双束系统中电子束为竖直方向，离子束则倾斜安装在另一侧，两者的轴心交于一点，示意如图 3-20b 所示。在此基础上配备各种附件（如各种 GIS 系统或纳米操纵手）。本节的所有实例均基于 Ga$^+$FIB/SEM 双束系统。

FIB/SEM 双束系统集成了聚焦离子束加工技术和扫描电镜分析技术，是纳米科学技术领域中开展纳米科学相关基础研究和应用基础研究过程中重要的高分辨率表征和微纳米加工平台。

双束系统集成的两种技术相互配合，产生 "1+1>2" 的效果。一方面，离子束加工能暴

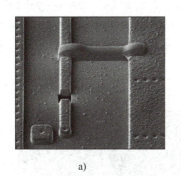

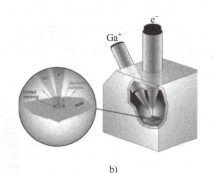

a)　　　　　　　　　　　　　　　　b)

图 3-20　FIB 单束系统应用和 FIB/SEM 双束系统结构

a）集成电路修改结果　b）双束系统结构示意图

露材料内部信息，为材料研究人员打开了一扇新视窗，使扫描电镜的显微分析不再局限于表面，而延伸到材料内部，有利于获取材料三维结构、成分空间分布、缺陷分析、器件功能失效等直观信息，因而能帮助相关基础研究人员从多尺度、多维度获取各类材料的结构及成分信息，揭示其结构与性能之间的构效关系。这种由二维分析向三维分析的拓展为研究人员对材料科学基本问题的再认识和新理解提供了可能，为材料科学前沿问题的探索带来了新契机。另一方面，将扫描电镜变革性地集成到聚焦离子束系统中，催生了原位制备透射电镜样品技术的新发明。它能高精度地在样品指定位置和方位处制备出高质量的透射电镜样品，所有操作均在一台设备中原位高效完成，因而已取代传统制样方法成为纳米材料制样的主流方法，目前几乎所有基于透射电镜的原位力学、电学、热学等原位动态性能表征样品均由聚焦离子束系统制备。聚焦离子束和扫描电镜技术的这种协作配合还体现在纳米材料的原位操纵、性能测试等方面。

3.4.1　透射电镜（TEM）样品制备

聚焦离子束制备透射电镜样品是 FIB 系统的一个极其重要的特色应用。它起源于 20 世纪 90 年代，发展于 21 世纪初，完善于当代，经历了 FIB 系统性能从低到高的发展历程。早期的 FIB 系统离子源亮度很低，导致了加工效率低下，在透射电镜样品制备方面只能对一些已经机械减薄的样品做一些最终的抛光减薄工作。高亮度的液态金属离子源商品化后，制样效率得到快速提高，尤其是 FIB 系统与扫描电镜（SEM）集成在一起组成 FIB/SEM 双束系统后，制样方式由移位（Ex-situ）提样方式向原位（In-situ）提样方式发展，制样质量得到极大提高，在微纳米材料的透射电镜样品制备中占有越来越大的比重。

总的来讲，FIB 系统制样分预减薄和提取两种方法。其中，提取方法又可分为移位提取和原位提取两种方法。下面分别进行介绍。

1. 预减薄法

这是第一代 FIB 系统采用的制样方法。早期的 FIB 为单束系统，主要用于半导体领域。

在使用 FIB 制样前，样品必须首先进行过机械修整。最常用的方法是从块材感兴趣区中切出一个薄片，之后采用机械抛光的方法将材料减薄到约 $50\mu m$，然后将样品材料粘接在一个半圆环铜网上，并被垂直装入 FIB 样品仓内。在减薄之前，通常在样品表面沉积一层

Pt/W 以保护样品表层材料不受辐照损伤及作为加工定位标记。FIB 对薄片两侧进一步减薄后，俯视最终的薄片，样品看起来像字母"H"，因此该方法普遍称为"H-bar"技术，如图 3-21 所示。迄今为止这种制样方法仍广泛应用于半导体领域中，尤其是与一种快速有效的微解理器配合使用时。

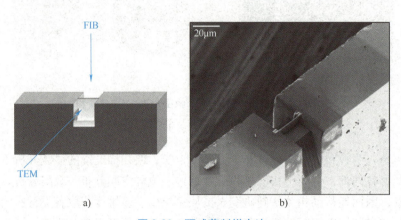

图 3-21　预减薄制样方法

a）H-bar 制样原理图　　b）正在减薄的样品俯视图

这种传统技术如果同三脚抛光技术配合起来会得到改良。样品（尤其是复杂的半导体器件）的初始厚度可以被减少到 2~3μm 以下，这会带来很多好处：比如可以减少 FIB 加工时间，或者在利用透射电镜进行能谱 EDS 分析时也可以减少邻近材料产生的荧光效应。

2. 提取法

样品无须预减薄，FIB 系统直接从块材中加工出一个薄片，然后通过操控设备之外或之内的一根纳米操纵手将薄片从块材中提取出来，然后转移到透射电镜铜网上，这种方法称为提取法。如果提取动作在设备之外完成，则称为移位提取；反之则称为原位提取。提取法最早于 1993 年提出，后来逐渐发展成为一种稳定可靠的常规技术，可应用的材料种类相当宽广，而不仅仅局限于半导体材料。

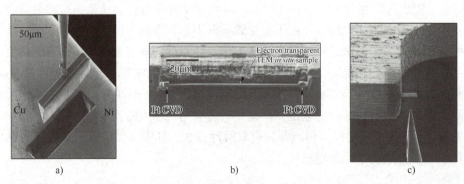

图 3-22　提取制样方法

a）纳米操纵手提取 FIB 制备的薄片　　b）两端固定　　c）一端固定

3. 移位提取法

首先在样品的目标区加工出一个薄片，抛光减薄，直到薄片厚度满足后续的透射电镜表征要求，通常小于100nm。然后将薄片与衬底材料切割分离，通常薄片会坍塌在凹槽之中。样品随后被从仪器中移出（即移位），在光学显微镜下借助于一根玻璃棒将坍塌在凹槽之中的薄片通过静电吸附的方式转移到有支撑膜（或镂空）的铜网上。

移位取样没有过多占用仪器时间，制样时间短。一般来讲制备的样品也能满足普通透射电镜分析要求，但一旦被放置在铜网上后几乎不可能再次返回FIB仪器中进一步减薄。如果铜网有支撑膜，则膜的厚度会影响观察质量，如电子全息和能量过滤像等。此外，FIB设备操作者也必须要相当小心，因为薄片在减薄时被溅射出的一部分材料被周围衬底材料反弹后会再次堆积在薄片表面，产生的再沉积问题对后续的透射电镜表征会有影响。

4. 原位提取法

原位提取制样，即样品减薄至约1μm厚后无须从仪器中取出，而是通过控制安装在仪器内的纳米操纵手将薄片从块材中取出（见图3-22a）并转移到同样安装在仪器内部的铜网上。对长的薄片，可两端固定在半圆形铜网上最后减薄（图3-22b）；对短的薄片，可一端固定在半圆形铜网上最后减薄（图3-22c）。原位制样是目前FIB/SEM双束系统最流行的一种制样方法。下面就以一个原始材料为微米级硫化镉（CdS）颗粒的样品为例，介绍其透射电镜制样过程。

制样前仪器的初始状态如图3-23所示，随机分散在硅片衬底上的CdS颗粒尺寸在$10\sim20\mu m$之间，形状规则，多为立方体或八面体等。与硅片同时固定在样品室的是一个半圆形的镂空铜网，由美国Omniprobe公司生产，直径3mm，可以固定在透射电镜样品杆上。制样的目的是从一个立方体中沿边长（或对角线）方向提取一个薄片转移到铜网上，供后续的透射电镜电子衍射分析。

图3-24a～f展示了原位取样的全过程。首先利用SEM功能找到一颗形态完整的立方体颗粒（图3-24a），并在颗粒中央位置沿边长方向沉积一层Pt保护层，以避免后续FIB加工对材料

图3-23　制样前仪器的
初始状态

的辐照损伤。随后在Pt层的两侧采用FIB各开一个梯形槽（图3-24b），之后加工一个U形槽将厚约1μm的中央薄片与衬底分离（图3-24c），即样品左侧、下侧和右侧与衬底分离（右侧开槽没有完全贯穿薄片以防止薄片坍塌）。然后操控安装在仪器内部的Omniprobe钨针将薄片从块材中取出（图3-24d），并转移到铜网上（图3-24e），最后利用FIB对固定在铜网上的薄片抛光减薄（图3-24f）。

整个提样过程中，仪器真空没有被破坏，Omniprobe钨针在提取样品、转移样品及固定样品到铜网时均在样品仓真空环境中进行。制样过程均可通过SEM监控，避免了离子束成像时伴随的辐照损伤。制样厚度也可通过SEM图像的衬度得到有效控制。

FIB原位提样方法具有以下特点：

1）无须预减薄。样品在制样前几乎没做任何处理。

2）定点、定向精度高。本例中CdS颗粒有无数个，方位分布也各异，但FIB制样能从某个选定的颗粒（定点）上沿某个指定的方向（定向）提取透射电镜样品，这种优势是传统制样方法不具备的。很多微纳米材料/结构因尺寸较小，而且很多时候尺寸还随方位变化，因此在制备透射电镜样品时都有位置和方向要求，FIB制样技术正好满足了这一点，而且当

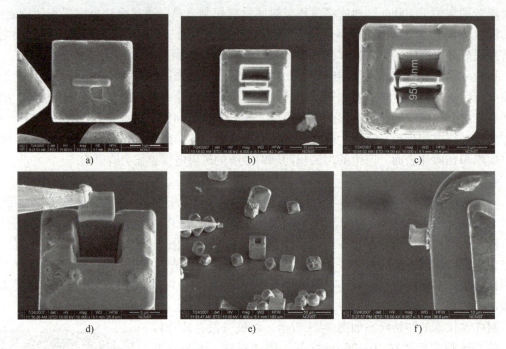

图 3-24　TEM 样品制备过程

a）待制样颗粒及 Pt 保护层　b）开槽　c）U 形槽切片分离　d）Omniprobe 取片　e）移片　f）固定薄片到铜网并抛光减薄

定位精度小于 0.5μm 时，FIB 制样是迄今为止唯一可行的制样方法。

图 3-25 所示为另一个实例。要制备的截面透射电镜样品来自一个金属氧化物半导体场效应晶体管，临界尺寸在 10nm 以内，门极为垂直结构，延伸到源-漏极之间，宽度只有 200nm，门极长度为 12.5nm。这要求 FIB 制样的定位精度在 50nm 左右，而这种精度在现代的 FIB 系统中能容易实现。样品随后在 TEM 中进行了表征，采用能量过滤透射电镜成像模式观察了样品截面的整体情况（插图是元素分布图，展示了 Si、氧化物）。

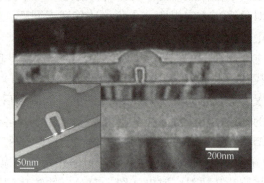

图 3-25　TEM 表征一个 FIB 样品结果

3）**制样时间短**。所有制样过程完全在一台仪器上完成，制样时间通常为 2~4h。而传统制样方法要涉及较多设备，制样周期也比较长。

4）**制样成功率高**。一旦制样工艺条件成熟，制样过程会很稳定，成功率通常在 60% 以上。

5）**对加工材料不敏感**。FIB 加工本质上是一个离子溅射过程，材料的去除速度并不像机械研磨那样剧烈，也不会产生机械研磨导致的应力。已有文献报道，对带孔的、脆的、软/硬结合材料（如软 Polymer/金属）也可实现 FIB 制样。图 3-26 就是两个应用实例。图 3-26a 所示为 FIB 制备的一个 Si 器件透射电镜样品，切片和减薄位置就在目标位置。从截面图中可以看出，样品含有金属和半导体等多种材料，材料界面清楚且无应力变形表现。图 3-26b 所示为涂敷在灯泡内部的多层金属/氧化物涂层断面，尽管断层材料种类差异明显，但材料交替沉积的样品截面平整，无应力集中表现。

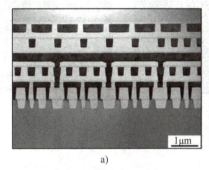
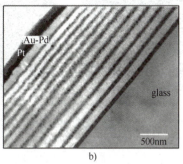

a)   b)

图 3-26 各种材料的 FIB 制样结果（TEM 图像）

a）Si 器件 b）多层金属/氧化物涂层断面

6）**可对同一块材料的不同时段进行特性分析。** FIB 制样只是局部从样品材料中取出一个薄片，并没有破坏整个样品，因此 FIB 制样后剩余的样品可被继续使用，这一点尤其适用于材料的时段分析，比如可研究材料在不同温度下的性能表现。

5. FIB 制样引入的损伤

采用上述方法制备出的透射电镜样品如果要成为一块高质量样品，至少应具备：

1）**厚度足够薄。** 理想的样品厚度依赖于将来要采用的透射电镜分析技术。对普通形貌观察来说，厚度小于 100nm 即可满足使用要求；而对电子能量损失谱（EELS）来说，理想的样品厚度为 20~30nm。

2）**薄区大且厚度均匀。**

3）**保持样品原始状态，无物理和化学性质变化，如无裂纹、无损伤。**

前两条是样品的外观表现，制样者通常能实现，但第三条涉及离子束的损伤问题。

首先探讨损伤的根源。如前文所述，当离子束垂直撞击样品表面时，会有动量转移和 Ga^+ 注入块材。前者会产生样品材料的去除，后者会引起材料的注入损伤。对 30keV 的 Ga^+ 来讲，当加工 Si 材料时，引起的损伤层深度约为 30nm。当离子束入射方向几乎平行于待加工表面时（这种情况在离子束抛光薄片时会出现），动量转移和离子注入也同样存在。对半导体材料来讲，可能会导致表层材料彻底非晶化；对某些金属材料来讲，可能会导致缺陷团甚至金属间相的形成。

对半导体材料来讲，FIB 制样所产生的非晶层厚度大致与离子注入范围成正比，而后者又粗略地与 Ga^+ 能量成正比。目前加速电压低至 1~2kV 的 FIB 系统已经商业化，因此低能 Ga^+ 加工已成现实，成为一种非常有效的减少损伤层办法。图 3-27 展示了硅片非晶层厚度随 Ga^+ 能量减少而减少的结果。离子束与样品表面法线呈 88°。从图 3-27 中可以看出，对 30keV、5keV 和 2keV 的离子束来说，观察到的损伤层厚度分别为 ≈22nm、2.5nm 和 0.5~1.5nm。已经证实，采用 2keV Ga^+ 离子抛光后的样品在透射电镜下表征时可以显示出亚埃级信息。

类似的低能 FIB 加工技术已经被用于制备三维原子探针（一种原子级成分表征工具），结果表明：采用 2keV Ga^+ 离子最终抛光后的样品不含有害和可被检测出来的 Ga^+。此外，已

a)   b)   c)

图 3-27　硅片非晶层厚度随加速电压的变化关系

a) ≈22nm, 30kV　b) 2.5nm, 5kV　c) 0.5~1.5nm, 2kV

有研究表明：无论采用何种离子源，低能离子束加工都具有类似的损伤结果，因此低能的宽束 Ar^+ 也可被用于去除 FIB 制样过程中产生的损伤层及进一步减少样品厚度。

虽然对半导体材料来讲表面非晶化是主要问题，但对于金属材料来说，FIB 制样也可能产生其他损伤。已经有一些文献报道表明：对细粒度的面心立方金属材料来说，FIB 制样会改变表层晶粒的取向和大小，以及产生含 Ga 元素的金属间化合物。FIB 制样导致的极端微结构变化可以通过多晶铜的例子来体现。溅射镀膜法生长的铜膜被几种不同剂量的 30kV Ga^+ 辐照后，样品截面被提取出来用于透射电镜 TEM、扫描透射电镜 STEM 和电子背散射衍射仪 EBSD 表征。图 3-28a 和 c 展示 Cu 样品距离表层 200nm 内材料被 $2.5×10^{17}\ ions/cm^2\ Ga^+$ 辐照后的结构变化，尽管理论计算表明 Ga^+ 的作用深度只有约 50nm（图 3-28b）。EBSD 晶粒取向图表明：所有表层晶粒取向全部重新转向使得<110>向（面心立方结构中最强的沟道取向）与离子束入射方向平行，如图 3-28c 所示。类似的问题也发生在其他一些面心立方结构的金属中（如 Au、Ni）。体心立方结构的金属在表层也有重新转向，即<110>晶向与辐照表面垂直。这项工作表明：对金属样品做 30kV 的 Ga^+ 辐照，会导致巨大的微结构变化，影响深度甚至超过预期。除非对这些影响已经很清楚，否则在采用 FIB 制样用于微结构表征时一定要非常小心，因为即使 FIB 辐照样品的剂量很小也会导致意外的结构改变。

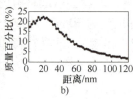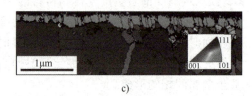

a)   b)   c)

图 3-28　被 30kV Ga^+ 辐照后的铜膜

a) 铜膜截面样品的 STEM 像　b) Ga^+ 浓度与距离表层深度关系　c) 样品表层截面的 EBSD 晶向图

还需要注意的是，Ga 注入一些金属材料后会产生一些低熔点相。比如在 Cu 块材上用 FIB 开槽时，在凹槽底部会发现 Cu_3Ga；在制备 Al 的透射电镜样品时，在晶界边沿能发现大量的 Ga 元素；极端情况下，Ga 能与许多其他元素一起形成熔点等于/低于室温的相。比如在对 In 材料加工时，Ga 的注入会导致熔点温度只有 15.3℃ 的共晶形成，因此在对 In 材料进行 FIB 加工时极可能会存在液态相；在 Ge 材料注入 2.5 at.% 的 Ga 也会形成液态相。其他材

图 3-28

料，比如 Al、Zn 和 Pb 也有类似的问题。总之，在使用 Ga⁺FIB 加工新材料时一定要查看材料相图，以回避一些问题材料或改用别的加工方法。

6. 展望

本节虽然主要讨论了 FIB 制备材料的截面样品方法，但这些方法也可以用于制备平行于样品表面方向的透射电镜样品。当前，利用 SEM 或 TEM 进行纳米材料的原位力学或电学性能测试备受关注，FIB 系统也可以为这些试验制备相应的样品，或者制备一些薄片样品用于改善电子背散射衍射（EBSD）分析和 X 射线能谱 Mapping 分析的空间分辨率。

FIB 制样技术本身也在不断发展。比如原位提样技术中为提高制样速度，纳米操纵手从块材中提取薄片后直接将携带有薄片的操纵手整体转移到铜网上供进一步减薄，而无须将薄片从操纵手上分离并固定到铜网上。为提高制样质量，在减少样品厚度方面，出现了一种交叉减薄（X 加工）方式以获取交叉区域的薄区；为提高表面光滑度，防止表面粗糙度对透射电镜表征的影响，离子束可摇摆抛光。好的透射电镜样品意味着后续的透射电镜表征至少成功了一半。同样，一台高性能透射电镜要能充分展现其性能，也必须要有相应的高质量制样设备为基础，相信 FIB 系统在将来的高性能透射电镜，如带有球差校正/单色器的透射电镜表征中发挥更大的作用。

3.4.2　三维原子探针（3DAP/APT）制备

三维原子探针（Three-Dimensional Atom Probe，3DAP）又称为原子探针层析（Atom Probe Tomography，APT），如图 3-29 所示，是在原子尺度上对材料进行三维原位表征和化学成分精确测量的分析技术，可分析的材料内部微观结构包括：固溶体、短程有序、团簇、纳米析出相、位/层错和界面等。本节主要讲述聚焦离子束技术在 APT 原位表征样品制备过程的应用概述、保护层沉积、溅射刻蚀、定位转移、环形减薄及非晶清洗等关键技术细节。

图 3-29　LEAP 5000XR 局部电极三维原子探针系统

1. 应用概述

自从 1969 年 Panitz 等人发明原子探针后，科学家们一直对制备针状样品感兴趣，这些样品含有包括沉淀、晶界（GBs）、相结合、缺陷等感兴趣的特征以供分析。多年来，科学工作者们使用传统的电化学抛光法制备 APT 针尖样品但常常无法准确获得所需位置的结构，而聚焦离子束的发展改变了这一切。

1984 年 Bob Waugh 首次发表了 FIB 制备原子探针层析成像（APT）样本的文章，虽然没有获得与这项研究相关的原子探针数据，但它却是利用 FIB 制作 APT 样品的起源。1998 年 Larson 使用环形减薄法成功制备了 APT 针尖样品，如图 3-30 所示，加工时所选图案的外径略大于试样的横截面。在减薄过程中，内径和离子电流逐渐减小最终获得所需的针状试样，由于离子束散射试样的端部半径通常为 60nm。环形减薄法不需要额外的程序来产生可接受的锥角，在整个环形切割过程中通常保持相同的外径，因为这样可以最大限度地减少由于少量试样漂移而导致的图案中心与针轴对齐的问题。

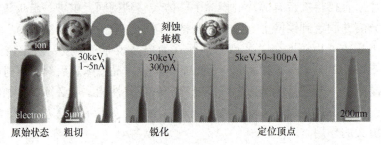

图 3-30　基于 FIB 环形减薄法制备 APT 样品过程

2005 年 Miller 在环形减薄法和透射电镜 lift-out 法的基础上，提出了提取法（Lift-out）制备 APT 针尖样品并在 2007 年对此法进行了改进，制备过程如图 3-31 所示。具体流程：首先在扫描电镜下找到合适的制样区域并沉积 Pt 保护层，然后将样品减薄成楔形薄片并与基体分离，用 Pt 焊接纳米操纵手和楔形薄片样品，切断样品与基体的连接，提取样品焊在 APT 专用硅柱上，再在硅柱上进行环形减薄。2007 年后科学工作者们在 Lift-out 法的基础上不断改进技术细节，关键步骤的技术细节如图 3-32 所示，将 Lift-out 法应用于各类材料，目前 Lift-out 法已成为 FIB 制备 APT 针尖的通用方法。

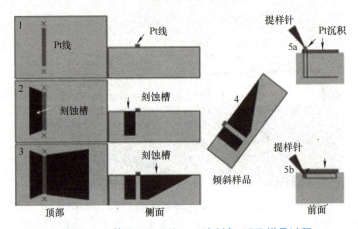

图 3-31　基于 FIB Lift-out 法制备 APT 样品过程

该方法与 TEM 原位表征样品相似，也可分为沉积、粗切、细切、U 切、提取、焊接、终减薄和清洗八个具体步骤，部分结果如图 3-33 所示。概括为诱导沉积、溅射刻蚀（粗切、细切、U 切）、定位转移（提取、焊接）、环形减薄及非晶清洗五项关键技术。

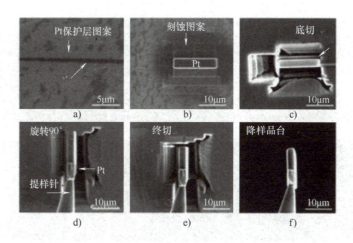

图 3-32　基于 FIB Lift-out 法制备 APT 样品关键步骤

a）沉积　b）粗/细切　c）U 切　d）焊接　e）提取　f）降样品台

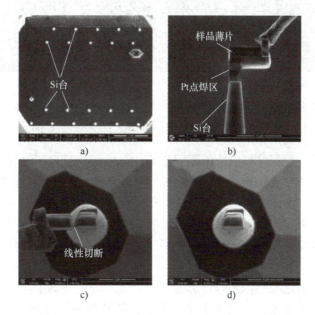

图 3-33　基于 FIB 制备 APT 样品焊接技术细节

a）硅柱　b）样品与焊接　c）样品与纳米手分离　d）焊接完成

2. 保护层沉积

保护层沉积的目的仍是保护样品的感兴趣区域，避免其在后续加工和减薄过程中被离子束破坏。

首先在 SEM 模式下寻找感兴趣区域，如双相区（如图 3-34 中钴基高温合金的 γ/γ' 两相界面）、位错滑移带、纳米析出相、晶界、相界、裂纹尖端等。需注意的是由于晶界、相界等元素偏聚或空位富集等元素与结构的不均匀区，在后期表征时易发生应力集中样品损毁的现象，因此一般可考虑一次性制备 3 个 APT 样品，这就需要合理调整感兴趣区域的方向，使感兴趣区域水平长度方向为所需区域的 3~5 倍。

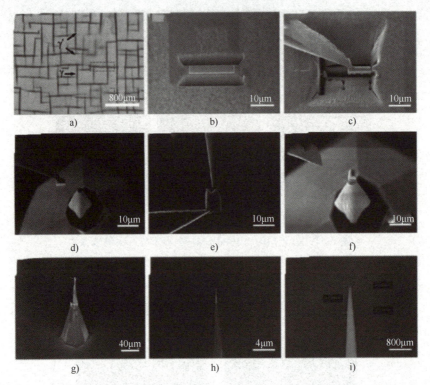

图 3-34　钴基高温合金 FIB 制备 APT 样品标准 Lift-out 法制备过程

a）Pt 沉积　b）粗/细切　c）U 切　d）提取　e）焊接　f）分离　g）环形减薄开始　h）环形减薄结束　i）清洗

　　然后沉积保护层，沉积材料包括但不限于 C、SiO_2、W、Pt，沉积方式可选用电子束沉积或离子束沉积。电子束沉积通常对样品没有损伤，但效率较低；离子束沉积则相反。如果感兴趣区是样品表面，则可先用电子束沉积 100～200nm 保护层后，再用离子束沉积 1～2μm 保护层，以避免离子束对样品表面直接辐照所带来的损伤。原则上电子束沉积采用低电压大束流，离子束沉积采用 30kV 电压，束流大小依赖于沉积面积。

3. 溅射刻蚀

　　保护层沉积结束后进入刻蚀阶段，分为粗切、细切、U 切三个步骤。与 TEM 制样不同的是粗切与细切阶段样品表面与离子束夹角不同：TEM 样品制备夹角为 85°～95°，而 APT 样品制备夹角为 30°～50°，以形成楔形样品薄片。

　　粗切的目的是从块状样品中加工出未来将要提取的楔形样品薄片，如图 3-34b 所示，样品与加工离子束呈 30°～50°夹角。操作过程：在距离保护层下侧 1～2μm 的地方用大束流加工一个梯形（或矩形槽），长度一般比保护层长度大 0～4μm，深度多为 3～10μm，宽度约为深度的 2 倍。同样，在保护层上侧加工一个梯形或矩形槽。为减小后续 U 切加工时产生的再沉积问题，在保护层左侧刻蚀一个贯穿上下两个梯形槽的矩形槽。

　　细切的目的是用小束流减薄粗切阶段的楔形薄片，并消除粗切阶段大束流减薄带来的窗帘效应和再沉积现象，如图 3-34b 所示，此阶段结束后样品楔形薄片上端厚度为 500nm～2μm。细切后楔形薄片已处于左侧和下端样品与基体分离的分离状态，可直接进行提取，也可增加 U 切步骤。

U 切的目的是进一步分离细切后的样品楔形薄片，如图 3-34c 所示。操作过程：使用离子束小束流在楔形薄片右侧面加工一个 U 形矩形槽，其中右侧边略短，加工结束后楔形薄片和基体仅右侧有小体积连接。

4. 定位转移

定位转移是将上阶段产生的楔形薄片从基体转移至 APT 专用载台硅柱上，分提取和焊接两个步骤。

提取阶段的目的是将楔形薄片从基体转移至纳米操纵手，如图 3-34d 所示。操作过程：控制纳米操纵手的运动，使其与样品薄片自由端接触，接着插入气体注入系统（前驱体气体常选 Pt 或 W，以保障焊接效果），利用沉积功能将样品薄片与纳米操纵手焊接，然后切断样品薄片和基体的最后连接，使用纳米操纵手提出样品至安全位置，保持气体注入系统不动。

焊接阶段目的是使用沉积功能将楔形薄片原位焊接在 APT 专用载台上。

5. 环形减薄

最终的 APT 原位表征样品为纳米圆锥，锥顶直径约 50～120nm，锥底直径约 200～300nm，高度约 100nm～2μm，因此 APT 样品的最终减薄要采用环形减薄技术，这与 TEM 样品制备双向减薄技术不同，如图 3-34g、h 所示。

操作过程：用离子束小束流沿针轴方向加工楔形薄片，加工图形为圆环，离子束加工轨迹由圆环外径向内径螺旋运动。

6. 非晶清洗

清洗阶段的目的是尽量消除离子束加工造成的非晶损伤。操作过程：保持减薄阶段的样品位置，将离子束加速电压由 30kV 下降至 2～5kV，仍采用圆环加工方式，由外环向内环方向减薄非晶损伤层。

3.4.3 截面分析

利用 FIB 的刻蚀功能可以对样品进行定点切割，暴露出其横截面（Cross Section）以表征截面形貌尺寸，还可结合 EDS 能谱仪对截面进行成分分析。图 3-35 是一块集成电路失效分析时做的截面。利用 FIB 能快速定点地对缺陷原因进行分析，改进工艺流程，FIB 系统已成为当代集成电路工艺线中必不可少的装置，也是科研活动中设计新器件的重要工具。

为了暴露出感兴趣的截面，FIB 要刻蚀周围的大体积材料，加工时间会比较多，减少加工时间的策略之一是通过增加 FIB 电流来提高溅射率。Ga^+ FIB 能提供高达 100nA 的束流，而 Xe 等离子 FIB 则能提供更大的电流（超过 1μA）来去除材料。经过大束流粗加工后，再以较低的电流进行精细抛光，以清除堆积在感兴趣区表面的再沉积材料。

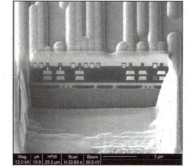

图 3-35 集成电路失效分析截面图

截面分析不一定总是垂直于样品表面的。离子束垂直加工样品是容易的，但厚度是最薄的，提供的信息有限，尤其是薄膜样品。图 3-36 就是一个 CdTe 薄膜电池材料的实例，图 3-36a 是样品表面信息，较粗糙，直接加工截面时这种表面形貌起伏会传递到截面上，使截面的表面也会有高低起伏，形成窗帘效应（Curtain Effect）。由于薄膜只有 2μm 左右厚，导致厚度方向只有 1~2 个晶粒可供分析（图 3-36b）。为解决这个问题，可将离子束入射方向与样品表面成 3°加工，即小角加工（图 3-36c）。它有两个优势：①减少了由于样品表面粗糙所带来的择优溅射问题；②提供了更大的横截面供后续的 EBSD 分析和电子束感生电流（EBIC）分析。

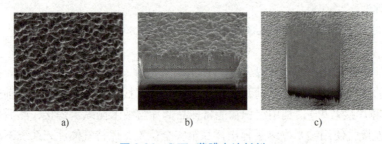

图 3-36　CdTe 薄膜电池材料
a）材料表面　b）垂直截面　c）小角度截面

3.4.4　三维重构

1. 应用概述

FIB/SEM 双束系统可以做二维截面分析，获取此截面上的形貌、元素、晶体取向等信息。如果利用 FIB 逐层切片加工，SEM 逐层获取形貌/成分/结构信息，两者交替进行，收集一系列图像，然后利用三维重构软件，构建材料的三维信息，如图 3-37 所示。

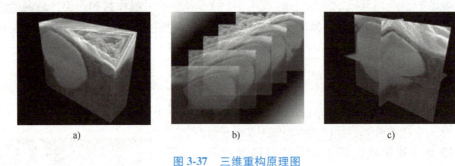

图 3-37　三维重构原理图
a）被包埋的颗粒　b）系列 SEM 切片图　c）三维重构结果

聚焦离子束在常规材料三维重构表征包括三维形貌表征（Three Dimensional Image，3D-Image）、三维元素表征（Three Dimensional Energy Dispersive X ray Spectrum，3D-EDS）和三维晶体取向表征（Three Dimensional Electron Back Scatter Diffraction，3D-EBSD），是通过聚焦离子束系统、扫描电子显微镜、X 射线能谱和电子背散射谱联合对样品进行微纳加工和收集材料表征信息的技术。

图 3-38 是 FIB/SEM 重构的实施图，

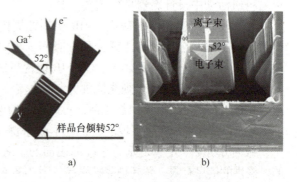

图 3-38　FIB/SEM 重构实施图
a）样品相对 FIB 和 SEM 位置　b）切片前的样品预处理

技术路线如图 3-39 所示。

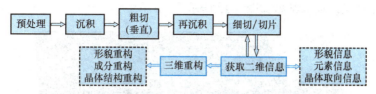

图 3-39　FIB/SEM 三维重构技术路线示意图

FIB/SEM 三维重构可获取材料的形貌、成分与结构信息，分辨率受 FIB 切片厚度与 SEM 表征分辨率影响，介于 X-CT 与 TEM 之间。

2. 预处理

FIB/SEM 进行三维重构时，如果材料导电性差，则会使离子束的加工位置和电子束的观察位置漂移，导致重构失败。因此，对导电性不好的样品或者表面易氧化的样品，需要做导电性增强处理，通常首先对样品进行离子清洗去除氧化层，然后用镀膜仪在样品表面蒸镀 30nm 的 Pt 层。

3. 保护层沉积

沉积保护层是为了减少在后续离子束加工中的样品损坏。首先在 FIB 双束系统中的 SEM 模式下找到感兴趣区域，然后根据材料的结构信息如析出物的尺寸、晶粒尺寸和材料孔径等计算 FIB 切片厚度。为了保证结构信息的完整性，每个微结构需至少 2~5 个切片，全部重构通常需要 30~500 个切片。

由于三维重构的面积较大，若采用电子束沉积保护层，则加工时间会无法忍受，因此通常不采用电子束沉积，除非结构对离子束十分敏感或重构信息分辨率在纳米级。图 3-40 展示了一个离子束沉积 Pt 保护层的结果，沉积面积是三维重构区域的 1.5~5 倍。

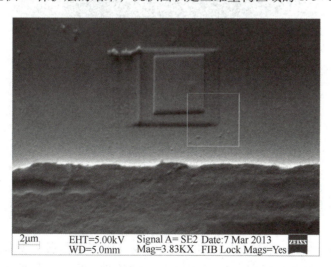

图 3-40　基于 FIB 材料三维重构的沉积保护效果表征

4. 溅射刻蚀

溅射刻蚀分粗切和细切两个步骤。

粗切的目的是初步隔离样品三维重构区域与基体区域，减小后续加工中的再沉积现象。

操作过程：在样品沉积保护区下方、左方和右方使用大束流各加工一个梯形槽（或矩形槽），如图 3-41 所示。粗切结果如图 3-42 所示。

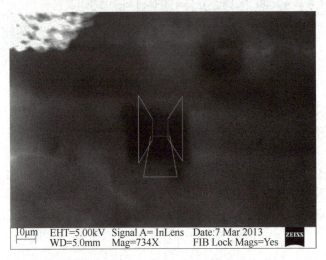

图 3-41　基于 FIB 材料三维重构的粗切加工

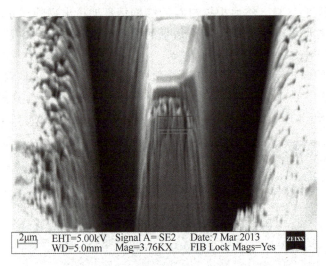

图 3-42　基于 FIB 材料三维重构的粗切结果

　　细切是为了消除粗切阶段大束流加工带来的窗帘效应和再沉积问题，为后期获取图像做好准备，如图 3-43 所示。操作过程：用离子束小束流抛光保护区下侧，得到光滑的样品截面。

　　需要强调的是，对导电性差的样品，虽然在装入 FIB 设备前做了表面镀膜处理，但粗切完成后，样品内部被暴露在离子束/电子束下，其绝缘性会影响后续的加工/观察，SEM 图像漂移可达 $1\sim10\mu m/min$。三维重构所需的加工时间通常为几小时，甚至几十小时，漂移问题尤其突出。为此可采用二次镀膜法：完成粗切后，取出样品，利用镀膜仪在样品表面再次蒸镀 30nm 的 Pt 层，如图 3-44 所示。这种导电增强措施可在重构过程中多次使用，能将 SEM 图像漂移控制在 $0.1\sim0.5\mu m/min$。

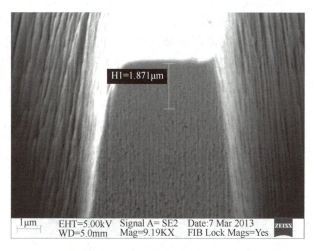

图 3-43 基于 FIB 材料三维重构的细切阶段 SEM 图像

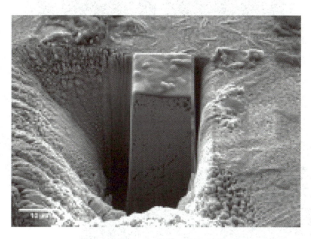

图 3-44 三维重构中增强导电性的二次喷镀效果

5. 自动采样

样品前期准备工作结束后进入交替的 FIB 切片与 SEM 采图阶段，运行时间长，该阶段由软件自动完成，如图 3-45 所示。

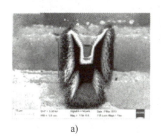 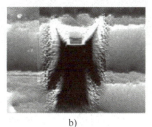 

a)   b)   c)

图 3-45 基于 FIB 材料三维重构的自动切片过程图

a）开始前 b）进行中 c）结束

FIB 每做一次切片，SEM 就会对暴露出来的截面进行信息采集。信息采集装置包括各类二次电子探测器、各类背散射电子探测器和 X 射线探测器等，这些信息反映了样品的形貌、元素和结构等性质，可以根据研究需要选择其中的一个或几个探测器进行信息采集。以图 3-46 为例，采用了背散射电子探测器类型中的一种——能量选择背散射（ESB）探测器，可观察到亚表面信息和纳米级成分，适合纳米材料的三维重构表征要求。共采集了 600 个切片信息用于三维重构，图中展示了其中的 4 个。图 3-47 所示为另一个实例，采集了一个金属材料的一系列电子背散射衍射谱（EBSD），为研究其晶体结构提供了依据。

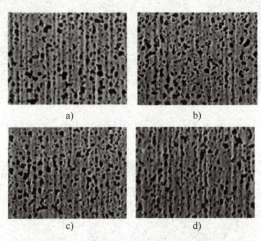

图 3-46　纳米多孔材料的一系列切片

a）第 1 张　b）第 370 张　c）第 400 张　d）第 600 张

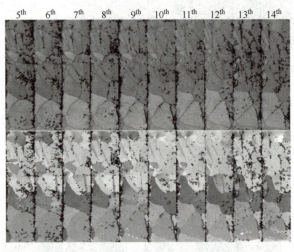

图 3-47　金属材料的系列切片 EBSD 图

图 3-47

信息采集完成后，将利用专业重构软件（如 Avizo 或 ImageJ）对收集到的系列二维图像进行重构，包含降噪、锐化、三维渲染等图像处理，从而获得材料形貌、元素和晶体取向的三维信息。

6. 三维重构实例

以一种纳米多孔金属材料为例。这种新型功能材料呈现高表面积、低密度的纳米级空间立体结构，具有高导电、导热性等独特的性能，有望在能源、化工等领域得到广泛应用。纳米多孔银就是其中一种典型材料，其平均孔径尺寸在 45nm 左右，分辨率要求高于 X 射线三维成像能力，且表征体积大于透射电镜的三维重构尺度，因而选用了 FIB/SEM 双束系统三维重构技术。图 3-48 所示为纳米多孔银的三维形貌重构结果，可以直观看到材料内部独特的三维双连通多孔结构，定量计算出孔隙率，为揭示其特殊的物理化学性能提供了理论依据。

图 3-48　纳米多孔银三维形貌重构表征

3.4.5　微纳加工

前面介绍了聚焦离子束在材料表征方面的四个典型应用，它们都是利用了聚焦离子束的成像、刻蚀和沉积三个功能，结合纳米操纵手或其他附件，反复组合产生了不同的应用。实际上聚焦离子束在微纳加工方面也有广泛应用，具有电子束、光束等其他微纳加工所没有的独特优势，限于篇幅，下面介绍几个聚焦离子束的新兴加工技术，以展示它的千变万化。

1. 聚焦离子束注入技术

离子注入是半导体集成电路生产的一个重要工艺环节。通过离子注入改变半导体材料的导电性，使之成为载流子型或空穴型半导体。但半导体工业的离子注入是大面积离子注入，注入的区域由掩模控制。而聚焦离子束注入是一种无掩模注入。半导体晶体管所需的掺杂元素都可以制成合金型液态金属离子源，如硅半导体所需要的硼和砷，以及砷化镓半导体所需要的硅和铍。在聚焦离子束系统中安装一个离子分离器就可以将不同元素的离子注入任何局部位置，注入的深度和浓度可以通过离子能量与剂量控制。工业化离子注入每次只能注入同一种离子，而聚焦离子束注入可以在同一个样品表面同时注入不同离子。灵活性是聚焦离子束注入的主要优点，而低生产率则是它的主要缺点，所以聚焦离子束注入至今仍只是在实验室范围内使用。

另一种离子注入技术是通过注入离子改变材料的耐刻蚀性质，实现选择性加工，构筑三维微结构。实验发现，镓离子注入硅材料后可以使硅的抗化学腐蚀性能大大提高，形成腐蚀阻挡层。例如，在硅中注入镓离子后抗氢氧化钾（KOH）腐蚀性能增大超过 1000 倍，抗四甲基氢氧化铵（TMAH）腐蚀性能增大超过 2000 倍。如果选择性地在硅中注入镓离子，则镓离子注入区域将在腐蚀硅的过程中保留下来。图 3-49 说明了如何利用分层沉积硅，并结合图形化注入镓离子制备三维微结构。加工过程是先通过化学气相沉积（Chemical Vapor Deposition，CVD）方法沉积一层 40~70nm 厚的硅，然后用聚焦镓离子束对此硅层进行区域性注入，再通过 CVD 沉积第二层硅，重复进行聚焦镓离子束注入。根据所要制备的三维结构的复杂性，可以反复这两个步骤，最后形成含有注入镓离子的多层硅，如图 3-49a 所示；然后在化学腐蚀液（KOH 或 TMAH）中将没有镓离子注入的硅层腐蚀去除，留下来由镓离子注入形成的三维微结构，如图 3-49b 所示。

2. 聚焦离子束致形变技术

聚焦离子束致形变技术是近年开发出来的新加工方法，包括 FIB 应力引入致形变技术（FIB-stress induced deformation，FIB-SID）及 FIB 物质再分布致形变技术（FIB-material redistribution induced deformation，FIB-MRD）两种。

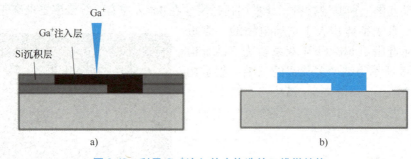

图 3-49 利用 Ga⁺ 注入效应构造的三维微结构

a）逐层注入与 CVD 生长硅 b）腐蚀硅后形成的三维结构

（1）FIB-SID 技术 实验中偶然发现，在氮化硅悬臂梁的一端进行离子束轰击时，悬臂梁发生弯曲，达到一定剂量时，悬臂梁弯曲 90°，如图 3-50 所示。随后对金属铝悬臂梁弯曲角度与离子辐照剂量的关系做了研究，发现随着 FIB 剂量的增加，铝悬臂梁首先向下弯曲，在一定剂量时向下弯曲角度到达极值，然后慢慢恢复，最后翘起。

机理分析：离子轰击基底材料表面时，离子注入和溅射同时发生。表面层如果只是离子注入会引入张应力，只是溅射会引入压应力，因此表面层体现出的表观应力是两种机制平衡后的结果。若基底及入射离子能量导致溅射的应力效应大于离子注入的应力效应，则自轰击开始表面层便体现出表观压应力，梁向上弯曲。若基底及入射离子能量导致离子注入的应力效应大于溅射的应力效应，则自轰击开始表面层首先表现出张应力。随着轰击剂量的增加，离子注入剂量达到饱和，离子注入的应力效应基本稳定，但溅射仍然继续发生，溅射的应力效应会超过离子注入的效应，进而表面出现压应力，悬臂梁向上弯曲。

利用 FIB-SID 技术可以加工三维结构。通过选择入射离子束的剂量，可以控制悬臂梁的弯曲方向，进而制备出弯曲方向不同的微纳螺旋，如图 3-51 所示。图 3-51a 所示为向上弯曲金属螺旋，图 3-51b 所示为向下弯曲金属螺旋。通过调控每次刻蚀的深度，可以加工出半径渐变的螺旋结构，如图 3-51c 所示。

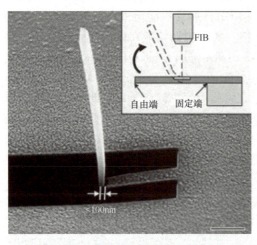

图 3-50 悬空氮化硅悬臂梁的弯曲现象（标尺长度 500nm）

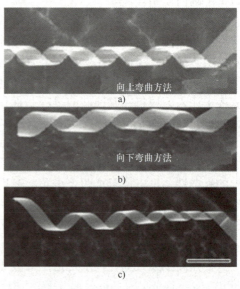

图 3-51 FIB-SID 加工的三维结构（标尺长度 5μm）

（2）**FIB-MRD 技术**　FIB-SID 技术使用 FIB 扫描单端固定的悬臂梁，悬臂梁会因为沿着悬臂梁厚度的方向存在应力梯度分布，从而产生使结构弯曲运动的力矩。而如果将悬臂梁双端固定的情况下对特定区域进行扫描，应力便不会以弯曲运动的形式释放，从而表现出其他现象。

图 3-52 展示了一组用 FIB 加工出的硅悬臂梁在随后受到不同剂量的离子束辐照后的变化。起初 FIB 加工了 5 根同样的悬臂梁（图中的 1 号梁），然后分别对 2~5 号梁按剂量递增方式辐照。可以看到，悬臂梁首先从边缘处被刻蚀，在这个过程中高度几乎保持不变（2 号梁），这是因为离子束相对于侧面的入射角更大，溅射率更高。进一步辐照过程中，形状开始近乎各向同性地收缩，其截面也开始逐步变为一个半圆（3 号梁）。当辐照剂量达到 1.52×10^{17} ions/cm^2 时，悬臂梁最终变成了一个圆柱形的纳米弦，其截面变为一个标准的圆（4 号梁）。

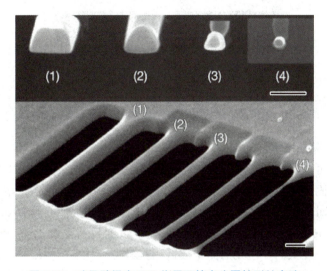

图 3-52　硅悬臂梁在 FIB 作用下转变为圆柱形纳米弦

机理分析：入射高能离子束在同靶材料相互作用过程中，会把大量能量传递给后者。在数十皮秒的时间内，FIB 辐照层内获能的靶材原子将离开它们原有的晶格位置而产生迁移，进而造成级联迁移，同时产生大量缺陷。另一方面，积累的能量将使 FIB 辐照层在相对更长的一段时间内经历类似于"淬火"的过程，缺陷扩散，靶材料原子/分子按照系统自由能最低原理重新分布，结构表面会变得光滑。靶结构材料在 FIB 的轰击下还会被不断溅射掉，这将造成结构尺寸的变化，如厚度减薄，当结构厚度低于入射离子平均投影射程之后，离子将能够完全穿透剩余纳米靶结构，与结构中上下所有材料原子/分子发生能量交换，这时剩余纳米靶结构整体发生物质再分布。

利用这个技术可以按照某种设计加工纳米结构。图 3-53 展示了在悬臂梁上预先加工一维周期性纳米图形后，再进行 FIB 辐照所得到的规律的纳米点串结构。图 3-53a 图形周期从上到下分别是 0.10μm、0.15μm、0.20μm、0.25μm、0.35μm 和 0.45μm；图 3-53b 所示为 FIB 辐照后所对应的演化结果；图 3-53c、d 表明不对称的预定义图形在 FIB 作用下会演化为对称的结构。

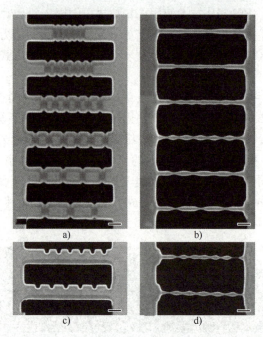

图 3-53　使用预定义的图形制备纳米结构（标尺长度 200nm）

3. 聚焦离子束曝光技术

聚焦离子束也可以像电子束那样作为一种曝光手段。离子束曝光有非常高的灵敏度，这主要是因为离子在固体材料中的转移能量的效率远远高于电子。常用的电子束曝光抗蚀剂对离子的灵敏度要比对电子束高 100 倍以上。例如，对同样的抗蚀剂用 20keV 的电子束曝光需要曝光剂量 $10\mu C/cm^2$，而用 100keV 的聚焦镓离子束则只需要 $0.1\mu C/cm^2$。灵敏度高是好事，也是坏事。灵敏度太高，需要的离子数目相对减少，就会产生统计噪声。由于离子散射的随机性，离子数目越少，随机分布的波动就会越大。这在曝光效果上表现为曝光图形边缘的粗糙度增加。除了灵敏度高之外，离子束曝光的另一个优点是几乎没有邻近效应。由于离子本身的质量远大于电子，离子在抗蚀剂中的散射范围要远小于电子，并且几乎没有背散射效应。实验已经证明，无论是对密集线条曝光，还是采用高原子序数衬底材料，聚焦离子束曝光的线条宽度均不受影响，而这两条是造成电子束邻近效应的重要原因。

聚焦离子束曝光的主要问题是离子穿透深度太小。即使对于 100keV 的镓离子束，其曝光的深度也不过 $0.1\mu m$。增加离子穿透深度的办法是增加离子能量或者采用轻质量离子。气体场离子源的发展使原来聚焦离子束曝光存在的问题得到解决。有人比较了 30keV 聚焦氦离子束与 30keV 电子束曝光 HSQ 抗蚀剂所得到的灵敏度曲线。发现两个结论：①聚焦氦离子束曝光灵敏度大大好于电子束，所需曝光剂量仅为电子束的 1/4；②聚焦氦离子束曝光 HSQ 的对比度与电子束相当，两条曲线有基本相同的斜率。目前已知电子束曝光 HSQ 的最高分辨率大约为 6nm 左右，聚焦氦离子束曝光也能达到相同量级的分辨率。

图 3-54 所示为 5nm 厚 HSQ 上的氦离子曝光结果，光栅周期为 10nm，线宽为 5nm，所有结构的曝光剂量相同，且未经过邻近效应校正。图形与空隙的宽度均匀表明了聚焦氦离子束光刻的邻近效应影响可忽略，这样就可以突破图形密度的加工极限。

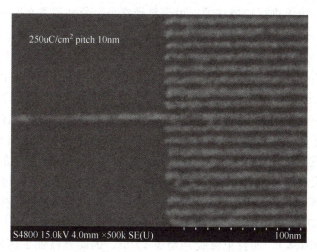

图 3-54　聚焦氦离子束光刻在 5nm 厚 HSQ 抗蚀剂上加工出来的线阵列

3.5　发展中的聚焦离子束系统

自 1910 年 Thomson 发明气体放电型离子源以来，离子束技术已经诞生了一个多世纪。然而，真正意义上的 FIB 技术是从液态金属离子源的发明开始的。20 世纪 70 年代 Clampitt 等人在研究用于卫星助推器的铯离子源的过程中开发出了液态金属离子源。1985 年，Micrion 公司交付了第一台商业化聚焦离子束系统。1988 年，第一台聚焦离子束/扫描电镜双束系统面世。

如今双束系统在各领域得到了应用。上一节介绍了其在高质量透射电镜样品的制备等五方面的典型应用，但使用中有时也暴露出分辨率不够高，加工效率不够快，加工损伤重，以及应用领域受限等问题。面对这些问题，科技人员迎难而上，采取了种种改进措施。

3.5.1　硬件性能提升

1. 分辨率提高

影响分辨率的主要因素是离子源，气体场离子源是目前研发出的亮度最高的离子源，并且已经出现了商业化的氦（He）和氖（Ne）离子源。但气体场发射离子源需要极高的真空，且工作在液氮低温环境，发射不够稳定，工作寿命较短，维护成本高，加工效率低，因此还未得到广泛使用。Ga^+（LMIS）仍是目前使用最多的高亮度离子源。在提高其分辨率方面，除了提高离子源单色性，还改善了仪器真空：增加一级离子泵提高了镜筒真空以及采用交换仓技术使样品室内真空始终维持在较高水平。这些措施不仅减少了离子束与空气分子之间碰撞引起的发散，还使物镜工作距离进一步缩短，并配合使用离子束镜筒内加速和样品前减速技术，急剧减少了球差和色差等像差，低压分辨率有了质的提高。这一点也有利于 FIB 制备 TEM 样品，它可以进一步清除制样过程中产生的损伤层，使它更容易满足球差透射电镜的制样要求。

成像分辨率的提高还与信号探测器的发展有关。研制出新型二次离子探测器，信噪比提高，因而可使用更小束流进行扫描成像，束斑直径更小，分辨率进而得到提高。

2. 高溅射率

Ga$^+$的材料溅射率限制了其在特定时间内实际可加工的最大体积。比如，使用 20nA Ga$^+$ 加工一个 $10\mu m \times 10\mu m \times 10\mu m$ 的硅材料，大约需要 5.5min；而加工一个 $100\mu m \times 100\mu m \times 100\mu m$ 的体积，则需要 93h。而这已经是老式 FIB 在不考虑加工质量的情况下的最快速度了。目前新型号的束流最大为 100nA，勉强能实现长宽深小于 $100\mu m$ 以内的体积加工。

电感耦合等离子体离子源（Plasma FIB，PFIB）是一种比液态金属离子源更早的技术。其工作原理基于电磁感应现象。当高频电流通过电感耦合线圈时，产生的变化磁场会穿过等离子体室，从而激发气体中的原子或分子。这些原子或分子经过电离过程，形成带电的离子。通过调节电感耦合线圈的频率和功率，可以控制离子源中离子的产生数量和能量。如果通入 Xe，则可提供高达 $2.5\mu A$ 的 Xe$^+$离子束流。相对于 Ga$^+$，Xe$^+$（PFIB）不仅单个离子的溅射率提高 36%（30keV），而且束流提高至少 25 倍，因此整体加工速率可提升约 30 倍以上，适用长宽深在 $100\mu m$ 以上、1mm 以下的体积加工。

3. 低损伤

使用 Ga$^+$制备 TEM 样品时逐渐发现，Ga$^+$对Ⅲ、Ⅴ族元素的材料比较敏感。比如在制备一个生长在 Si 衬底上的单晶 Al 膜截面样品时，在 Al-Si 晶界处发现了大量的 Ga$^+$聚集，给材料的应力解释带来困难。而使用 Xe$^+$（PFIB）制样则无此现象。因为 Ga$^+$与 Al 之间有较强的化学亲和力（Chemical Reaction），而 Xe 是惰性元素，其与靶材原子之间没有亲和力。除化学亲和力损伤外，还有敲击（Knock On）、加热（Heating）及辐照分解（Radiolysis）等损伤类型。使用 SRIM 软件模拟可知：能量高于 5keV 时，Xe$^+$加工效率高，损伤深度浅；而能量低于 5keV 时，Ar$^+$不仅损伤深度浅，而且损伤密度低。因此在制备某些 Ga$^+$敏感材料样品时，可先用 30keV Xe$^+$粗加工，最后用 2keV Ar$^+$清除损伤层，以制备"无损伤"的超高质量 TEM 样品。

满足上述加工要求的多束系统应运而生。它属于 PFIB 类型，改变其中通入的气体时会产生不同的离子源，包括 Xe、Ar、O、N 四种离子。十分钟内可切换离子类型并合轴。可根据待加工的材料属性选择最适合的离子源，比如加工含碳材料时（如金刚石、有机、高分子材料），O$^+$可以获得更高的加工效率。与 Ga$^+$相比，多束等离子体可以在大束流下保持小的束斑，保证了束流密度和加工精度，可覆盖 10nm～$500\mu m$ 的加工范围。

3.5.2 软件功能多样化

1. 图形编辑能力增强

早期的 FIB 主要用于掩模版修复、集成电路修改等工作，加工图形种类单一，数量有限。但现在的 FIB 已经从半导体行业走向高校和科研单位，对加工图形的种类和数量要求不断提高。

经过十多年的发展，当代的 FIB 在图形编辑方面有了大的提高，用户可以通过仪器软件用户界面、脚本语言、BMP 位图文件、数据流文件、专业绘图软件（如 AutoCAD）等途径进行在线或离线图形编辑，而且还能对图形进行逻辑运算，绘图效率明显提高。

2. 软件自动化

FIB 的自动化通过预设活动或执行宏或脚本来实现。通过预设，可对横截面和 TEM 样品制备进行配置，以便定义宽度和深度等参数。然后，仪器软件会自动调用所有其他模式和相关参数。用户将分组图案放置在 FIB 表面快照上后，程序便开始执行。通过参考漂移校正标记（如 X 形标记）来确保每个图案的相对位置。漂移移校正会自动监控每个图案与标记的相对距离，并在加工整个图案过程中校正偏移，因而能进行大面积图形的拼接。目前商业化 FIB 能自动制备 TEM 薄片，也可在多个位置执行自动制样，无须用户干预。自动化工作流程（如多点样品制备和三维表征）正变得越来越复杂，脚本软件正变得越来越普遍，以支持各种常规任务。

自动化还体现在设备的维护上。用户可以让设备在夜晚自动执行电子束/离子束的对中、消像散等工作。

3. 模拟离子束与样品相互作用的软件日益完善

现在普遍使用的 SRIM 程序基于蒙特卡罗模拟方法和二元碰撞近似，假设研究的靶材密度低而且完全无定形（无离子通道效应）、无缺陷簇形式和辐照诱导非晶化，采用量子力学计算平均拟合的通用原子势能。因此 SRIM 程序对很重（或较活跃）的离子、密度很大的材料体系（多次碰撞同时发生）误差很大，难以区分反冲的数目顺序。

分子动力学（Molecular Dynamics，MD）模拟能良好解决上述问题。它是一种研究原子和分子物理运动的计算机模拟方法。通过数值求解相互作用粒子系统的牛顿运动方程来确定原子和分子的轨迹，其中粒子之间的力和它们的势能是使用原子间势能或分子力学力场计算的。

此外，动力学蒙特卡罗方法（KMC）、连续体建模（Continuum Modeling）等模拟方法正在发展，可模拟气体辅助沉积/刻蚀等更复杂的过程。

3.5.3 与其他附件/设备的联用

FIB 与其他部件/设备的联用极大地拓展了 FIB 的应用范围，使材料研究尺度从微米延伸到毫米，维度从二维延伸到三维，材料从常规材料延伸到含水材料、生物材料及离子束敏感材料等，满足了在不同领域中多尺度、多维度的研究需求。

下面举几个联用实例：

1. FIB 与激光（Laser）联用

传统 FIB/SEM 对材料的加工尺寸限制在微米级，对于毫米级的大体积加工并不适合。为解决大体积材料的加工，FIB/SEM 与 Laser 联用成为一种解决方式。Laser 加工单元被设计固定在 FIB 样品仓之外，这种独特的设计可避免样品加工过程产生的碎屑等污染物对 FIB/SEM 样品仓造成污染。FIB/SEM 与 Laser 关联过程中，通过特定样品台的定位，可保证 Laser 加工位置与 FIB/SEM 中观察位置的一致性。

2. FIB 与显微 CT 系统（Micro-CT）联用

显微 CT 基于 X 射线显微成像系统可以在三维空间内精确地定位特定结构的位置，并进行三维无损表征，结合 FIB/SEM 可精确地切割至特定位置的结构，进而对其进行更高分辨的成像及元素分析等表征。FIB/SEM 与 CT 的联用，让研究材料内部特定结构变得简单快捷。

3. FIB 与冷冻传输系统（Cryo）联用

该联用技术能够实现对电子束/离子束敏感材料、生物样品及含水样品的原位研究，这些样品通常无法进行加工或表征。FIB 与冷冻传输系统联用，能使样品处于低温环境下保持样品的原始信息。FIB 可在此条件下直接对样品进行离子束刻蚀或 SEM 成像，获取在室温条件下无法得到的内部结构信息。

4. FIB 与拉曼联用

将拉曼集成到 FIB/SEM 上，可实现新的样品表征：FIB/SEM 在纳米尺度内对样品表面结构表征，共焦拉曼成像则可检测样品的化学和分子成分。因此设备联用能够从同一样品区域采集 SEM 和拉曼图像，并通过一个显微镜系统将超结构和化学信息相互关联。

除这些联用技术外，聚焦离子束还和红外光谱、原子力显微镜、原位电学、原位力学、原位热学测试系统的联用技术也在蓬勃发展。聚焦离子束设备的高度扩展性为聚焦离子束的广阔发展奠定了坚实的基础。

思 考 题

1. 液态金属离子源的发射特征有哪些？

2. 为什么要选用静电透镜作为 FIB 的聚焦透镜？

3. 同样 30keV 能量下，Ga^+ 波长比电子短，但为什么 FIB（Ga^+）分辨率比场发射 SEM 的分辨率低？其他类型的离子也是这样吗？

4. 简述离子束与固体的相互作用过程。

5. Ga^+ 与固体的相互作用，相比于电子与固体的相互作用有什么不同？

6. 离子束扫描样品所获得的二次电子图像可以反映材料的哪些信息？

7. FIB 制备 TEM 样品有哪些技术？如何减少损伤层？

8. 简述 FIB 制备 APT 样品的过程。

9. 使用 FIB 可以表征样品的哪些性能？举例说明。

10. FIB 在哪些方面有发展？

参 考 文 献

［1］ ORLOFF J. High-resolutionFocused ion-beams ［J］. Review of Scientific Instruments，1993，64（5）：1105-1130.

［2］ HOFLICH K，HOBLER G，ALLEN F I，et al. Roadmap for focused ion beam technologies ［J］. Applied Physics Reviews，2023，10（4）：93.

［3］ 于华杰，崔益民，王荣明. 聚焦离子束系统原理、应用及进展 ［J］. 电子显微学报，2008，27（3）：243-249.

［4］ 陈文雄，徐军，张解东. 聚焦离子束（FIB）中的离子光学问题 ［J］. 电子显微学报，2002，21（4）：5.

［5］ MAYER J，GIANNUZZI L A，KAMINO T，et al. TEM sample preparation and FIB-induced damage ［J］. MRS Bulletin，2007，32：400-407.

［6］ REYNTJENS S，PUERS R. A review of focused ion beam applications in microsystem technology ［J］. Journal of Micromechanics and Microengineering（JMM），2001，11（4）：287.

［7］ VOLKERT CA，MINOR AM. Focused ion beam microscopy and micromachining ［J］. MRS Bulletin，2007，32（5）：389-399.

［8］　崔铮. 微纳米加工技术及其应用［M］. 4 版. 北京：高等教育出版社，2020.

［9］　PANDEY R K，KUMAR M，SINGH U B，et al. Swift heavy-ions induced sputtering in BaF2 thin films［J］. Nuclear Instruments and Methods in Physics Research Section B：Beam Interactions with Materials and Atoms，2013，314：21-25.

［10］　毛逸飞，吴文刚，徐军. 聚焦离子束致形变微纳加工研究进展［J］. 电子显微学报，2016，35（4）：369-378.

［11］　赛默飞世尔科技. 电子显微镜［Z］.［2024-11-26］. https://www. thermofisher. cn/cn/zh/home/electron-microscopy. html.

［12］　STEPANOVA M，DEW S. Nanofabrication：techniques and principles［J］. Springer Nature，2014：1-344.

［13］　WARD B W，NOTTE J A，ECONOMOU N P. Helium ion microscope：a new tool for nanoscale microscopy and metrology［J］. Journal of Vacuum Science & Technology. B，2006（6）：2871-2874.

［14］　CAO S，TIRRY W，VAN-DEN-BROEK W，et al. Optimization of a FIB/SEM slice-and-view study of the 3D distribution of Ni4Ti3 precipitates in Ni-Ti［J］. Journal of Microscopy，2009，233（1）：61-68.

［15］　LARSON D J，FOORD D T，PETFORD-LONG A K，et al. Focused ion-beam milling for field-ion specimen preparation：preliminary investigations［J］. Ultramicroscopy，1998，75（3）：147-159.

［16］　MILLER M K，RUSSELL K F，THOMPSON G B. Strategies for fabricating atom probe specimens with a dual beam FIB［J］. Ultramicroscopy，2005，102（4）：287-298.

［17］　Miller M K，Russell K F，Thompson K，et al. Review of atom probe FIB-based specimen preparation methods［J］. Microscopy and Microanalysis：The Official Journal of Microscopy Society of America，Microbeam Analysis Society，Microscopical Society of Canada，2007，13（6）：428-436.

［18］　梁雪，韩洪秀，黄娇，等. 聚焦离子束快速制备锆合金三维原子探针样品［J］. 实验室研究与探索，2018，37（08）：34-36.

第 **4** 章

同步辐射光源、中子源及表征技术

在纳米材料与技术的研究中，掌握材料从亚纳米到微米尺度的结构和行为至关重要。实现这一目标离不开先进光源表征技术，尤其是 X 射线技术和中子技术。随着现代同步辐射技术和中子源装置的迅速发展，各类基于 X 射线、中子的散射及谱学技术的应用也得到了显著的发展。X 射线技术因其出色的空间分辨率和一定的穿透能力，成为研究材料内部结构的重要工具。例如，在材料科学领域，X 射线衍射（XRD）能够精确测量晶体结构和元素组成，是最被人们所熟知的表征手段。而中子技术，因其对轻元素（如氢）的高灵敏度及对磁性材料的独特透视能力，成为与 X 射线技术形成互补的表征手段，为深入理解材料的物理和化学性质提供了新的视角。例如，小角中子散射和反射技术在复杂软物质体系中的结构分析和动力学行为研究，以及磁性材料的各项行为研究中均发挥着无可替代的作用。因此，灵活运用各类同步辐射 X 射线技术和中子技术，已经成为不同学科从基础研究到工业应用各个环节中不可或缺的研究工具。通过基于同步辐射光源、中子源的各类材料表征技术，研究人员能够更全面地理解、掌握和预测材料的微观行为，推动新材料、新方法、新技术的不断进步。

4.1　同步辐射光源与中子源

X 射线的产生涉及将高速电子通过加速器加速后引导到靶材上，电子与靶材原子发生相互作用时产生电磁辐射，即 X 射线。通过控制加速器参数和选择靶材，可以调节和控制 X 射线的能量、强度和光谱。中子的产生方式包括核裂变、加速器产生、中子反应堆和自然放射性衰变。核裂变是一种重要的中子产生机制，其中重核裂变成两个或多个轻核，同时释放出大量的中子。加速器产生的中子通常通过加速带电粒子（如质子）与靶材相互作用产生。中子反应堆则是专门设计用于产生中子的设备，通过核裂变反应过程产生中子。此外，一些天然放射性同位素的衰变过程中也会释放出中子。尽管 X 射线技术与中子技术的原理和应用有所不同，但它们在材料科学中发挥着重要作用。根据具体的研究需求和样品特性，可以选择合适的技术进行材料表征和分析，以获得所需的信息和数据。

4.1.1　X 射线与中子的基本性质

X 射线技术的历史可以追溯至 19 世纪末期的 1895 年，德国物理学家伦琴在进行阴极射线管实验时意外发现了一种新型辐射。当电流通过阴极射线管时，管外的屏幕上出现了一种能够穿透物体并在屏幕上产生影像的辐射，这种辐射称为 X 射线。这一发现引发了科学界的广泛兴趣，人们开始探索 X 射线的性质和潜在应用。随后的几年里，科学家们对 X 射线进行了系统的研究，并尝试将其应用于医学和工业领域。1896 年，首次在人体上使用 X 射线进行医学诊断的实验在德国进行，很快 X 射线就被用于诊断骨折、肿瘤和其他人体内部疾病。20 世纪初，X 射线技术在物质科学研究中的应用也取得了显著进展。1912 年，德国物理学家马克斯·冯·劳厄首次使用 X 射线开展了晶体学研究。1914 年，布拉格父子通过 X 射线衍射确定了材料的晶体结构。20 世纪中叶，随着电子学和计算机技术的发展，数字 X 射线成像技术的出现使医学影像学迈入了数字化时代。计算机断层扫描（CT）和数字放射摄影（DR）等技术的出现使医学影像学的分辨率和准确性得到了极大的提高。如今，X 射线技术已经成为化学、材料科学、生命科学、纳米技术等领域的重要工具。

1. X 射线的产生

X 射线的产生涉及将高速电子通过加速器加速后引导到靶材上，与靶材原子相互作用产生广义辐射和特征辐射，形成连续谱和特定能量的 X 射线。广义辐射是电子在减速过程中释放出的能量连续的 X 射线，而特征辐射是由内层电子跃迁导致的特定能量的 X 射线。这些步骤共同构成了 X 射线的产生过程。

连续 X 射线谱是 X 射线的一种特殊谱线，其特点是呈现连续的能谱分布而不是离散的谱线。连续 X 射线谱是由高能电子与原子的外层电子相互作用时产生的广义辐射形成的。当高速电子与原子的外层电子碰撞时，它们可能被原子核引力场束缚，但也可能受到相互作用的影响而被打出原子束缚，导致原子的外层电子脱离原子，形成自由电子。当这些自由电子再次被原子所束缚时，可能会释放出 X 射线，其能量分布是连续的，因为自由电子在被束缚时可以释放任意能量的 X 射线。因此，连续 X 射线谱是 X 射线的一个重要特征，提供了有关 X 射线产生机制和与物质相互作用的重要信息。

特征 X 射线谱则是由高能电子与原子内层电子相互作用时产生的 X 射线谱线。当高速电子与原子的内层电子碰撞时，可能会导致原子内层电子被激发到高能级。随后，这些激发态的电子会在短时间内返回到较低能级，释放出 X 射线。这些 X 射线的能量是由原子的电子结构决定的，因此它们具有特定的能量和频率，形成了一系列锐利的峰值，称为特征 X 射线谱线。每个元素都有其独特的特征 X 射线谱线，因此特征 X 射线谱线可以用于确定物质的组成和结构。

图 4-1 展示了铜管在 40kV 操作时的发射波长谱，其中 K_{α} 和 K_{β} 是光谱中的两个重要发射线。它们来自于原子的内层电子被外层电子跃迁所产生的辐射，对应着不同的能级跃迁。K_{α} 线是由原子的 K 壳层（最内层）到 L 壳层（次内层）的电子跃迁所产生的 X 射线辐射。K_{α} 线通常是 X 射线光谱中最强的谱线之一，其能量和波长相对较小；K_{β} 线是由原子的 K 壳层到 M 壳层（更外层）的电子跃迁所产生的 X 射线辐射。K_{β} 线的能量通常比 K_{α} 线要大，其强度一般比 K_{α} 线要弱。

X 射线既表现出粒子性质，又表现出波动性质，这一特性在量子力学中称为波粒二象性。从粒子性质的角度来看，X 射线可以看作由一系列能量不同的光子组成的粒子流。这些光子在与物质相互作用时，表现出光电效应、康普顿散射等现象。另一方面，X 射线也表现出波动性质。从电磁波的角度来看，X 射线是一种电磁辐射，具有特定的频率和波长。X 射线的波长通常在 0.01nm 到 10nm 之间，比可见光的波长要短，因此具有更高的能量和穿透能力。这种波动性质使得 X 射线可以产生干涉、衍射等波动现象，可以用来研究物质的结构和性质。

在实验室 X 射线系统中，光源通常是密封 X 射线管、旋转阳极或液态金属阳极。此外，同步辐射也是产生 X 射线的一种重要方法，相比其他 X 射线源，同步辐射不但提供了最高的光子通量，还允许使用不同的波长。密封 X 射线管的基本设计如图 4-2 所示。它包含一个放置在真空密封壳体中的丝状电子发射体（丝）和一个阳极（靶）。通过电流加热丝，使电子发射。在丝和阳极之间施加一定的高电压（约 30~60kV），以加速电子朝向阳极运动。当电子撞击阳极时，它们被减速，从而引起 X 射线的发射。这种辐射称为制动辐射或布莱姆斯辐射，它是一种具有广泛波长谱的辐射，其能量不超过施加的高电压（如 40kV 的限制为 40keV）。一部分电子将从阳极的原子中释放。然后，剩余电子的内部重新排列导致发射出与阳极材料（主要为铜）相关的，具有典型波长的特征辐射。X 射线管的强度（即光子数量）受到撞击阳极的电子的数量密度（电流）的控制。通常，铜管的操作功率为 2kW，可以通过将高电压设置为 40kV 和电子电流设置为 50mA 来实现。

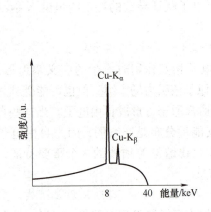

图 4-1　铜管在 40kV 操作时的发射波长谱

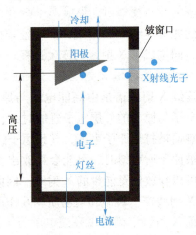

图 4-2　密封 X 射线管示意图

同步辐射 X 射线是一种具有高亮度、宽能谱范围和高度准直特性的电磁辐射，通常由同步辐射装置中高速运动电子在磁场中偏转时发出。这些同步辐射装置通常是由电子加速器和磁体组成的设备，通过高能电子束与磁场的相互作用产生。在同步辐射源中，高能电子通过电子加速器加速到接近光速的速度。然后，这些高速电子进入磁体区域，在磁场的作用下进行弯曲或偏转。当电子在磁场中弯曲或偏转时，它们会产生加速度，释放出电磁辐射。这个过程产生的辐射波长范围从远红外到硬 X 射线，包括可见光、紫外线、软 X 射线和硬 X 射线等。因此，相比于实验室级的 X 射线装置，同步辐射 X 射线具有高亮度、宽能谱和短脉冲时间等特点。

2. X 射线的散射

X 射线与物质的相互作用是一个

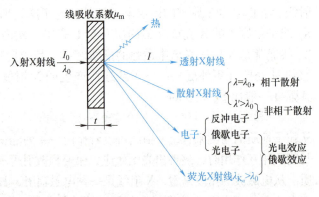

图 4-3　X 射线与物质的相互作用示意图

多方面的过程，如图4-3所示，包括光电效应、特征X射线发射等机制。当X射线与物质相互作用时，它们可能会将物质的内层电子释放出来，改变X射线的传播方向和能量，或者激发原子的内层电子并产生特定能量的X射线。此外，X射线在物质中传播时也可能会发生反散射和吸收。

X射线的散射是指X射线与物质相互作用时发生的现象。这种相互作用可以导致X射线的能量和方向发生改变。X射线的散射通常涉及X射线与物质中的电子或原子核之间的相互作用，可分为弹性散射和非弹性散射，如图4-4所示。

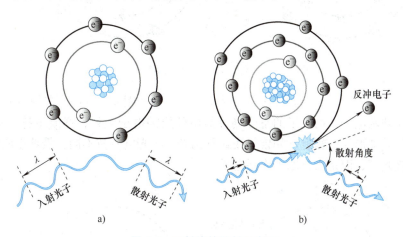

图 4-4　X 射线的散射示意图

a）弹性散射　b）非弹性散射

在弹性散射中（也称为相干散射或汤姆逊散射），X射线与物质中的电子或原子核相互作用，但不会改变其能量。这种散射会导致X射线的方向发生改变，但其能量保持不变。在晶体学中，弹性散射可以产生衍射图样，这些图样包含有关晶体结构的信息，因此被广泛用于确定材料的晶体结构。在非弹性散射中（也称为非相干散射或康普顿散射），X射线与物质相互作用后，会改变其能量。这种散射通常涉及X射线与物质中的电子发生能量转移的过程，从而导致X射线的能量损失或增加。非弹性散射在X射线吸收光谱学中非常重要，可以用来研究材料的电子结构和能级分布。

3. X 射线的吸收

X射线的吸收是指X射线通过物质时，光束中部分或全部能量被物质吸收的过程。X射线在物质中的吸收程度取决于几个因素，包括X射线的能量、物质的密度和成分，以及物质的厚度等。X射线的吸收过程主要包括光电效应和俄歇效应。

光电效应是指当光子（如X射线或紫外线）与物质中的原子相互作用时，能量足够大以至于能够将原子中的束缚电子从原子中释放出来的现象，如图4-5所示。具体来说，当光子的能量足够高时，它们可以将物质中的内层电子从原子的束缚态中击出，形成自由电子，同时使得原子变为带正电的离子。这一过程使得光子的能量完全或部分被吸收，而原子内层的空位则可能由外层的电子填补，释放出特定能量的X射线，称为特征X射线。光电效应的发生与光子的能量、原子的电子结构及物质的性质等密切相关，在X射线成像、光电二极管和光电倍增管等技术中具有重要作用。

俄歇效应是指当高能光子（如X射线或紫外线）与物质中的原子相互作用时，将原子

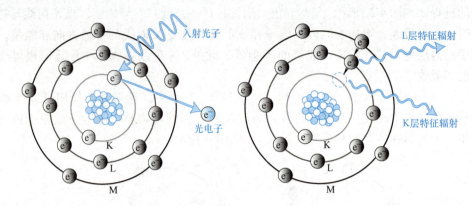

图 4-5　光电效应示意图

的内层电子从原子中击出，同时使得原子处于激发态，如图 4-6 所示。在俄歇效应中，被击出的电子称为俄歇电子，而原子的空位则可能由外层的电子填补，释放出特定能量的 X 射线，也可以是其他形式的辐射，如紫外线或可见光。与光电效应不同，俄歇效应中释放出的电子并非来自光子，而是来自原子内层电子。

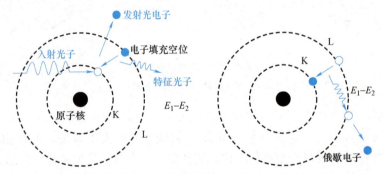

图 4-6　俄歇效应示意图

4. 中子与物质的相互作用

中子是构成原子核的基本粒子之一，其电荷为零，质量稍大于质子。作为费米子，中子具有自旋 1/2，遵循泡利不相容原理。中子在核反应、核衍射、中子吸收和散射等过程中发挥着至关重要的作用。在核能研究中，中子被广泛用于诱发核裂变和核聚变，为核能的应用提供能量。此外，中子衍射技术在材料科学中用于研究晶体结构和材料性质，而中子散射则可提供关于物质内部结构和动力学行为的详细信息。在生物学领域，中子与生物分子相互作用的研究有助于理解生物体内部结构和功能。

中子与物质的相互作用是多方面的，涵盖了从微观到宏观的各个层面，如图 4-7 所示。首先，中子在物质中的传输过程中会发生弹性散射和非弹性散射，从而提供关于物质内部结构和成分的信息。这种散射过程是中子散射技术的基础，可用于研

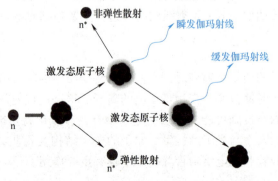

图 4-7　中子与物质的相互作用示意图

究材料的晶体结构、分子结构、磁性等性质，对于材料科学和凝聚态物理学的研究至关重要。其次，中子可以被物质中的原子核吸收，从而引发核反应。这种吸收过程可以导致原子核的激发态或产生新的核素，例如核裂变或核聚变。在核能研究中，中子是引发核反应的重要驱动因素，在核电站中用于控制核反应堆中的裂变过程，同时也是实现未来核聚变能源的关键。此外，中子对生物分子的相互作用也引起了广泛的关注。中子与生物分子如蛋白质、核酸等的相互作用研究，有助于理解它们的三维结构和功能机制。例如，中子衍射技术可用于解析生物大分子的高分辨率结构，对于药物设计和疾病治疗至关重要。总之，中子与物质的相互作用在材料科学、生命科学、纳米技术、核能研究等领域都具有重要的应用价值。

4.1.2　同步辐射光源

同步辐射光源是通过高能电子在粒子加速器中被磁场偏转时产生的电磁辐射。这些电子束在磁场中弯曲或偏转时会产生辐射，其频谱范围从远红外到硬 X 射线，具有高亮度、宽频谱、高方向性和良好准直性等特点。同步辐射光源通常由电子加速器和磁体组成，电子加速器用于加速电子，而磁体用于弯曲或偏转电子束。同步加速器是一种圆形粒子加速器，如图 4-8 所示，可以将带电粒子从低能量加速到高能量，或者将粒子在圆形轨道上保持恒定能量循环运动，持续数小时甚至数天，称为储存环。电子储存环是同步辐射光源的核心部分。电子在储存环中循环运动时，通过三个路径上的主要光源组件时（弯曲磁铁、摇摆器和束流线），会产生同步辐射。这种同步辐射在广泛的波长范围内非常强烈，从红外线、可见光和紫外线，一直到电磁谱的软 X 射线

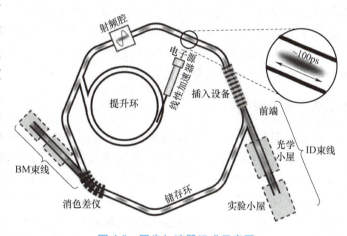

图 4-8　同步加速器组成示意图

和硬 X 射线部分，其强度、方向性和准直度远高于实验室 X 射线源。弯曲磁铁辐射具有宽广的光谱和良好的光子通量；摇摆器辐射提供更高能量的光子和更多的光子通量；而束流线则提供更亮的辐射，具有更小的光斑尺寸和部分相干性。

同步加速器一般由五个主要组件组成：

（1）电子源（E-gun）　通常由热丝产生的热电子发射来生成电子，位于电子枪中。这些电子通过线性加速器（LINAC）加速到约 100MeV。同步加速器需要定期补充电子，因为它们在运行过程中不断损失，这是与储存环中残余气体粒子的碰撞导致的。

（2）提升环（Booster Ring）　电子从线性加速器中进入提升环，并被进一步加速。它们可以被加速到与主储存环中的电子相同的能量。然后定期将它们注入储存环，以维持指定的储存环电流。

（3）储存环（Storage Ring）　包含电子，并通过一组磁铁维持它们在闭合路径上，通常称为环的"磁铁阵列"。这些磁铁主要有偏转（或弯曲）磁铁、四极磁铁和六极磁铁三种类

型。偏转（或弯曲）磁铁使电子改变其路径，从而沿着闭合轨道运动；四极磁铁用于聚焦发散的电子束；六极磁铁用于校正由四极磁铁聚焦引起的色差。

（4）射频腔（RF）　电子因发射同步辐射而损失能量。如果不补充这部分能量，则电子将会螺旋进入储存环的内壁并丢失。这个过程通过一个射频腔（RF）实现，每次电子通过时都会向其提供恰到好处的额外能量。

（5）插入设备（Insertion Device）　束线沿着插入设备的轴和弯曲磁铁的切线方向从储存环侧向延伸。光束之后通常在光学小屋内被聚焦和/或单色化，然后进入实验小屋。对于产生高能 X 射线的束线，小屋使用铅衬垫、厚混凝土墙进行屏蔽，以保护用户不仅免受 X 射线，还免受伽马射线和高能中子的影响。小屋内的实验通常是远程执行的，从辐射区外部执行。

在全球范围内，知名的同步加速器包括高能同步辐射光源（HEPS）、上海同步辐射光源（SSRF）、美国阿贡国家实验室的先进光子源（APS）、美国布鲁克海文国家实验室的国家同步辐射光源 Ⅱ（NSLS-Ⅱ）、欧洲核子研究组织（CERN）、斯坦福线性加速器中心（SLAC）、德国电子同步加速器（DESY）、日本高能加速器研究机构（KEK）的大型同步辐射光源 SPring-8 等。这些设施在粒子物理、加速器科学及材料研究等领域发挥着关键作用，为科学家们提供了进行前沿研究所需的先进实验设备和资源。值得一提的是，同步辐射 X 射线和普通 X 射线各有其独特的优点和应用场景。同步辐射 X 射线由于其高亮度和广谱特性，在尖端科学研究中具有不可替代的作用，而普通 X 射线则以其操作简便和广泛应用在日常成像和分析中也占据着独特的地位。

4.1.3　中子源

在普通凝聚物中，中子被束缚在原子核内。中子可以通过几种不同的核反应被释放出来。查德威克（Chadwick）在 1932 年通过 α 粒子与铍核碰撞的核反应发现了中子。一个 α 粒子（一个氦-4 核）与一个铍-9 核碰撞。碰撞导致铍核激发，分裂成一个碳-12 核和一个中子。查德威克观察到，这种反应产生的辐射能够比预期更有效地穿透材料，而不同于 α 粒子或 γ 射线。通过进一步的实验和对这种辐射的特性进行分析，查德威克得出结论，这些辐射由带有大约与质子相同质量的无电荷粒子组成，故将这些粒子称为"中子"，因为它们缺乏电荷。

在高通量中子散射设施中，通常采用两种不同的方法来产生中子。其中之一是核裂变（Fission），具体来说是在核反应堆中引起的中子诱导裂变。这是指重核（如铀 235）吸收中子，随后分裂成两个或更多轻核，伴随着每个裂变平均释放大约 2.4 个中子，每个被释放的快中子的平均动能为 1~2MeV，如图 4-9 所示。在稳定的核中，中子的数量等于或超过质子的数量，并且中子/质子比随着原子序数 Z 的增加而增加。因此，当一个重核裂变成稳定的轻核时，中子将被释放出来。

核反应堆的核心包含可裂变燃料元件，这些元件的排列使得一个裂变释放的中子与其他核碰撞时，有很高的概率诱导至少一次额外的裂变。这反过来又诱导了另一次裂变，如此循环，引起了链式反应。在中子束反应堆中，大多数未参与裂变反应的多余中子会从核心中逃逸出去。为了适用于散射实验，这些中子必须通过减速器将它们的动能从约 1MeV 减少到小于 1eV。这是在调制材料中进行的，调制材料是一种通过与调制物质的核多次碰撞来减慢中子速度的介质。经过许多次碰撞后，中子达到热平衡，其能量分布为麦克斯韦分布，其平均

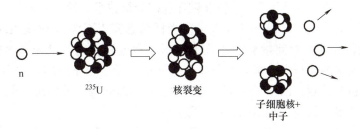

图4-9　铀-235核的中子诱发裂变示意图

动能由调制剂的温度确定。实际的调制剂物质包括25K的液态氢、300K的液态水和2400K的固态石墨。从这些调制剂中出来的中子分别称为冷、热和热中子。从调制剂出来后，中子沿着束管和导管被传输到中子散射仪器。

另一种产生中子的方法是散裂（Spallation）。核散裂是指高能（约1GeV）质子轰击重核靶原子核，使其释放出多个轻核碎片及中子的过程，如图4-10所示。环形加速器或线性加速器可以用来产生接近光速运行的质子脉冲。散裂靶由重金属制成，通常是钨、汞或铅。在碰撞中，质子进入靶核并将其置于

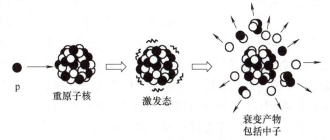

图4-10　质子诱导散裂示意图

短暂的、高度激发的状态，该状态随后迅速衰变，伴随着轻核、中子和其他基本粒子的发射。去激发过程也可能导致裂变。每个高能质子可诱发产生10~30个中子，其平均能量约为20~30MeV。这些中子在类似于反应堆源中使用的调制器中减速，然后被输送到束管中传输到仪器中。

与产生恒定中子通量的反应堆源不同，散裂源产生的中子以一系列脉冲的形式出现，其频率在10~60Hz之间变化，具体取决于设施。大多数散裂源在调制器后具有约100μs的脉冲持续时间。从调制器出来的中子具有一定能量和速度的分布，但随着它们沿着束线传播，它们在空间和时间上会扩散，快速中子会比慢速中子先到达。因此，可以通过测量中子在已知距离上的飞行时间来确定中子的速度（因而确定其能量和波长）。散裂源的中子仪器采用各种时间飞行技术，以最大限度地利用源的脉冲结构来进行不同类型的测量。

4.1.4　当代设备和技术进展

X射线技术主要包括：

（1）X射线衍射（XRD）　一种重要的材料表征技术，利用X射线与晶体结构相互作用的原理，通过衍射现象来分析晶体的结构信息。当入射的单色X射线束照射到晶体上时，由于X射线与晶格原子的周期性排列相互作用，会出现衍射现象，即X射线在晶体中被散射成不同方向上的特定角度。通过测量这些衍射角度和强度，可以推断出晶体的晶格常数、晶体结构、晶面间距等信息，从而揭示材料的结构和性质，为材料科学、固体物理、化学等领域的研究提供了重要的手段和依据。

（2）**X 射线荧光光谱（XRF）** 一种非破坏性的分析技术，通过研究样品受到 X 射线激发后发出的荧光辐射来确定样品的化学成分。当样品暴露于高能 X 射线束时，其原子会吸收 X 射线的能量，并在短时间内释放出荧光辐射。通过测量这些荧光辐射的能量和强度，可以确定样品中元素的类型和含量。X 射线荧光光谱广泛应用于金属、岩石、矿物、玻璃、陶瓷等材料的分析和检测，以及考古学、地质学、环境监测等领域的研究中，为科学研究和工业生产提供了准确、快速、无损的分析手段。

（3）**X 射线光电子能谱（XPS）** 一种表面分析技术，通过研究材料表面被 X 射线激发后发射的光电子能谱来分析材料的表面化学成分和电子结构。当材料表面暴露在 X 射线束中时，X 射线会使表面原子发射出光电子。通过测量这些光电子的能量和强度，可以确定表面元素的种类、化学状态和浓度，从而提供有关材料表面的详细信息，如表面化学反应、表面吸附物、氧化状态等。X 射线光电子能谱广泛应用于材料科学、表面化学、纳米技术、薄膜研究等领域，为理解和控制材料表面性质提供了强大的工具。

（4）**X 射线成像** 一种重要的医学诊断技术，通过使用 X 射线束对人体或物体进行照射，并捕获透射 X 射线的图像来获取内部结构信息。X 射线能够穿透人体组织，不同密度的组织对 X 射线的吸收程度不同，从而形成清晰的影像，显示出骨骼、内脏器官和其他异常结构。X 射线成像被广泛应用于检测骨折、肿瘤、肺部疾病、消化道问题等医学诊断，并在工业领域用于检测材料缺陷、测量物体尺寸等。

中子技术在多个领域具有广泛的应用：

1）**中子衍射是利用中子与晶体中原子核的相互作用，研究晶体结构的一种技术。** 通过测量中子的散射角度和强度，可以确定晶体的晶格结构、原子间距、晶体缺陷等信息，对于材料科学和固体物理学的研究具有重要意义。

2）**中子散射是利用中子与原子核和电子的相互作用，研究物质的结构和动力学性质的一种技术。** 中子散射可以提供关于物质的结构、动态行为、磁性和晶体学信息，广泛应用于材料科学、生命科学和化学等领域。

3）**中子活化分析是利用中子与原子核相互作用，使样品中的原子核发生放射性转变，从而确定样品中元素的含量和分布的一种技术。** 中子活化分析具有灵敏度高、选择性好、非破坏性等优点，广泛应用于地球化学、环境科学、医学和考古学等领域。

4）**中子断层成像是利用中子对不同原子核的散射差异，对物体进行成像的一种技术。** 与 X 射线成像相比，中子断层成像对于轻元素（如水、碳等）和重元素（如铀、铅等）的区分能力更强，因此在医学、考古学和材料科学等领域有着重要的应用。

5）**中子俘获治疗是一种利用中子与组织中的原子核相互作用，产生放射性核反应以杀伤肿瘤细胞的放射治疗技术。** 中子俘获治疗对于治疗某些特定类型的肿瘤具有独特的优势，如深部肿瘤和放射抵抗性肿瘤。

本章主要聚焦于 X 射线、中子技术在材料科学和纳米技术领域的应用。

4.2　X 射线衍射（XRD）

X 射线衍射（X-ray Diffraction，XRD）是一种利用 X 射线与物质相互作用来研究物质结构的技术。当一束 X 射线照射到晶体物质时，X 射线会被晶体中各原子面所散射。由于晶体具有周期性的原子排列，这些散射波会发生干涉，在特定角度形成衍射图样。通过测量这些衍射角度和强度，可以反推出晶体的三维结构信息，包括原子间距、晶格参数、晶体取向等。

4.2.1　X射线衍射的基本原理

X射线衍射本质上是一种散射现象，其中涉及大量的原子。由于晶体中的原子是周期性排列的，被这些原子散射的X射线可以在一些方向上构成相干干涉。如果原子不是按照规律的周期性方式排列，那么被它们散射的射线将彼此具有随机的相位关系。在这种情况下，既不会发生相长干涉也不会发生相消干涉，而特定方向上的散射强度将是该方向上所有散射射线的强度之和。

1. 布拉格定律

布拉格定律（Bragg's Law）描述了X射线在晶体中的衍射现象，其公式为

$$n\lambda = 2d\sin\theta \tag{4-1}$$

式中，λ是X射线波长；d是晶面间距；θ是衍射角；n是衍射的级次，为整数。

这个关系最初由布拉格推导出来，称为布拉格定律或方程。该定律表明，当X射线以特定角度入射并在晶体内多个平行晶面上发生散射时，如果散射路径差等于波长的整数倍，将形成相长干涉，产生衍射峰。通过布拉格定律，可以测量晶体的晶面间距和结构特征，广泛应用于晶体结构解析、材料科学和生物大分子研究中，用于确定晶体结构、分析材料成分及解析蛋白质和其他生物大分子的三维结构。

2. X射线衍射的强度

X射线的衍射强度实际上反映了其晶体组成，不但与晶胞的大小有关，还与晶体中原子的种类、数量以及原子所处的位置有关，通常表达为

$$I_{\mathrm{hkl}} = K \cdot F_{\mathrm{hkl}}^{2} \cdot P_{\theta} \cdot F_{\theta} \cdot \frac{1}{V} \tag{4-2}$$

式中，I_{hkl}是晶面（hkl）的XRD峰强度；K是比例常数，包含了仪器和实验条件的影响；F_{hkl}是晶面（hkl）的结构因子，描述了晶格中原子的散射振幅和相位；θ是入射角（入射X射线与晶面的夹角）；P_{θ}是几何因子，描述了入射X射线和晶面的几何关系；F_{θ}是形状因子，考虑了晶体中原子分布的不规则性对衍射强度的影响；V是晶胞体积。

X射线衍射峰强度是X射线衍射实验中非常重要的参数，它包含了大量有关晶体结构和性质的信息晶体结构分析：

1）可以用于确定晶体的结构。根据布拉格定律，晶体中的原子或分子会导致入射X射线在特定方向上的相干散射，形成衍射峰。衍射峰的位置和强度反映了晶体中原子的周期性排列和散射振幅。通过分析衍射峰的强度和位置，可以推断晶格参数、晶体对称性和原子排列方式，从而确定晶体结构。

2）可以用于进行相对定量分析。由于衍射峰的强度与晶体中原子的类型和数量相关，因此可以利用衍射峰的强度比进行相对定量分析。通过比较不同衍射峰的强度，可以确定晶体中不同元素的含量比例。

3）X射线衍射峰强度对于表征材料的晶体结构、晶粒尺寸、应力状态等具有重要意

义。衍射峰的形状和宽度反映了晶体的结构特征和晶粒大小分布。衍射峰的强度和位置可以用来研究材料的晶格畸变、相变、应力状态等物理和化学性质。

4）X 射线衍射峰强度可以用于质量控制和材料鉴定。通过比对实验数据与标准库中的衍射图样，可以确定样品的成分和晶体结构，从而进行质量控制和材料鉴定。X 射线衍射峰强度也可用于鉴定未知物质的组成和结构。

5）很多材料在温度、压力等条件下会发生相变，X 射线衍射峰强度可以用来研究这些相变过程。通过监测衍射峰的移动和强度的变化，可以揭示材料的相变机制和相变温度等重要信息。

4.2.2 实验方法与数据分析

同步辐射 XRD 和普通 XRD 在光源特性、性能和应用领域上存在显著差异。同步辐射 XRD 利用高亮度、宽波长范围的同步辐射光源，具备极高的分辨率和灵敏度，能够进行超快时间分辨实验和相干衍射成像，适用于复杂材料分析、极端条件实验和生物大分子的精细结构研究，如晶体结构的精确测定、提高晶体结构精细化程度、衍射峰线形分析、能量色散衍射、掠入射衍射等。而普通 XRD 使用常规 X 射线管，具有固定波长和较低的光源亮度，适合常规晶体结构测定和材料分析，操作简便，成本较低，适用于日常科学研究和工业应用中的质量控制。

1. 实验方法

XRD 技术通常应用于晶体粉末，其中样品是由大量小型、随机取向的晶体组成的多晶材料。该方法也适用于具有优选取向的结晶体形成的粉末。通常研究晶粒尺寸为几微米的多晶材料粉末。在这种情况下，假设对于具有任何间隙距离 d_{hkl} 的晶体学平面，总会有一部分正确取向的晶体满足布拉格定律。XRD 实验通常不会产生单一方向的衍射光束。相反，由于晶体的随机取向，会存在一组方向上的衍射光束，组成所谓的"布拉格衍射锥"，如图 4-11 所示。

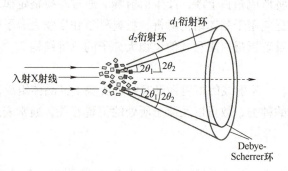

图 4-11　使用 XRD 方法观察到的布拉格衍射锥起源

2. 仪器组成与数据分析

XRD 仪器通常包括以下主要部件：X 射线源、样品台、检测器和数据处理系统。X 射线源产生用于照射样品的 X 射线，通常使用钨或铜阳极管产生特定能量的 X 射线；样品台用于放置样品，并确保其在 X 射线照射下保持稳定的位置和取向；检测器用于测量样品散射的 X 射线，并转换为电信号，常见的检测器包括点阵探测器、闪烁探测器和曝光片；数据处理系统用于记录和分析检测到的 X 射线衍射图案，通常包括数据采集软件和数据分析软件，用于解析和解释样品的晶体结构和性质。整个系统的精确校准和合理配置对于获得可靠的实验结果至关重要。

典型 X 射线衍射仪的基本组件如图 4-12 所示。来自 X 射线源的准直束照射到放置在样品架上的样品上，样品架可以设置在任何所需角度与入射束相对。探测器测量衍射束的强度；它可以围绕样品旋转并设置在任何所需的角度位置。样品架可以独立旋转，或与探测器一起围绕其中心旋转。衍射仪测量入射束和检测束之间的夹角 2θ。在对称扫描中（通常称为 θ-2θ 扫描或 2θ-θ 扫描），样品架与探测器以固定关系同步旋转，从而保持入射角 θ 与衍射角 2θ 之间的对称性，满足布拉格衍射条件。

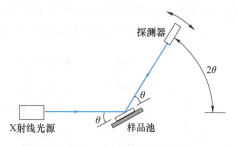

图 4-12 典型 X 射线衍射仪的基本组件

XRD 数据分析是一项复杂而重要的过程，通常包括多个步骤：首先，对实验数据进行预处理，包括背景消除、噪声滤除和数据校准，以确保数据的准确性和可靠性；接着，利用峰识别算法识别出衍射峰的位置，可以采用不同的方法如峰搜索、峰拟合等；然后，对每个衍射峰进行参数提取，包括峰强度、峰宽度和峰形等，这些参数反映了样品中晶体结构和相位信息；进一步，进行相位分析，通过比对实验数据与标准数据库或参考图样，确定样品中可能存在的晶相，并推断晶体结构和组成；最后，对数据进行可视化展示，通常绘制 XRD 图谱、峰形图或参数分布图，以直观地展示实验结果。

4.2.3 案例研究与最新进展

XRD 技术可用于研究纳米材料，与微晶材料的情况没有显著差异。然而，由于纳米晶体不能满足理想、完美和无限晶体的假设，布拉格峰会发生明显的展宽。因此，应用于纳米材料的 XRD 技术提供了有关样品晶粒外部形态的重要信息，而在微晶材料的情况下，只能获得内部晶体学信息。

1. 硫化镉（CdS）的结构研究

硫化镉（CdS）是一种广泛应用于纳米科学技术领域的量子点材料。作为纳米颗粒，其带隙、颜色及其他电子和光学特性，都取决于其大小和形状。CdS 最稳定的晶体结构是纤锌矿（Wurtzite）结构。从晶体学数据模拟得到的 CdS 的 X 射线衍射图样如图 4-13 所示。CdS 的 X 射线衍射图样中的前三个峰对应于 CdS 的（100）、（002）和（101）晶面。X 射线衍射图样上还标记了更高的指数晶面。

当晶粒尺寸从块体减小到纳米尺度时，X 射线衍射峰随晶粒尺寸减小而展宽。由谢乐（Scherrer）公式

$$D = \frac{k\lambda}{\beta\cos\theta} \tag{4-3}$$

可以定量描述特定衍射角度 θ 处峰的展宽，因为它将晶体颗粒尺寸 D 与峰半高处的宽度 β 联系起来。X 射线波长 λ 是取决于所使用的 X 射线类型的常数。每个峰可以独立评估，并且只要样品可以粗略近似为均匀的球形颗粒，就应该产生一致的晶体颗粒尺寸。

图 4-14 显示了与图 4-13 中相同的纤锌矿 CdS 块体 X 射线衍射图样，以及具有较小晶体颗粒尺寸的 CdS 的 X 射线衍射图样。随着尺寸从块体（近似为 $1\mu m$）减小到 50nm，观察到轻微的峰展宽。从 50nm 减小到 25nm 的晶体颗粒尺寸会导致更明显的峰展宽。随着晶体颗粒尺寸进一步减小，峰展宽显著增加。在低于 10nm 时，峰展宽非常显著，信号强度较低，峰之间重叠，很难分辨。具有晶体颗粒尺寸低于 5nm 的颗粒变得难以分析，原因是峰展宽和信噪比都较低。尺寸相关的 X 射线衍射峰展宽对纳米材料的表征具有重要意义。例如，

如果透射电子显微镜分析显示具有平均直径为 10nm 的球形颗粒，但 X 射线衍射图样具有更符合具有较大晶体颗粒尺寸的颗粒的尖锐峰，那么大部分块体样品不是由 10nm 颗粒组成的；很可能显微观察到的 10nm 颗粒只代表少数亚群。

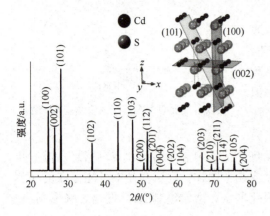

图 4-13　模拟和标记的 1μm 纤锌矿 CdS 粉末 X 射线衍射图样（插图为纤锌矿 CdS 的晶体结构，其中突出显示了（100）、（002）和（101）晶面）

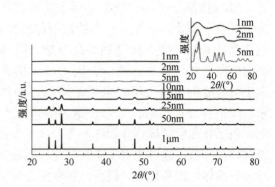

图 4-14　纤锌矿 CdS 球形颗粒的模拟粉末 X 射线衍射图样（尺寸范围从 1μm 到 1nm 不等，插图显示了 1nm、2nm 和 5nm 的 X 射线衍射图样）

2. 最新进展

XRD 技术在最近的发展中取得了显著进步。一项主要的进展是仪器的性能提升，包括更高的分辨率、更广的探测范围及更快的数据采集速度。现代 XRD 仪器具有更高的灵敏度和更广的应用范围，可以用于分析各种类型的样品，包括晶态材料、非晶态材料、纳米材料和生物材料等。此外，新的 XRD 技术还涉及样品制备和处理方面的创新，如高温/高压条件下的原位测量和样品表面形貌的三维重建等。另一个重要的进展是 XRD 技术与其他表征技术的整合，如 XRD 与扫描电子显微镜（SEM）和透射电子显微镜（TEM）的联用，可以实现对材料结构和性能的多方面分析。

其中 Rietveld 方法是一种基于 X 射线衍射数据的先进分析技术，用于确定晶体材料的结构和相对含量。该方法的核心思想是通过比较实验观测到的 X 射线衍射图案与理论计算模型的差异，利用最小二乘法对模型参数进行调整，从而使模拟的衍射图案与实验数据最佳拟合。在进行 Rietveld 分析之前，研究人员首先需要建立样品的晶体结构模型。这包括确定晶胞的晶格参数、晶体的空间群对称性、各个原子的位置坐标以及可能存在的热振动因素。然后，利用合适的计算程序（如 Rietveld 精修软件），将建立的晶体结构模型转化为计算模型，并计算模拟的 X 射线衍射图案。接下来，通过最小二乘法将模拟的衍射图案与实验数据进行比较，并调整模型参数，使模拟图案与实验数据尽可能吻合。在拟合过程中，通常需要优化晶胞参数、原子位置、热振动因子等模型参数。一旦拟合达到满意的程度，就可以从拟合参数中提取出样品的晶体结构信息，包括晶格常数、晶胞中原子的位置和热振动等。Rietveld 方法的优势在于它能够精确地确定样品中不同相的相对含量，并对样品的晶体结构和晶体学特征进行定量分析。这使得 Rietveld 方法成为研究晶体材料相变、晶体生长机制、晶格畸变等问题的重要工具。此外，Rietveld 方法还可以结合其他分析技术，如能谱分析和热分析，为材料的综合表征提供更全面的信息。

此外，X 射线衍射对分布函数（Pair Distribution Function，PDF）是一种强大的分析技术，用于研究材料的局部结构和原子间相互作用，如图 4-15 所示。这种技术的发展源于对传统 X 射线衍射方法的拓展，它能够克服晶体周期性的限制，从而可以应用于更广泛的材料类型，包括非晶态材料、纳米材料和无定形材料等。XRD-PDF 技术的工作原理是通过分析 X 射线衍射图案中原子对之间的相互关系，来推断材料的局部结构。具体来说，XRD-PDF 技术利用布拉格定律计算出衍射信号的强度和位置，然后将这些信息转化为 PDF，即描述原子对之间距离分布的函数。通过分析 PDF，可以揭示材料中的短程有序结构、局部畸变以及纳米尺度下的相分布情况。在材料科学领域，XRD-PDF 技术用于研究非晶态合金、无定形材料、玻璃、陶瓷等复杂材料的结构特征和相变行为。在生物学领域，XRD-PDF 技术可用于研究生物大分子的结构，从而揭示其在生物功能和药物设计中的作用机制。

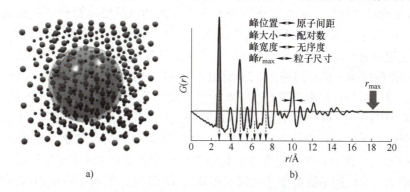

a)

b)

图 4-15　X 射线衍射对配对分布函数分析

a）CeO_2 在实际空间中的原子分布，以及以原子为中心、半径为 r 和环形厚度为 dr 的球体

b）由高能 X 射线总散射得到的配对分布函数 $G(r)$

4.3　X 射线吸收精细结构谱（XAFS）

在前面的章节中，探讨了如何通过分析 X 射线与物质的相互作用及其产生的衍射图样，依据布拉格定律来确定物质的晶体结构。然而，除 X 射线衍射外，人们还可以利用物质对 X 射线的吸收来分析材料的微观结构和物理化学性质。这里，将介绍一种常用的表征手段，X 射线吸收精细结构谱（XAFS）。XAFS 是建立在 X 射线吸收基础上的一种谱学技术，主要用于研究物质中选定元素在原子和分子尺度上的局部结构。XAFS 不仅适用于晶体材料，还可以应用于缺乏长程有序结构的非晶态材料，包括玻璃、准晶体、无序薄膜、溶液、液体、金属蛋白和气态分子等。该特性使得 XAFS 在物理、化学、材料科学、纳米科学、生物学、环境科学、地质学等多个学科中发挥作用。

4.3.1　X 射线吸收精细结构谱（XAFS）的基本原理

1. XAFS 技术的发展

在前面的章节中，已经介绍了 X 射线的能量范围大约为 500eV～500keV，对应的波长范围为 0.25～25Å。在这个能量区间，所有物质都会通过光电效应吸收 X 射线。在光电效应中，X 射线光子被原子内紧密束缚的量子核心层电子（如 1s 或 2p 层）吸收。只有当入射 X 射线的能量超过核心层电子的结合能时，这些电子才参与吸收；如果结合能更高，X 射线则无法被吸收。当电子被移除时，X 射线光子被消耗，超出电子结合能的能量会转化为被释放电子的动能。这一过程由爱因斯坦在 1905 年首次提出，并且对理解 X 射线与物质的相互作用及 XAFS 技术的发展至关重要。

1913 年，Maurice De Broglie 首次测量了 X 射线吸收边，开启了 X 射线吸收光谱学的研究。1916 年，Siegbahn 和 Stenstrom 通过使用真空 X 射线光谱仪精确测量 X 射线的波长，系统地研究了 X 射线与物质相互作用的物理过程。到了 1920 年，Fricke 首次在实验中观察到了原子的 K 边精细结构，这些观察揭示了核外最内层电子（K 壳层电子）与 X 射线相互作用时的细节。同样在 1920 年，Hertz 观察到了原子的 L 边结构，这关涉到原子中次内层（L 壳层）电子的吸收现象，这些发现为理解电子能级和原子结构提供了关键的实验数据。1931 年，Hanawalt 通过 XAS 精细结构谱不仅观察到了样品的化学和物理状态，还展示了样品在固相和液相中的不同精细结构，如 $AsCl_3$ 和单原子蒸汽 Zn、Hg、Xe 和 Kr，这些观察证明了 XAFS 在物质结构表征中的潜力。20 世纪 30—60 年代，尽管 Kronig 对 XAS 谱的精细结构进行了初步理论解释，但由于受到当时实验技术和计算能力的限制，XAFS 技术的发展相对滞后。直到 1971 年，Sayers、Stern 和 Lytle 的开创性工作，通过对波数空间（k 空间）的谱图进行傅里叶变换，成功地分离了不同原子配位壳层的信号，从而极大地推动了 XAFS 技术的发展。1974 年，使用同步辐射光源采集的 XAFS 光谱进一步证实了这一技术的有效性。自那以后，借助同步辐射的高亮度和宽波长范围，XAFS 光谱的两个主要组成部分，扩展 X 射线吸收精细结构（Extended X-ray Absorption Fine Structure，EXAFS）和 X 射线吸收近边结构（X-ray Absorption Near-Edge Structure，XANES），逐渐成为探测未知材料局部结构和化学环境的重要工具，特别是在纳米材料科学领域的研究中发挥了关键作用。

2. X 射线吸收和光电效应

前面的内容提到，X 射线与物质相互作用时主要发生吸收和散射两种现象。当 X 射线穿过物质时，会通过光电效应、康普顿散射和电子对效应等机制与物质中的原子发生相互作用，其强度也因此而衰减。其中，光电效应在这些相互作用中尤为重要，特别是在 X 射线与原子的内层电子相互作用时。在光电效应中，如果 X 射线光子的能量高于原子核心电子的结合能，则该电子可以吸收光子。吸收了光子能量的电子获得足够的能量超越其结合能，从而被从其原子轨道中弹出，成为自由电子（即光电子）（图 4-16）。该过程具体的能量关系可以表示为

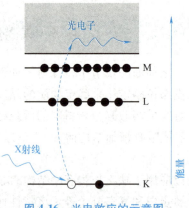

图 4-16　光电效应的示意图

$$E_{光子} = E_{结合} + E_{动能}$$

式中，$E_{光子}$ 是入射 X 射线的能量；$E_{结合}$ 是电子的结合能；$E_{动能}$ 是电子释放后的动能。

如果 X 射线光子的能量不足以克服电子的结合能，则光子不会被吸收，电子保持在其原子轨道上。

在定量描述 X 射线吸收的过程中，X 射线在穿过物质时的衰减遵循 Beer-Lambert 定律，

该定律表明透射强度的对数与物质厚度成线性关系

$$I = I_0 e^{-\mu d} \tag{4-4}$$

式中，I_0 是未衰减前的 X 射线强度；I 是通过样品后的 X 射线强度；μ 是材料的吸收系数；d 是材料的厚度。

X 射线的吸收系数 μ 是能量的函数，与样品的密度 ρ、原子序数 Z、原子质量 A 及 X 射线能量 E 相关，其关系可以近似表示为

$$\mu \approx \rho Z^4 (AE^3) \tag{4-5}$$

这种依赖关系体现了为什么不同元素的 X 射线吸收特性会有很大差异，同时也是 X 射线吸收在医学成像及 X 射线计算机断层扫描（CT 扫描）等技术中应用的基础。例如，由于 μ 与 Z^4 成正比，较重的元素的吸收系数远大于较轻的元素。图 4-17 展示了氧（O）、铁（Fe）、镉（Cd）和铅（Pb）这四种元素的吸收系数随 X 射线能量的变化。纵坐标的吸收截面（μ/ρ）描述了在特定能量下物质对 X 射线光子的吸收概率，反映了物质与 X 射线相互作用的有效面积。可以看出，μ/ρ 的值在不同元素和不同 X 射线能量

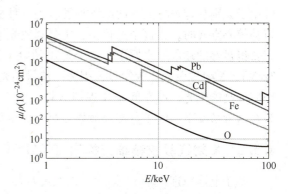

图 4-17 氧、铁、镉和铅四种元素在 1~100keV 能量范围内的单位原子的 X 射线吸收截面（μ/ρ）

下变化非常大，跨越至少五个数量级。这表明吸收截面不仅对 X 射线的能量具有强烈的依赖性，而且在接近原子的核心电子层结合能的能量点上也会出现明显的增加。特别是当 X 射线的能量达到或超过原子内电子的结合能时，吸收截面会急剧上升。这些急剧上升的点揭示了原子核心层电子的结合能，为人们提供了关于元素种类和电子结构的重要信息。

3. X 射线吸收精细结构（XAFS）的基本原理

从图 4-17 中可以看出，在 XAFS 中，当入射 X 射线的能量恰好等于或超过原子内层电子的结合能时，吸收系数会出现急剧上升，形成所谓的"吸收边"。吸收边是吸收光谱中的一个关键特征，标志着原子核心层电子被激发到更高能级或连续能态。这种能量上的突增为识别元素种类及其化学状态提供了重要信息。在 XAFS 研究中，特别关注吸收系数随能量变化的具体表现，尤其是在吸收边附近及其以上的能量区域。吸收 X 射线能量后释放的光电子可以与周围原子发生散射，散射过程中光电子的波函数会与自身发生干涉。这种干涉效应使得 X 射线的吸收系数 $\mu(E)$ 出现随能量变化的振荡模式。这些振荡反映了吸收原子周围的原子排列方式，通过分析这些振荡模式，可以推断出原子间的距离、相对位置和化学环境。

由于每种元素的核心电子层具有明确定义的结合能，可以通过调整 X 射线的能量至适当的吸收边来选择并探测特定元素。这些吸收边能量非常精确，通常具有百分之一的精度。吸收边能量与原子序数的二次方大致成正比，无论是在硬 X 射线（能量大于 2keV）还是在软 X 射线区间，不同能级的电子（如 K 层、L 层和 M 层电子）都可以被探测。这一特性使得绝大多数元素都可以在 5~35keV 的 X 射线能量范围内通过 XAFS 进行精确测量。当原子吸收 X 射线后，会进入一个激发态，此时一个核心电子层变为空缺（形成了所谓的"核心空穴"），同时释放一个光电子。这个激发态通常在吸收事件发生后的飞秒尺度内衰减。虽

然这种快速衰减过程不直接影响 X 射线的吸收，但在分析和讨论 X 射线吸收时却非常重要。

当原子吸收 X 射线后，它通常进入一个激发态。原子从这个激发态返回到基态的过程主要通过两种衰减机制实现：X 射线荧光和俄歇过程。在 X 射线荧光过程中，原子内部的一个电子吸收 X 射线能量后被激发到更高的能级，或者被完全脱离原子，留下一个核心层的空穴。随后，一个能级较高的电子跃迁下来填补这个空穴，并在此过程中释放出与能级差对应的特定能量的 X 射线，形成荧光。例如，当 L 层电子填补 K 层的空穴时，会产生具有特定能量的 K 线荧光。这种荧光的能量是固定的，依赖于填补的空穴和跃迁电子的能级差，可用于识别和定量样品中的原子种类。另一种机制，俄歇过程，发生在一个高能级电子跃迁填补核心空穴时。在这个过程中，不是释放光子，而是将多余的能量传递给另一个电子，使其获得足够的动能逸出原子。这个逸出的电子称为俄歇电子。在硬 X 射线区域（能量高于 2keV），X 射线荧光更为常见，因为高能量的光子能够促使电子产生足够的能量跃迁并产生相应的高能荧光。而在低能 X 射线区域，由于光子能量较低，俄歇过程成为主导，这是因为在这种情况下，电子直接释放能量更为简单且有效，能量也足以使电子逸出。

4.3.2 X 射线吸收精细结构谱（XAFS）的实验方法

基于上述原理，XAFS 通常可以通过几种不同的实验模式进行测量，包括透射模式、荧光模式和电子产额模式（图 4-18）。其中，透射模式是最直接的方法，涉及测量 X 射线束穿过均匀样品前后的 X 射线强度。如果样品的厚度为 d，则吸收系数 $\mu(E)$ 可以表达为

$$\mu(E)d = \ln(I_0/I) \qquad (4\text{-}6)$$

荧光模式则适用于无法有效透射 X 射线或含有较高浓度轻元素的样品。在此模式下，荧光探测器通常放置在与入射 X 射线束成 90° 角的位置，而样品则设置成与入射光束成 45° 角。通过测量入射强度 I_0 及由 X 射线吸收引发的荧光强度 I_f，吸收系数 $\mu(E)$ 可以估算为

$$\mu(E) \propto I_f/I_0 \qquad (4\text{-}7)$$

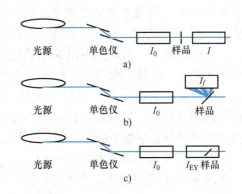

图 4-18 XAFS 的三种实验模式

a）透射模式 b）荧光模式 c）电子产额模式

电子产额模式则通过测量样品表面在吸收 X 射线后释放的总电子流来估算吸收系数。该模式主要关注从样品表面逃逸的电子，包括俄歇电子和二次电子。由于电子的自由程较短，电子产额模式主要适用于表面或近表面材料的表征，如样品表面几纳米至几十纳米厚区域的结构信息。通过测量从样品表面检测到的逃逸电子总流量 I_e，则可通过以下关系估算吸收系数 $\mu(E)$

$$\mu(E) \propto I_e/I_0 \qquad (4\text{-}8)$$

需要注意的是，在 XAFS 测量中，精确测定吸收系数 $\mu(E)$ 至关重要，因为 XAFS 信号仅占总吸收的一小部分，而且通常需要达到至少 10^{-3} 的测量精度。这一精度要求强调了实验设计和操作的重要性，因为任何对 $\mu(E)$ 的测量误差都可能严重影响 XAFS 信号。因此，大多数 XAFS 实验依赖于同步辐射源，通过使用双晶单色器，可以基于布拉格衍射原理精确选择特定能量或波长的 X 射线进行实验，并通过优化光束质量，减少高阶谐波的影响，从而

确保数据的准确性和可重复性。对于荧光模式，探测器的能量分辨率和固体角度对于确保信号的质量至关重要。而对于电子产额模式，样品的电导性起到关键作用，非导体样品可能需要特殊处理以确保电子的有效逃逸。总而言之，在 XAFS 的各类实际测量模式中，虽然实验的基本原理看似简单，但实际上需要考虑众多因素，包括光源稳定性、单色器精度、谐波过滤及探测系统的性能等，这些都是确保实验成功的关键。

4.3.3　X 射线吸收精细结构谱（XAFS）的数据分析和案例研究

XAFS 光谱的数据形式通常展示为吸收系数 $\mu(E)$ 随能量 E 的变化曲线，这些曲线反映了材料内容的电子结构和原子间的相互作用。在 XAFS 光谱中，通常可以观察到两个主要区域：XANES（X 射线吸收近边结构）和 EXAFS（扩展 X 射线吸收精细结构）（图 4-19）。其中，XANES 区域提供关于电子结构和化学状态的信息，通常显示在主吸收边的前后约 30eV 范围内，通过对该区域的 $\mu(E)$ 曲线进行分析，可以获得关于价态、电子密度及局部对称性等相关信息。而 EXAFS 则显示在吸收边上方较宽的能量范围内，其特征为一系列的正弦波振荡，这些振荡反映了光电子与周围原子的散射交互作用，并可以通过多次散射理论来分析，从而获得原子周围环境的实空间信息，如原子间的距离和配位环境等。值得一提的是，在 XANES 的术语使用上，人们也会使用近边 X 射线吸收精细结构（Near-Edge X-ray Absorption Fine Structure，NEXAFS）表达相同的区域。其中，NEXAFS 多用于软 X 射线领域（即能量范围在 0.12~12keV 之间），而 XANES 多用于硬 X 射线领域（即能量范围在 12keV 以上）。

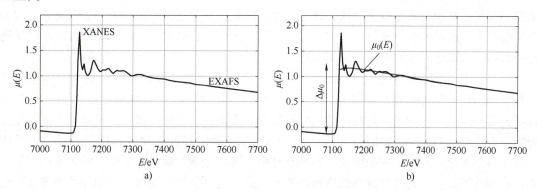

图 4-19　FeO 粉末典型的 XAFS 结果

a）XANES 和 EXAFS 区域　b）平滑背景函数 $\mu_0(E)$ 和阈值能量 $\Delta\mu_0(E_0)$

1. X 射线吸收近边结构（XANES）

如上所述，XANES 集中于主吸收边附近的 30eV 以内，涉及边缘和前边缘特征，这些特征对于理解中心原子的氧化状态和电子环境是关键。具体来说，XANES 的分析主要包括以下几个光谱特征：

（1）预边缘（Pre-edge）　这一部分位于主吸收边之前，可以反映中心原子局部对称性的破坏或特定的电子态。例如，预边缘的特征可以用来判断中心原子周围的配位环境或可能的电荷转移。

（2）边缘（Edge）　这是 XANES 中最显著的上升部分，通常对应于核心电子的激发能量，这一能量的具体位置可以揭示关于原子价态的信息。边缘的位置和形状受到中心原子的化学环境和电子态的显著影响。

（3）近边（Near-edge）　这一区域位于边缘上方，包括吸收边之上的特征性振荡。近边区域的结构变化反映了原子或分子的电子结构细节，如未占据能态的分布和对称性。

（4）白线（White line）　特别是在过渡金属的 L 边和 M 边光谱中，边缘上方的突出峰通常表明存在未占据的电子态，这些峰的强度和宽度提供了电子状态及其局部环境的信息。

因为 XANES 信号相对较大，所以可以在样品浓度较低或样品条件不理想的情况下进行有效分析。然而，相比于 EXAFS，XANES 的定量分析和解释较为复杂，因为它涉及的电子态不仅受到中心原子的影响，还受到周围原子的显著影响。尤其是在低 k 值区域，传统的 EXAFS 方程（依赖于 $1/k$ 项）不再适用，这是因为在此区域光电子的平均自由路径增加，传统的单散射近似失效。因此，XANES 的分析依赖于更复杂的多体散射理论，以及对电子能态的详细模拟。目前常用的 XANES 分析方法包括：

（1）线性组合拟合（Linear Combination Fitting，LCF）　这种方法通过假设未知样本的光谱是几种已知样本光谱的线性组合来分析数据。这使得研究人员能够基于标准样本推断未知样本中的成分比例。LCF 尤其适用于那些含有已知相或化学成分的复杂样本。

（2）峰值拟合（Peak Fitting）　通过将 XANES 数据分解为一组预定义的峰型和步型函数，峰值拟合允许详细分析各种光谱特征。常用的函数包括高斯（Gaussian）、洛伦兹（Lorentzian）和 Voigt 型，适用于描述具体的电子跃迁，然而峰值拟合的物理意义有时可能需要进一步验证。

（3）主成分分析（Principal Components Analysis，PCA）　PCA 通过分解大量相关数据来识别和量化其中的变化模式。这一技术将复杂的数据集简化为一组有限的抽象组分，这些组分捕捉了数据中的主要变异。通过 PCA，研究人员可以确定数据集中包含的独立化学物种的数量，从而更好地理解样本的复杂性。

（4）差异光谱（Difference Spectra）　差异光谱技术通过比较两个归一化的光谱之间的差异来揭示细微的化学或结构变化。这种方法常用于研究诸如 X 射线磁圆二色性（XMCD）这类的物理性质，或者用于追踪化学反应过程中的变化。差异光谱可以凸显那些在单一光谱分析中可能被忽略的变化。值得一提的是，XANES 光谱因其独特的"指纹"特性，广泛用于材料科学和化学研究中的相位鉴定和价态分析。这些光谱能揭示样品中不同元素的局部化学环境和电子状态，为理解材料性质提供关键信息。通过将样品光谱与已知标准光谱进行比较，研究人员可以准确识别样品中的化合物相和元素价态，这对于研究未知物质或复杂体系尤为重要。借助这些分析方法，XANES 不仅能作为识别不同化学相和价态的指纹工具，还能提供关于材料内部电子结构和化学环境的具体信息，这些信息在各个科学领域中都极为重要。

例如，通过分析 XANES 图谱，人们可以准确区分具有高毒性的六价铬 K_2CrO_4 和相对无毒的三价铬 Cr_2O_3。如图 4-20 所示，Cr^{6+} 显示出强烈的前边缘峰，这是因为 Cr^{6+} 在四面体配位结构中，空的 d 态电子轨道与将要填充的 p 态电子轨道发生了显著的杂化，增强了 p-d 轨道之间的重叠，从而在主吸收边下方形成了一个明显的尖锐峰，体现出一个到定域分子轨道的跃迁。而 Cr^{3+} 在 XANES 光谱中的前边缘峰较弱，这是由于 Cr^{3+} 在八面体配位结构中，p-d 杂化较弱，导致与 p 态电子的重叠减少，从而使得前边缘峰不如 Cr^{6+} 显著。此外，人们可以通过 XANES 的边缘位置移动来确定 Fe^{2+} 和 Fe^{3+} 等的比例。在催化科学领域，催化剂的电子

结构和氧化状态对其催化活性至关重要。通过分析钒基催化剂在不同氧化态下的 XANES 谱

线，能够洞察其在催化反应中的氧化还原动态。此外，XANES 还可用于识别材料的相结构，如区分二氧化硅的结晶相与非晶相。在电池技术中，过渡金属的氧化状态直接关联到电池性能，通过监测如钴在锂离子电池正极材料中的氧化态变化，XANES 分析帮助人们直观地追踪电池充放电过程中的化学变化。

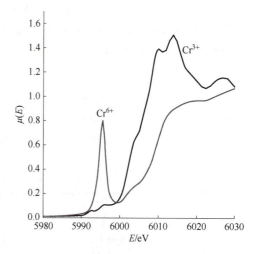

图 4-20 **Cr^{3+} 与 Cr^{6+} 氧化物的 Cr K-边 XANES 谱**

目前已有多种软件专门用于处理 XANES 数据，包括预处理、归一化及复杂的数据拟合等操作。例如，FEFF 是一款广泛使用的软件，提供理论模拟和数据拟合功能，使研究人员能够从 XANES 光谱中提取精确的结构和电子状态信息；Athena 软件则专注

于光谱的预处理和归一化，帮助用户准备数据以进行进一步分析；此外，利用 IFEFFIT 库的 SixPack 软件则提供了一个用户友好的界面，支持复杂的数值拟合和分析过程。

2. 扩展 X 射线吸收精细结构（EXAFS）

之前提到过，当入射 X 射线的能量超过电子的结合能时，材料对 X 射线的吸收急剧增加，形成所谓的"吸收边"。这个过程会导致核心层的一个电子被电离，并生成一个光电子。这个光电子随后以波的形式传播，其波数 k 二次方与光电子的动能（$E - E_0$）成正比，即

$$k = \sqrt{\frac{2m(E-E_0)}{\hbar^2}}$$ (4-9)

式中，E 是入射 X 射线的能量；E_0 是核心电子层的结合能或吸收边能量；m 是电子质量；$\hbar$ 是约化普朗克常数。

光电子在穿透物质时会与周围的原子发生散射。这种散射过程不仅改变了光电子的传播路径，还会引入一个称为相位移的变化。当散射的光电子波与原路径的光电子波重合时，两者会发生干涉。这种干涉效应在物理上表现为光电子波函数的自干涉，其结果是在吸收系数 $\mu(E)$ 中形成振荡模式（图 4-21）。这些振荡反映了吸收原子周围的原子间距离以及原子排列的具体信息，因为散射和干涉的具体特征依赖于这些原子间的相对位置和相互作用。因此，在扩展 X 射线吸收精细结构（EXAFS）分析中，特别关注的是吸收边上方的振荡行为。这些振荡通过所谓的 EXAFS 精细结构函数 $\chi(E)$ 来描述，该函数公式为

$$\chi(E) = \frac{\mu(E) - \mu_0(E)}{\Delta\mu_0(E)}$$ (4-10)

式中，$\mu(E)$ 是实测的吸收系数；$\mu_0(E)$ 是一个平滑的背景函数，表示孤立原子的吸收，通常由理论计算或经验方法估算得到；而 $\Delta\mu_0(E)$ 是在阈值能量 E_0 处测得的吸收系数的跳跃，即从未激发状态到激发状态的吸收强度变化。

根据费米黄金法则（Fermi's Golden Rule），可以计算和预测当 X 射线照射到样品上时，各种不同能量和动量的电子被吸收的概率，从而通过计算从一个量子态到另一个量子态的跃

迁概率来预测吸收系数 $\mu(E)$，即

$$\mu(E) \propto |\langle f | H^\wedge | i \rangle|^2 \tag{4-11}$$

式中，$\langle f | H^\wedge | i \rangle$ 是初始态 $|i\rangle$ 和最终态 $|f\rangle$ 之间的过渡矩阵元，代表了两种状态之间在相互作用哈密顿量 $H^\wedge$ 下的过渡幅度。

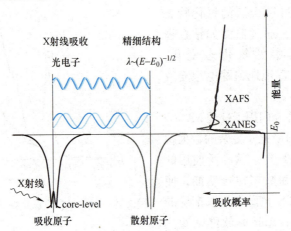

图 4-21 在 XAFS 过程中光电子可以从邻近原子发生散射［这些散射的光电子可能返回到初始的吸收原子，从而改变吸收原子处光电子波函数的振幅。这种振幅的改变进而影响吸收系数 $\mu(E)$，产生了扩展 X 射线吸收精细结构（EXAFS）］

此外，使用费米黄金法则预测吸收系数时，还必须考虑能量守恒，确保初始态和最终态的能量差等于入射 X 射线的能量。

在此基础上，EXAFS 精细结构函数 $\chi(E)$ 可以表示为

$$\chi(E) \propto \int \mathrm{d}r \delta(r) \mathrm{e}^{\mathrm{i}kr} \psi_{\text{scatt}}(r) = \psi_{\text{scatt}}(0) \tag{4-12}$$

式中，r 表示从吸收原子到散射原子的距离；$\delta(r)$ 为狄拉克 δ 函数；$\mathrm{e}^{\mathrm{i}kr}$ 为光电子作为波动从原子发出后的传播的项；$\psi_{\text{scatt}}(r)$ 为光电子在被周围原子散射后的波函数，描述光电子与周围原子的相互作用；$\psi_{\text{scatt}}(0)$ 为散射波函数在原子核位置的值。

式（4-12）描述了吸收边以上位置由光电子与周围原子的散射引起的振荡行为，根据公式，只有在 $r=0$ 时（即在吸收原子的位置时），散射波函数 ψ_{scatt} 才对积分有贡献。

此外，还可以将 X 射线能量转换为光电子的波数 k。这时，EXAFS 的振荡可表示为

$$\chi(k) = \frac{f(k)}{kR^2} \sin[2kR + \delta(k)] \tag{4-13}$$

式中，$f(k)$ 为散射幅度函数，该函数与原子序数和散射角度相关；R 为吸收原子与其相邻散射原子之间的距离；$\delta(k)$ 为相位移函数，描述了光电子波因散射而发生的相位变化；散射相位因子 $\sin[2kR + \delta(k)]$ 描述了由散射光电子波与原始光电子波之间的干涉模式所产生的正弦波振荡。

对于实际的样品，当考虑多个散射路径、不同类型的散射原子和复杂的无序衰减等因素时，EXAFS 的振荡还可表示为

$$\chi(k) = \sum_j \frac{N_j \mathrm{e}^{-2k^2\sigma_j^2} \mathrm{e}^{-\frac{2R_j}{\lambda(k)f_j(k)}}}{kR_j^2} \sin[2kR_j + \delta_j(k)] \chi(k) = \frac{f(k)}{kR^2} \sin[2kR + \delta(k)] \tag{4-14}$$

式中，N_j 为第 j 种散射原子的数目；$e^{-2k^2\sigma_j^2}$ 是与原子位移的静态无序相关的 Debye-Waller 因子，表示热振动导致的散射强度减弱；$e^{-\frac{2R_j}{\lambda(k)}}f_j(k)$ 是与散射路径长度相关的因子，表示光电子在返回吸收原子前遭受的能量衰减。

基于上述原理，分析 EXAFS 数据的基本步骤主要包括：首先，根据已知的晶体结构或理论预测，设定样品的初始几何结构；随后，使用 FEFF 之类的计算程序，计算出散射幅度 $f(k)$ 和相位移 $\delta(k)$，并将计算的散射因子与 EXAFS 方程结合，用于从实验数据中细化结构参数，包括原子间距离 R、配位数 N、均方位移 σ^2，以及能量阈值 E_0 等参数的细化；最终，利用傅里叶变换处理测量到的 $\chi(k)$ 数据，在时空间中进行数据拟合，从而获取原子间距离、配位数及均方位移等信息，并结合理论或其他手段对拟合结果进行验证。图 4-22 展示了 FeO 的 EXAFS 数据拟合结果。

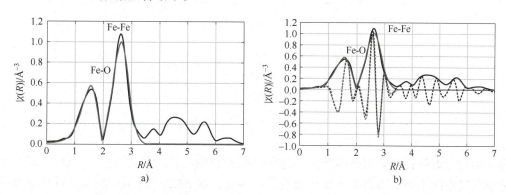

图 4-22　FeO 的第一和第二配位壳的 EXAFS 数据拟合

a）原始数据与最佳拟合的 $|\chi(R)|$　b）原始数据与最佳拟合 $|\chi(R)|$ 的实部

4.4　小角散射（SAS）

小角 X 射线散射（SAXS）和小角中子散射（SANS）是研究凝聚态物质结构的重要手段。这两种方法都提供了关于散射对象形状、大小和空间组织的信息，这些对象的尺度大约在几埃到数百纳米之间。SAXS 在 20 世纪 30 年代由 Guinier 首创和开发。他的经典著作涵盖了 SAXS 的理论和实践。相较之下，SANS 是大约 40 年后在 20 世纪 70 年代发展起来的，当时已有必要的中子探测和产生技术。通过小角散射，可以研究许多不同类型的样品，包括聚合物样品、表面活性剂聚集体、胶体颗粒或具有生物学意义的样品，如模型膜或蛋白质溶液等。图 4-23 展示了主要散射技术的不同空间分辨率及其与光学显微镜和电子显微镜技术的比较。

4.4.1　小角散射的基本原理

小角散射研究具有吸引力，因为在小散射角度下几乎可以忽略对散射图形的所有角度依赖性校正。这与 X 射线衍射（XRD）实验非常不同，在大角度下，需要考虑与角度相关的校正，如极化、吸收、几何形状等。通常进行 SAXS 测量是因为需要了解纳米尺寸范围内某种结构的周期性。例如，脂质体是大多数生物细胞壁的重要组成部分。在这种情况下，只需

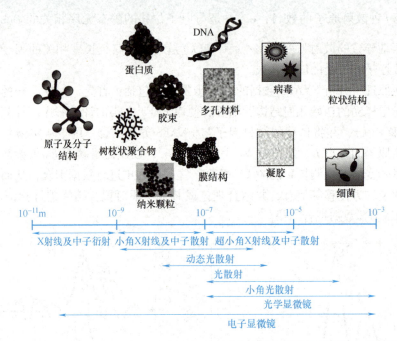

图 4-23　主要散射技术的不同空间分辨率及其与光学和电子显微镜技术的比较

要确定衍射峰的位置来确定晶体结构。与所有散射数据一样，散射图像（倒易空间）中峰的位置与实空间中的结构周期 d 成反比关系。因此，在 SAXS 中，$d=2\pi/q$，其中 q 是散射矢量，与散射角成正比。实际空间中的结构越大，散射的散射角度就越小，对应的 q 值也越小。除晶粒的衍射峰之外，还有许多不同种类的结构可以贡献 SAXS 信号。这些结构的大小通常在纳米范围内（1~100nm）。要理解整个 SAXS 信号，需要了解在所有类型的材料中纳米尺度上可能存在的不同种类的结构。

图 4-24 展示了形状不同的晶粒在 X 射线散射中产生不同峰形的情况。峰的形状在很大程度上取决于晶体的形状和大小，散射曲线在 SAXS 区域遵循与 WAXS 峰"尾部"相同的幂律 $I(q) \propto q^{-n}$。SAXS 信号实际上告诉人们关于晶粒的形状和大小的信息。正如通过使用例如谢乐公式从相应的衍射峰宽度确定某些方向上晶粒的宽度一样，同样可以通过 SAXS 信号的宽度和形状确定晶粒或纳米颗粒的大小和形状。在确定纳米颗粒等的大小和形状时，SAXS 相对于衍射研究的优势在于它也可以用于研究非晶态纳米颗粒或大分子的形状和大小。

1. 散射矢量

当 X 射线在原子处发生散射时，每个原子都会从各自的位置发出球形波。由于 Thomson 散射过程中发出的光波与入射平面波同步，它们将在探测器的位置产生干涉图样。干涉图样可以是建设性的（相位相同）、破坏性的（相位相反）或介于两者之间的状态，这取决于观察角 2θ、光发射原子之间的方位和距离 r，如图 4-25 所示。在建设性的排列中，干涉在探测器上产生亮点，而在破坏性的排列中，波相互抵消，从而在探测器上产生暗点。散射结果是一个二维干涉图样，其中强度在探测平面上的各个位置（通常以散射角 2θ 和方位角 φ 进行测量）有所不同。该干涉图样特征性地反映了材料的内部结构，即原子之间的方位和距离。

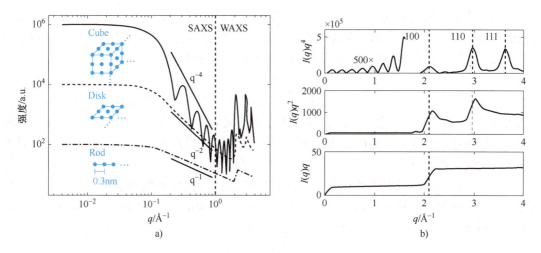

图 4-24　形状不同的晶粒在 X 射线散射中产生的不同峰形

a）立方体、圆盘和棒状的散射曲线（三者在 3、2 或 1 维度上均具有 3nm 的边长，且散射中心之间的晶格间距为 0.3nm）

b）立方体、圆盘和棒状的强度乘以 q^n 的线性刻度［分别对应 n 为 4（Porod 图）、2（Kratky 图）和 1，虚线标记了反射的理论位置（根据 $q = 2\pi/d_{hkl}$ 计算得到）］

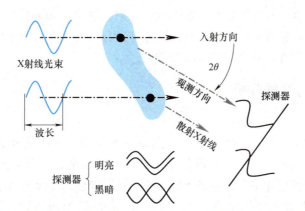

图 4-25　相互干涉波的强度取决于发射原子之间的距离，以及它们相对于入射和观察方向的取向

（当波相位相同时，探测器接收到明亮的信号；当波相位相反时，探测器接收到黑暗的信号）

　　每个距离都是相对于所使用辐射的波长 λ 来测量的。因此，每当 r/λ 比例相同，就会产生相同的干涉图样。为了统一表征不同波长条件下的散射特征，通常将散射图样表示为散射矢量 q 的函数

$$q = \frac{4\pi}{\lambda} \cdot \sin\frac{2\theta}{2} \tag{4-15}$$

式中，λ 为 λ 射波长；2θ 为散射角（观察角）；q 表征入射与散射光波矢之差，通常被称为"散射矢量"或"动量传递"，其单位是长度的倒数（如 nm^{-1}）。由于 q 与粒子间距 d 成反比（$q \sim 1/d$）这解释了为什么散射图样反映的是"倒空间中的结构"，而粒子则被认为具有"实空间中的结构"，因为它们可以用长度单位（如 nm）来测量。

2. 散射长度密度

　　在小角 X 射线散射中，理论通常假设材料在原子尺度上具有均匀分布的平均电子密度。

为了计算平均散射长度密度，必须首先计算原子的散射能力，而描述原子散射 X 射线强度的数值由原子散射因子 f 给出。它取决于光子能量和散射角度，在小散射角度下，可以忽略角度依赖性。因此，在 SAXS 中，原子的原子散射因子表示为

$$f = Z + f'(E) + f''(E) \tag{4-16}$$

式中，Z 是原子中的电子数；E 是光子能量；$f'(E)$ 和 $f''(E)$ 是所谓的异常散射因子（或色散系数），它们是特定元素特有的，并且在元素的吸收边缘迅速变化。f' 通常为负值，并在元素的每个吸收边缘处达到最小值，而与虚数单位相乘的 f'' 实际上与吸收有关，并且在每个吸收边缘急剧上升。

尽管原子散射因子以电子单位表示，但希望使用散射振幅或散射长度 b（单位为 cm），这与小角中子散射中的符号兼容，并且定义为 $b = r_e f$。经典电子半径为 $r_e = 2.818 \times 10^{-13}\,\text{cm}$。可通过使用式（4-17）计算化合物的散射长度密度

$$\rho_e = r_e \rho N_A \sum_{n=1}^{N} x_n f_n \Big/ \sum_{n=1}^{N} x_n M_n \tag{4-17}$$

式中，x_n 是 n 类型元素的比例；ρ 是材料的密度，单位为 g/cm³；M_n 是每种元素的摩尔质量，单位为 g/mol；而 N_A 是阿伏伽德罗常数（$6.022 \times 1023\,\text{mol}^{-1}$）。散射长度密度的单位是 cm⁻²。

散射强度取决于两相之间的散射长度密度之差 $\Delta \rho_e$，而不是散射长度密度的绝对值。这个差异也被称为对比度。对比度越高，观察到的散射就越多。如果样品中两个结构不同的部分具有相同的散射长度密度，这些部分就无法相互区分。在选择大分子的溶剂时，可以根据大分子和溶剂之间的密度差异来增加或减少散射。

4.4.2 实验方法与数据分析

1. 实验方法

在典型的 SAXS 实验中，二维（2D）X 射线探测器放置在距离样品几米远的地方，以检测小角度散射的 X 射线。只有一小部分 X 射线被样品散射，大部分入射的 X 射线束（初级束）穿过样品。目前可用的灵敏位置 SAXS 探测器可能会因初级束击中探测器而饱和或损坏，因此必须在探测器前仔细放置一个束挡，以接收整个初级束。图 4-26 显示了带有 WAXS 的 SAXS 装置的示意图。基本的 SAXS 装置可以扩展和修改以包含其他方法，如 WAXS、荧光光谱、红外光谱等。样品环境可以适应各种原位实验的装置，从简单的加热和拉伸实验，到新型的快速混合停止流动细胞，甚至是流变学实验。

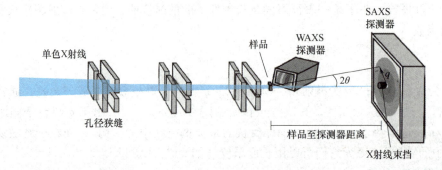

图 4-26 在同步加速器 SAXS 光束线上，SAXS/WAXS 装置的示意图（样品到探测器的距离通常可以从小于一米到几米不等，散射角记作 2θ，散射矢量记作 q）

只有在样品的透射率被准确知道的情况下，才能对背景散射进行校正。为此，光束阻挡器可能包含一个光电二极管，通过它可以监测主光束强度，从而测量样品的透射率，即通过样品的直接光束强度与没有样品时的强度进行比较。或者，可以将一个单独的光电二极管移动到光束中，在测量 SAXS 之前短时间内测量样品的透射率。

此外，空气对 X 射线的吸收和散射在通常测量 SAXS 的 X 射线能量下是显著的，因此样品前后通常完全处于真空中（或氦气中），甚至探测器也可能放置在真空中。如果样品需要在空气中测量，则空气中的光束路径保持尽可能短。必须注意确保样品前后真空管道的窗口没有散射到探测器。因此，如果探测器放置在空气中，在真空窗口之后，光束阻挡器应放置在真空侧，以防止来自真空窗口和随后空气路径的散射。此外，需确保窗口材料的散射背景稳定且均一，避免因窗口材质变化引入的散射强度波动影响数据准确性。

2. 幂律

在 SAXS 和 SANS 中，幂律（Power Laws）是指某物理量随某变量的幂次变化行为，用于描述散射强度随散射矢量 q 变化的趋势的一种常见模型。幂律关系可以提供有关样品内部结构和特性的关键信息。在 SAXS 曲线中，散射强度 $I(q)$ 通常遵循幂律关系

$$I(q) \propto q^{-\alpha} \tag{4-18}$$

式中，α 是幂律指数。

所有粉末在 SAXS 中都会呈现幂律散射。具有不同尺寸孔隙的多孔结构会表现出幂律散射，而在散射较弱的薄膜样品（如金属箔片）的情况下，甚至可能观察到主要来自样品表面粗糙度的幂律散射。

由于幂律通常会延伸到 WAXS 区域，达到较大的 q 值，因此重要的是要考虑来自 WAXS 的背景。这个背景通常是 Aq^n+B 的形式，其中 A、B 和 n 是正实数。在拟合 SAXS 曲线的幂律指数之前，应该确保不存在这样的背景，或者已经从散射曲线中减去该背景。为了能够正确拟合这个 WAXS 背景，应该将 SAXS 曲线测量到足够大的 q 值。

幂律中 $\alpha \neq 1$、2 或 4 的情况可以解释为样品中的分形结构引起的。这里的分形类似于自然界的"粗糙"结构。这与分形概念的发明者 Benoît Mandelbrot 的原始想法相一致，将分形理论应用于云层、山脉和其他粗糙的自然物体。一个在许多长度尺度上扩展的非常复杂的粗糙度可以通过一个数字，即分形维数 D 来描述。值得注意的是，这个数字与幂律指数 α 直接相关。

在 SAXS 曲线中，幂律可以分为源自质量分形（$D_m<3$）和源自表面分形（$D_m=3$，$D_s<3$）的幂律。这两种分形类型的区别在于，质量分形中，粗糙度贯穿整个体积内部（如雪花或一些带有孔洞的奶酪），而表面分形中，粗糙度仅存在于表面（如星球表面上的山脉和深谷，而星球内部并非多孔）。在 SAXS 中，幂律指数通常取值范围为 $0<\alpha \leq 4$。也可能出现大于 4 的值，但其起源不同。散射遵循以下规律：$I(q)\sim q^{-D_m}$ 用于质量分形（$0<D_m<3$）；$I(q)\sim q^{-(2d-D_s)}$ 用于表面分形（$0<D_s<3$）。

表 4-1 显示了一些在 SAXS 实验中观察到的分形维度的例子。值得注意的是，对于具有平滑表面的三维散射物体，通常会观察到"Porod 定律"，即 $\alpha=4$。这种类型的幂律散射，如在球形纳米颗粒或具有平滑表面的两相系统中被观察到，这种结构在许多多孔材料中发现。

表 4-1　质量分形维度 D_m、表面分形维度 D_s 和幂律指数 α 在三维结构系统（$d=3$）中的一些示例

对象	D_m	D_s	α
随机取向的细长棒状物体	1	1	1
随机取向的薄片状物体	2	2	2
具有光滑表面的三维物体	3	2	4
质量分形物体	<3	<3	(0, 3)
表面分形物体	3	<2	(0, 3)

3. Porod 常数

SAXS 曲线尾部的幂律区域与样品中的总表面积有关。如果样品由两个相组成，且 SAXS 曲线的尾部区域符合 Porod 定律，则可以从 SAXS 曲线计算出样品的表面积与体积比。在实际实验中，Porod 定律表达为

$$I(q) = Gq^{-4} + C \tag{4-19}$$

在高 q 值区域的表现通常叠加在一个背景上（在这里只是常数 C，更复杂的背景应在分析前被减去）。常数 G 可以通过拟合（q^4，Iq^4）曲线得到。Porod 常数的形式是

$$K_G = \lim_{q \to \infty} q^4 I(q) \tag{4-20}$$

如果 Porod 定律成立，则常数 G 与 K_G 应该是相同的常数。现在，可以得到样品的表面积与体积比 S/V（单位为 m^{-1}）

$$\frac{S}{V} = \frac{K_G}{2\pi(\Delta\rho_e)^2} \tag{4-21}$$

式中，$\Delta\rho_e(cm/cm^3)$ 是材料两个相的散射长度密度之差。

式（4-20）的 $I(q)$ 在绝对强度尺度上，即归一化到样品的照射体积 V，因为使用的定义是 $I(q)$ 是宏观微分散射截面，其单位是 cm^{-1}。

进一步地，特定表面积 S_m（单位为 m^2/g）即两个相之间的界面面积归一化到其中一个相的质量上，是通过式（4-22）计算的

$$S_m = S/V\rho \tag{4-22}$$

式中，ρ 是其中一个相的密度，在多孔双相系统的情况下实际上是样品的密度。

通常，SAXS 测得的比表面积值会高于气体吸附实验结果，这是因为气体分子无法进入封闭孔，而 SAXS 对开放孔和封闭孔的散射信号没有区别。

4. 粒子散射

SAXS 技术可用于研究纳米粒子的形状、尺寸及其分散性。与电子显微镜等表征方法不同，SAXS 能在多种溶剂体系和环境条件下对纳米粒子进行统计平均意义上的结构测量。通常浓度范围从约 1mg/mL 到几十毫克每毫升不等。样品体积可以很小，最低体积约为 10μL 用于静止样品池。这使得 SAXS 成为研究生物大分子及其行为的吸引力工具。

图 4-27 显示了两个球体和两个球形核壳粒子的理论 SAXS 曲线。通过应用方形滤波函数，使图中的曲线被模糊处理，使其看起来更类似于实验曲线。最常用的是双对数比例，因为它强调了较大 q 值的细节。在分析粒子的 SAXS 曲线时，通常也会使用 Guinier 和 Kratky 图。在对曲线进行定量分析之前，通常采用 Guinier 和 Kratky 近似进行分析，并可根据样品特性选择不同的图示方式（如 Guinier 图、Kratky 图等）以获得粒子结构的定性信息。

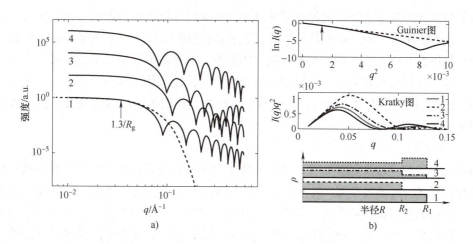

图4-27　两个球体和两个球形核壳粒子的理论 SAXS 曲线

a）对球体的理论 SAXS 曲线进行对数比例表示（实线）[其中 $R_1 = 5$nm 和 $R_2 = 4$nm，以及大小相同但具有不同散射长度密度 ρ_e 的核壳粒子（3，4），虚线显示了拟合的 Guinier 近似]　b）Guinier 图：球体 1 的 SAXS（实线）和 Guinier 近似（虚线）在（q^2，$\ln I(q)$）轴上；Kratky 图：所有粒子的 SAXS 在（q，$I(q)q^2$）轴上（垂直箭头显示了球体 1 的 Guinier 近似的极限，最后一个图显示了四个球对称粒子的径向电子密度 ρ 曲线）

此外，在溶液中的大分子或纳米粒子的情况下，应该通过考虑溶剂的体积分数来减去来自溶剂的背景

$$I_p(q) = I_{tot}(q) - (1 - \Phi)I_{sol}(q) \tag{4-23}$$

式中，Φ 是溶液中颗粒的体积分数；$I_p(q)$ 是颗粒的散射强度；$I_{tot}(q)$ 是样品溶液总强度；$I_{sol}(q)$ 是测量和纠正的纯溶剂强度。

5. Guinier 近似

Guinier 近似可以用来推导纳米颗粒或大分子的回转半径。回转半径是描述分子或颗粒结构的重要参数，广泛用于研究各种材料的形态学特征，包括聚合物、蛋白质、纳米颗粒等。通过分析回转半径，可以了解样品的尺寸和形状信息。Guinier 近似为

$$I(q) = I_0 \cdot \left(-\frac{q^2 R_g^2}{3} \right) \tag{4-24}$$

式中，R_g 是回转半径。

Guinier 近似适用于所有形状的粒子。一般来说，当 $q < 1.3/R_g$ 时，近似成立。通过在坐标系（q^2，$\ln(I)$）上绘制数据并拟合直线，可以轻松地从实验数据中找到旋转半径。对于已知形状的粒子，旋转半径可用于计算粒子的尺寸。例如，对于半径为 R 的球体，旋转半径为 $R_g = (3/5)^{1/2}R$。

6. 形状因子

就像杨氏双缝干涉实验中可见光的情况一样，小角散射中的散射图案也由两个因素贡献。一个贡献来自颗粒或孔的大小和形状。这种贡献称为形状因子 $P(q)$，与杨氏单缝实验中散射图案的宽度与真实空间中缝宽度的反比关系相似。另一个贡献来自散射单位（颗粒或孔）的排列，称为结构因子 $S(q)$。当散射中心按晶格排列，具有长程有序时，结构因子会出现特别明显的峰值。

粒子与其周围环境之间的散射长度密度差的傅里叶变换产生的振幅会被二次方，得出形状因子。在 SAXS 研究中，形状因子是用于描述散射物体形状的一个重要参数。形状因子反映了散射物体在 SAXS 实验中对 X 射线散射的影响。它与散射强度的角度依赖性有关，主要取决于物体的几何形状和大小。在稀溶液系统中，可以近似认为 $S(q)=1$。当长程有序性在 $S(q)$ 中形成尖锐的衍射极大值时，有时球形颗粒的形状因子特征的尖锐极小值可能会抑制结构因子的某些衍射极大值。

7. 结构因子

当溶液中的粒子浓度足够高时，散射曲线中会观察到所谓的浓度效应。在低浓度的粒子中，结构因子 $S(q)$ 接近于 1，因为粒子可以在溶液中到处移动。然而，一旦粒子浓度开始增加，它们越来越可能相互靠近。这会导致结构因子出现一个最大值，并且在较小的 q 值处 $S(q)$ 开始下降。为了观察浓度效应，可以测量不同粒子浓度的溶液，并将强度按粒子体积分数 $I(q)/\Phi$ 或浓度 $I(q)/c$ 归一化。然后，不同粒子浓度的强度应该在相同的尺度上。在浓度增加时，低 q 处的强度曲线会略微变平，但高 q 部分的曲线应保持几乎相同。通过对每个 q 值分别进行浓度函数外推，可以获得零粒子浓度下 SAXS 曲线的形状，从而消除浓度效应。

8. 多分散性

在 SAXS 研究中，多分散性（Polydispersity）是用来描述散射样品中粒子尺寸或质量分布的广度和不均一性。多分散性是材料中粒子尺寸或质量分布的一个关键特征，它会对 SAXS 数据的散射强度和形状因子产生影响。

在 SAXS 中，多分散性主要体现在以下几个方面：

1）粒子尺寸分布。多分散性通常是指样品中不同粒子大小的分布。对于单一粒子尺寸的样品，形状因子表现为清晰的散射强度变化；然而，多分散样品中，不同尺寸粒子的散射会导致散射强度的叠加和模糊。

2）质量分布。粒子质量的多分散性也会影响散射强度。质量较大的粒子会产生更强的散射信号，而质量较小的粒子产生的信号较弱。这种质量分布的不均匀性也会影响 SAXS 数据的整体特征。

3）对数据分析的影响。多分散性会导致 SAXS 数据中的散射强度曲线变得更为复杂。如果没有考虑多分散性，数据分析可能会出现偏差。因此，在 SAXS 数据分析中，通常需要考虑多分散性，以正确解释样品的结构特征。

4）模型化。在分析 SAXS 数据时，研究人员通常会使用多分散性模型来描述样品中的粒子尺寸或质量分布。例如，使用正态分布、对数正态分布或其他分布来描述粒子尺寸分布，并通过调整模型参数来拟合 SAXS 数据。

9. 距离分布函数

在生物学 SAXS 研究中，主要目标之一是确定大分子或大分子复合物的形状。在这种单分散系统的情况下，SAXS 分析中有一种简单的工具，可以为这类研究提供一个良好的起点。粒子的距离分布函数 $p(r)$ 是一个概率函数，给出了在粒子内部发现距离 r 的加权概率。它具有粒子的特征形状（图 4-28），并且可以从散射强度中轻松推导出来。

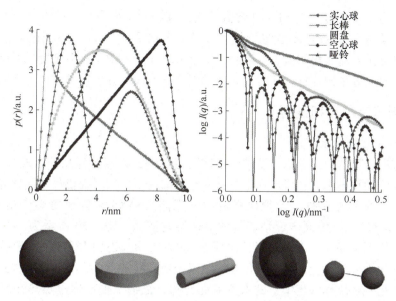

图 4-28　几何体具有均匀电子密度的散射强度和距离分布
［距离分布函数 $p(r)$ 在粒子的最大尺寸处归零］

10.　Kratky 图和 Porod 不变量

Kratky 图是呈现小角度 X 射线散射（SAXS）强度的一种特殊方式。这种简单的图表在可视化 SAXS 数据、确定蛋白质的折叠状态或构象方面是一个强有力的工具。图 4-29 演示了 Kratky 图如何清楚地显示蛋白质的状态（展开或球形）。在 Kratky 图中，紧密折叠的蛋白质通常表现为一个抛物线形状，随后在高 q 值处快速下降，表明样品具有紧密且有序的结构；无序或部分展开的蛋白质则表现为在高 q 值处平坦或持续上升，表明样品具有较大的柔性和无序性。

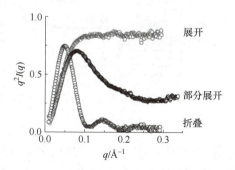

图 4-29　展开、部分展开和折叠蛋白质的 Kratky 图［注意，
基本上是自由高斯随机链的未折叠蛋白质遵循幂律 $I(q) \propto q^{-2}$］

通过 Kratky 图还可以计算所谓的 Porod 不变量，这基本上是对 Kratky 图的一个积分

$$Q = \int_0^\infty q^2 I(q)\, \mathrm{d}q \qquad (4\text{-}25)$$

在实际操作中，首先需要将低 q 处的数据外推到零，并通过另一种外推方法延展高 q 值。Porod 不变量取决于样品中电子密度的均方波 $\langle \eta^2 \rangle$，但不取决于导致其波动的具体结

构；因此，称为"不变量"（与 Porod 常数不同）。Porod 不变量与样品内部密度波动的幅度有关，密度波动越大，Porod 不变量值越大。对于多相系统，Porod 不变量与相界面总面积成正比，能够提供界面面积的信息。因此，结合 Kratky 图和 Porod 不变量，不仅能够获取粒子形状、尺寸分布等结构信息，还能在无模型拟合的前提下分析粒子柔性与空间构象变化。

4.4.3 案例研究与最新进展

1. 纳米颗粒合成的原位分析

对于反应混合物的原位分析，要求测量速度足够快，以捕捉样品的合成过程。SAXS 是实现这一目标的理想技术。它可以在不打扰样品的前提下，实时提供尺寸演化等统计相关信息，并适用于各种样品条件，无须取样或中断反应。SAXS 实验还可与广角 X 射线散射（WAXS）同步进行，以便同步评估产物的晶体结构演变。图 4-30 所示为一个实际应用案例，该装置由巴西圣保罗大学、德国杜伊斯堡-埃森大学与巴西 IPEN 核科学研究所联合开发，用于在湿化学还原反应过程中原位监测纳米金属颗粒的形成。具体反应体系为硝酸银与葡萄糖和聚乙烯吡咯烷酮（PVP）的水溶液混合物，银纳米颗粒通过加热在反应器中逐步生成。反应混合物经蠕动泵输送至 SAXS 测量单元，并在热化的毛细管中进行原位监测。每次测量时间为 60s，随后对这些数据进行平均处理以提高信噪比。

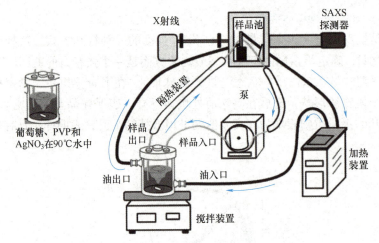

图 4-30   实验示意图，用于跟踪银纳米颗粒的形成，并进行原位 SAXS 表征
（仪器为 Xeuss，配备有封闭管 GeniX 3D 光束传输系统和 Pilatus 300K 探测器）

获得的散射图案被简化为 1D 曲线（图 4-31a），并使用蒙特卡罗优化方法进行拟合。完整数据集的拟合表明，银纳米颗粒由两个主要群体组成：一个直径约为 3nm，另一个直径范围为 10~40nm。根据这些数据，可以推导出两种类型颗粒的体积分数，如图 4-31b 所示。在这里，清楚地显示出小型纳米颗粒的体积分数在合成开始时占主导地位。这些颗粒持续增长成为更大的颗粒，在合成过程末尾占主导地位。形成机制可以从生长速率中推导出来。直到 51min，这主要由聚并控制，而过程的末尾则由奥斯瓦尔德成核主导。

该案例表明，SAXS 原位分析在银纳米颗粒生成过程中，不仅能够获取颗粒尺寸与形貌的详细信息，还可揭示其尺寸分布与形成机制。这一能力为通过溶剂热反应调控纳米颗粒的合成结果提供了有力支撑。

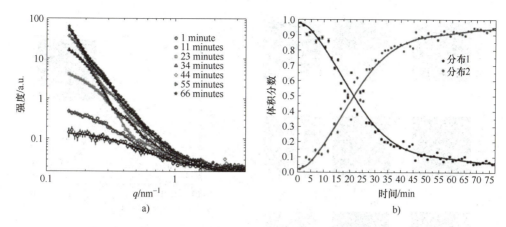

图 4-31　在 90 ℃下合成银纳米颗粒期间的 SAXS 数据与平均直径

a）原位 SAXS 数据　b）从 SAXS 数据中提取的分布 1（直径约 3nm）和分布 2（直径为 10~40nm）的体积加权平均直径

2. 垂直自取向碳纳米管的多级结构表征

自取向碳纳米管（Self-Aligned Carbon Nanotubes）是纳米技术和材料科学中的一项重要进展，在电子学、纳米器件和传感器方面应用广泛。自取向是指在合成过程中或合成后处理时，碳纳米管能够自然地按优选方向或图案排列。这种排列提高了它们的性能，使其更适用于各种应用。例如，"森林状"垂直自取向碳纳米管阵列的各向异性结构，与其在超电容器、电子互连、发射器、黏合剂、机械材料及分离膜等应用中的性能密切相关。其结构与序列性等多尺度特征有助于理解自组装机制。目前，扫描电子显微镜（SEM）和透射电子显微镜（TEM）广泛用于评估纳米材料结构：前者可捕捉阵列中纳米尺度形态结构，后者可分辨纳米间距与原子尺度细节。但该类方法存在测量效率低、代表性差的问题，尤其是在高放大倍率下只能获取有限碳管数目，难以实现统计意义上的结构评估。相比之下，X 射线散射技术不仅具备统计性强的优势，还可结合同步辐射源实现空间分辨和原位测量，适用于碳纳米管阵列的多尺度结构表征（见图 4-32）。

在原子尺度上 q-10 ~ 100nm^{-1}，WAXS 提供了 CNT 壁的原子尺度特征（图 4-32a、b），即层内碳晶格结构（100）和层间石墨间隙（002）。而 SAXS 则允许在纳米尺度上量化森林状 CNT 的形态（图 4-32c），在 q-10^{-1} ~ 10^{0}nm^{-1} 内最显著的特征是一个明显的峰或凸起（图 4-32f），归因于 CNT 的中空圆柱形截面因子（FF），它包含了有关 CNT 群体内外径分布的信息，可以用于量化森林状 CNT 中的纳米尺度取向。在介观和微观尺度上 $q \approx (10^{-3}$ ~ $10^{-1})$nm^{-1}（图 4-32d 和 e），散射数据描述了 CNT 之间的间距和捆绑，以及沿垂直生长方向的波纹。由于 CNT 本身具有弯曲性，意味着其间距高度多分散。这也意味着 CNT 之间有大量的接触点和多分散的 CNT 捆绑尺寸（图 4-32g）。这两个特征都导致了在 $q \approx (10^{-3}$ ~ $10^{-1})$ nm^{-1} 范围内实验观察到的宽肩和总体上缺乏明确的峰值。

3. 掠入射小角 X 射线散射

掠入射小角 X 射线散射（GISAXS，Grazing Incidence Small-Angle X-ray Scattering）是一种精确的 X 射线分析技术，适用于表征表面、薄膜和纳米材料的纳米级结构。GISAXS 的核心原理是将 X 射线以极小的掠入射角（通常在 0.1°到几度范围内）照射样品表面。这种几何配置使得 X 射线主要在样品表面或近表面区域传播，从而增加对表面或薄层纳米结构的

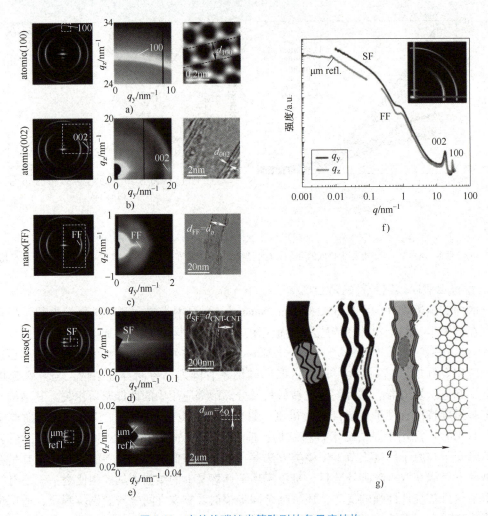

图 4-32　森林状碳纳米管阵列的多尺度结构

a）原子尺度（100）sp^2 杂化碳晶格的层内间距　b）原子尺度 CNT 侧壁（002）间距　c）纳米尺度的 CNT 圆柱形截面
d）介观尺度的 CNT 间距/束缚　e）微观尺度反射，描述了沿生长方向的 CNT 波纹　f）由二维散射图像积分得到的
一维散射数据　g）CNT 森林的结构层次示意图

敏感性。X 射线在样品中的散射过程会产生小角度散射，这些散射信号可以被检测器收集，并分析出与样品纳米结构相关的信息。

　　GISAXS 技术的实验流程包括以下几个步骤：首先，准备好样品，使其表面平整并适合 X 射线照射；接着，调整 X 射线的入射角度和能量，使其符合 GISAXS 测量的要求；然后，在设定的掠入射条件下收集散射数据，这些数据通常以二维散射图谱的形式呈现；最后，通过使用特定的软件（如 SASView、Fit2D 或 BornAgain）和解析模型（如 Debye-Scherrer 方程），对散射数据进行详细分析，以推断出样品的纳米结构特性，如层厚、表面粗糙度、形状、大小分布和排列等。

　　GISAXS 广泛应用于研究纳米颗粒、纳米线、纳米孔阵列、自组装单层或多层结构、多层薄膜及聚合物薄膜等纳米级系统。它对分析这些材料的形状、大小、排列及表面特性非常有效。然而，GISAXS 的局限性在于数据的解释通常较为复杂，需要精确的模型和算法；此外，样品表面必须相对平整，以确保散射数据的准确性。尽管如此，GISAXS 仍然因其高灵敏度和非破坏性成为材料科学中研究表面和薄膜纳米结构的关键技术。

4.5　反　射　技　术

4.5.1　X 射线/中子反射理论的原理

X 射线反射（XRR）技术的起源可以追溯到 1922 年，当时康普顿提出，如果某物质对 X 射线的折射率小于 1，根据光学定律，X 射线在进入该物质时应该能够发生全反射。随后，普林斯和其他研究人员通过实验验证了 X 射线在光滑表面上遵循电磁学定律的反射行为。1954 年，帕拉特提出了一个模型，将 X 射线反射率作为入射角函数进行解释，并将其应用于固体和液体界面的研究。这一模型的提出标志着 X 射线反射技术进入了理论与应用结合的新阶段。此后，X 射线反射技术迅速发展，成为研究材料表面和界面结构的强有力工具。其应用范围不断扩大，广泛应用于薄膜厚度测量、界面粗糙度评估、多层膜结构分析及密度分布测量等领域。通过测量反射率随入射角变化的曲线，研究人员可以获得材料表面的详细信息，如层厚、密度和界面质量。

1. 斯涅尔定律与菲涅尔定律

在 X 射线入射到材料表面时，当其入射角小于某一特定值时，X 射线会在材料表面发生全反射，如图 4-33 所示。通常将发生全反射的最小角度称为临界角 θ_c。临界角由材料的折射率 n 决定，可通过斯涅尔定律计算得出

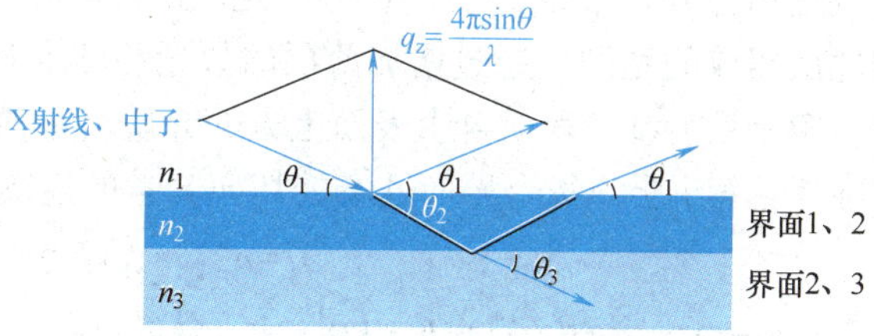

图 4-33　X 射线/中子反射原理图

$$n_1\cos\alpha_i = n_2\cos\alpha' \quad (4\text{-}26)$$

对于 X 射线和中子，复折射率 n 表示为

$$n = 1 - \delta + i\beta \quad (4\text{-}27)$$

对于 X 射线，有

$$\delta = \frac{r_0\rho_e\lambda^2}{2\pi}, \beta = \frac{\mu\lambda}{4\pi} \quad (4\text{-}28)$$

式中，r_0 是经典电子半径；λ 是波长；ρ_e 是电子密度；μ 是质量吸收系数。

对于中子，将 $r_0\rho_e$ 替换为中子散射长度密度 b。由于中子与物质的相互作用很弱，式（4-28）中的 β 值很小，约为 $10^{-6} \sim 10^{-5}$。在大多数情况下，吸收项 $\beta \ll \delta$，为了简化计算，可以将 β 项忽略。

固体和液体的自由表面是研究最广泛的界面。在这里 $n_1 = 1$，并且由于对于 X 射线 $\delta > 0$，$n = n_2 < 1$。斯涅尔定律得出 $\alpha' < \alpha_i$，因此，随着 α_i 的减小，达到一个有限的临界角 $\alpha_c = \sqrt{2\delta}$，在此角度 $\alpha' = 0$。对于小于此临界角的入射角，将发生全外反射，即反射率定义为 $r = E_r/E_i$，当 $\alpha_i < \alpha_c$ 时反射率为 1，当然，反射率 $R = |r|^2$ 也是如此。对于 $\alpha_i > \alpha_c$ 的情况，r 和 R 不再是 1，对于无限尖锐和平坦的表面，由菲涅尔定律给出

$$r = |r| = \frac{q-q'}{q+q'}, R_F(q) = \left|\frac{q-q'}{q+q'}\right|^2 \tag{4-29}$$

式中，$q=(4\pi/\lambda)\sin\alpha_i$ 是垂直于表面的动量传递；$q'=(q^2-q_c^2)^{1/2}$，且假设吸收可忽略不计。

反射率 R 是一个快速减小的函数，对于 $q \gg q_c$，非常接近于 $R_F(q) \approx (q_c/2q)^4$。在小角散射领域，这称为 Porod 定律。实际上，临界角为几分之一度，而在约 20 倍临界角（仅几度）的反射率约为 10^{-7}。因此，同步辐射源提供的高准直度和高强度的 X 射线束是反射测量的首选工具。由于低入射角，反射率几乎与偏振无关。

然而，实际界面既不是无限尖锐的也不是理想平坦的。在原子尺度上，相邻介质之间的过渡具有有限的宽度。例如，液体中的热诱导毛细波，以及固体中的结构缺陷或晶体表面台阶会改变密度分布。因此，实际表面的反射率将偏离菲涅尔定律。在这种情况下，计算反射率主要有两种方法。第一种是帕拉特最初提出的动态方法。第二种是基于玻恩近似的运动学方法。虽然第一种方法更为严格，但第二种方法在实际应用中更容易使用，并且在绝大多数情况下能提供准确可靠的密度分布。

2. 反射的动态理论

反射动态理论（Dynamical Theory of Reflection）是理解 X 射线和中子在材料表面和界面上反射行为的重要理论基础。与简单的几何光学反射理论不同，反射动态理论考虑了波动性和干涉效应，对多层结构的精确描述尤为重要。在反射动态理论中，垂直于界面的密度变化可以近似为分段常数函数，从而将实际界面替换为由 N 个具有恒定折射率 $n_j = 1 - \delta_j$ 和宽度 d_j 的薄层组成的系列。通过增加薄层的数量和减少其宽度，该近似可以无限接近实际的密度分布。第一层 $j=1$，表示自由表面上方的介质（如真空），而第 N 层表示体积，其中 $d_{N+1}=\infty$。现在考虑第 j 层，每个界面处场的切向分量的连续性要求得出第 j 层的反射率 r_j 为

$$r_j = a_{j-1}^4 (r_{j+1}+F_j)/(r_{j+1}F_j+1) \tag{4-30}$$

式中，$a_j = \exp(-iq_j d_j/4)$；$F_j = (q'_{j-1}-q'_j)/(q'_{j-1}+q'_j)$，$q'_j = (q^2-q_{c,j}^2)^{1/2}$，$q_{c,j}$ 表示第 j 层的临界角。

由于 $d_N = \infty$，第 N 层的底部反射率为零，唯一的贡献来自该层的上界面，从而得到 $r_N = \alpha_{N-1}^4 F_N$，然后用它计算 r_{N-1}，依此类推，直到得到自由表面反射率 r_2，从而 $R(q)=r_2^2$。这种方法正确地考虑了折射的影响，因此是精确的。吸收也可以方便地通过使用复数动量转移 $q'_j = (q^2-q_{c,j}^2+i\mu_j/2)^{1/2}$ 来包括。动态理论的另一个优点是它自然地描述了许多涉及分层界面的重要情况，如有序二嵌段聚合物、固体基底上的薄膜或水上的单分子 Langmuir 膜。

3. 反射的运动学理论

尽管反射动态理论在复杂结构的精确描述中不可或缺，但在实际应用中，运动学理论因其简便性和有效性也广泛应用于分析和解释实验数据。与反射动态理论相比，运动学理论提供了一个封闭形式的反射率表达式，对于大多数情况，这种表达式已经足够准确。依旧考虑上面讨论的多层近似，然而，这次假设反射率很小并忽略折射效应，这样每层都可以独立地反射入射波。对于在标称表面下深度为 z 的单层 j，反射波与入射波的振幅比式（4-31）给出

$$\frac{E_r^j}{E_i} = \frac{4\pi i r_0 \langle \rho_e(z) \rangle d_j}{q} \tag{4-31}$$

式中，$\langle \rho_e(z) \rangle$ 表示在与表面平行的 x-y 平面上的平均值。

将薄层设为相等的无限小厚度 dz，并在 z 上对贡献进行求和，再乘以适当的相位因子 $\exp(iqz)$，得到所谓的"主方程"

$$R(q) = R_{\mathrm{F}}(q) \left| (1/\rho_\infty) \int_{-\infty}^{\infty} \frac{\mathrm{d}\langle \rho_e(z) \rangle}{\mathrm{d}z} \exp(iqz)\,\mathrm{d}z \right|^2 \tag{4-32}$$

式中，ρ_∞ 是体电子密度。

因此，Fresnel 反射率通过修正密度梯度传播中的幅度变化，提供了一种在界面结构因子常数范围内的保守估计。该近似解在主量级满足 $q>4q_c$ 时较为精确，但在接近临界角区域通常也具有足够的适用性。其优点在于便于与解析形式的密度分布模型结合使用，因而常被用于反射率的拟合分析中。然而，需要注意的是，由于方程式（4-30）中包含结构因子的二次方项，导致丢失了相位信息，类似于 X 射线晶体学中的相位问题，从而无法仅通过反射率 $R(q)$ 实现密度分布 $\rho_e(z)$ 的唯一反演。然而，在结合其他物理边界条件与约束条件的前提下，通常仍可获得关于 $\rho_e(z)$ 的可靠解，足以满足多数研究需求。

4.5.2 中子反射的特性

由于 X 射线和中子反射强度对界面折射率分布敏感，因此它们都可以用于确定界面的密度分布。然而，这两种探针所反映的物理量存在本质差异。中子通过与原子核的相互作用来探测材料，其反射强度主要取决于原子核的散射长度密度（SLD）分布。SLD 是原子核散射长度与其数密度的乘积，不随元素周期表规律变化，对不同元素及其同位素高度敏感，尤其适用于探测氢、氘等轻元素及同位素标记。相比之下，X 射线则通过与电子云的相互作用反映界面的电子密度分布，因此更接近传统意义上的"体密度"图像。这种差异使得两者在界面结构信息的获取上相互补充。虽然现代同步辐射 X 射线源的亮度比最佳的中子源高 5~6 个数量级，X 射线反射测量通常比中子反射测量达到更高的分辨率和精度。然而，中子的磁相互作用以及同位素替代时散射长度的巨大变化，使得中子反射在研究表面磁性以及聚合物在液体和固体表面吸附等特殊情况下成为首选方法。

由于中子在磁性材料的研究中有独特的优势，因此以磁性薄膜为主要研究对象的极化中子反射成为中子反射技术的重点发展方向。由于中子具有磁矩，因此受到薄膜中磁感应强度 B 的影响，散射势变为

$$U(z) = U_z(z) + U_{\mathrm{m}}(z) = \frac{\hbar^2}{2m} N(z) b(z) + \boldsymbol{B} \cdot \hat{s} \tag{4-33}$$

式中，$\hat{s}$ 为自旋作用符。

通常情况下，入射中子的极化方向平行或者反平行于外部的引导场 H_{ext}，如图 4-34 所示。

薄膜磁矩平行 H_{ext} 的分量，引起的是非自旋翻转反射（NSF）；而薄膜磁矩垂直于 H_{ext} 的分量，则会引起自旋翻转反射（Spin-flip Scattering），极化中子入射到磁性薄膜时，在平行于 H_{ext} 方向的散射势可以写为

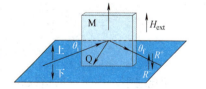

图 4-34 极化中子散射实验中子散射示意图

$$U^{\pm} = (\hbar^2/2m) Nb \pm \mu B_{//} \tag{4-34}$$

测量得到自旋相关的中子反射率 R_{++} 和 R_{--}，在垂直于 H_{ext} 方向上则发生自旋翻转散射（SF），入射自旋向上的中子反射后变为自旋向下，反之亦然，这时可以测量到 R_{++}、R_{--} 及 R_{+-}（$R_{+-}=R_{-+}$），通过分析四个通道的反射信号，就可以获得核散射和磁散射的 SLD 在整个

薄膜中的深度分布,进一步得到样品的厚度、构成、磁性大小和方向及界面的粗糙度。因此,利用极化中子反射技术,不仅能够研究线性磁结构,还可以研究更为复杂的非线性磁结构、螺旋性磁结构等。

4.5.3 实验方法与数据分析

1. 反射谱仪

先进的反射谱仪通常装有二维探测器,能同时记录镜面和非镜面反射的信号,可以获得膜层厚度、组成、磁性大小和方向及界面的粗糙度等信息。而极化中子反射技术使中子反射不仅能研究线性磁结构,还可以研究更为复杂的非线性磁结构、螺旋性磁结构等。一般地,中子源都拥有两台反射谱仪,一台是使用极化中子的反射谱仪,主要用于研究磁性薄膜,另一台则是以研究液体样品为主的液体反射谱仪。目前,全球拥有数十台 X 射线反射谱仪(X-ray Reflectometers),这些设备主要集中在领先的研究机构和实验室中。典型的 X 射线反射谱仪有德国 Max Planck 研究所的高分辨率 X 射线反射谱仪、美国 Argonne 国家实验室的 Advanced Photon Source(APS)和英国 Diamond Light Source 的 I07 线站等。

X 射线反射谱仪主要由 X 射线源、准直系统、样品台、探测器,以及控制和数据采集系统五部分组成,如图 4-35 所示。X 射线源产生高强度的 X 射线,经过准直系统准直后,以一定的入射角度照射到样品表面。样品台固定并精确定位样品,使其能够在不同入射角度下接受 X 射线照射;探测器则测量反射 X 射线的强度,而控制和数据采集系统用于控制仪器操作并实时采集和处理反射数据。X 射线反射谱仪广泛应用于研究各种薄膜和多层结构,如半导体材料的硅氧化物和氮化硅薄膜、磁性材料的多层膜结构、光学涂层的多层结构及聚合物薄膜的层间结构等。通过精确测量和分析反射数据,可以获得薄膜的厚度、密度和界面粗糙度等详细信息,帮助优化半导体制造工艺、改进磁存储器件性能、提高光学器件性能及理解聚合物薄膜的物理和化学性质。

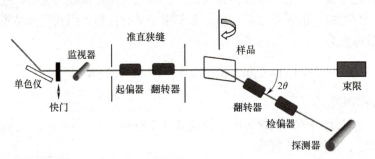

图 4-35 反射谱仪的基本结构示意图

相比之下,中子反射谱仪也在全球范围内广泛应用,如法国 ILL 的 SuperADAM,美国 NIST 的 PBR、MAGIK 和 NG-7 等反应堆中子源,以及英国 ISIS、美国 SNS 和日本 J-PARC 等。

(1)极化中子反射谱仪   由于中子在磁性材料的研究中有独特的优势,因此以磁性薄膜为主要研究对象的极化中子反射成为中子反射技术的重点发展方向。中国散裂中子源(CSNS)在一期就建造了一台以极化中子反射为主的多功能反射谱仪(MR),已于 2018 年 3 月通过国家验收。作为 CSNS 一期三台谱仪之一的多功能中子反射仪具有可移动的中子极化器、分析器和相应的自旋翻转器,因此,既可以进行非极化中子反射测量,也可以进行极化中子反射测量，主要应用领域包括：各种薄膜材料的结构、磁性低维结构及表面磁性、聚合物 LB 膜及生物膜的结构和界面现象，甚至固-液界面等。实际上，任何具有刚性衬底的薄膜，包括高分子聚合物，甚至对于固-液界面都可以使用垂直放置样品的中子反射谱仪。

（2）**液体中子反射谱仪**　当研究对象是液-液界面时，通常需要使用水平放置样品的中子反射谱仪，这类设备一般称为液体反射谱仪。以 ISIS 第二靶站的液体中子反射谱仪为例，该设备专为液体样品的研究而设计，如图 4-36 所示。由于液体表面或界面对震动非常敏感，液体中子反射谱仪通常配备高性能的减震平台，以稳定放置液体相关的样品。液体反射谱仪还需要定制特殊的样品盒，以容纳液体或高聚物样品，并通过引入电场等方式进行电化学过程分析。液体或高聚物材料通常含有大量氢原子，而氢和氘的中子散射长度差异显著，分别为 -0.374×10^{-12} cm 和 0.667×10^{-12} cm。这对于软物质薄膜材料的研究尤其重要。例如，蛋白质中氢原子占总原子数的三分之一以上，通过氘化反应，中子散射技术能够利用氢和氘的散射长度差异，实现对不同位置氢原子的精确定位，从而识别出相应的功能团。由于中子对 H、C、Li 等元素具有高灵敏度，中子反射技术在研究有机高分子材料或固-液体系方面具有独特优势。材料的腐蚀通常从表面开始，因此，工程应用中的材料腐蚀问题也可以通过中子反射进行研究。尤其是含有磁性金属元素（如 Fe、Co、Ni）的表面腐蚀，还可以通过极化中子反射技术进行研究。此外，液体反射谱仪同样可以安装极化中子部件，如 HMI 的 V6，这使得极化中子反射技术能够研究表面活性剂在铁磁性薄膜表面的吸附行为。这些技术组合使得液体中子反射谱仪在多种材料研究中表现出色，为科学研究提供了强有力的工具。

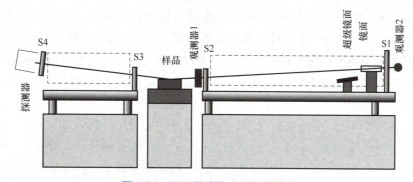

图 4-36　ISIS 的液体中子反射谱仪

总之，中子反射技术相比 X 射线具有更强的穿透能力；与之相比，中子散射对轻元素更加敏感，且破坏性较低。通过极化中子反射技术，可以研究材料内部的磁性分布。随着现代科技的发展，材料领域涉及多学科的交叉，应用范围广泛。根据材料的特点，综合利用中子反射、极化中子反射等各种反射测量手段，有助于更好地揭示其物性特点。

2. 薄膜和多层结构分析

X 射线反射（XRR）、中子反射（NR）和极化中子反射（PNR）是表征材料表面和界面结构的关键技术，各自具有独特的优势和应用领域。XRR 主要用于研究材料表面的电子密度分布，能够提供薄膜的厚度、密度和界面粗糙度等信息。通过分析反射强度随入射角度变化的曲线，XRR 可以精确计算出薄膜的厚度和密度。这种技术在半导体工业、光学涂层，以及磁性存储器的优化和控制中有广泛应用。例如，在半导体制造过程中，XRR 用于精确测量硅氧化物或氮化硅薄膜的厚度，以确保制造工艺的精确控制。中子反射（NR）利用中子与原子核的相互作用来探测材料中的质量密度分布，特别适用于研究包含轻元素（如氢）的样品。由于 NR 对不同元素具有高灵敏度，它能够揭示薄膜中的化学成分分布和相分离现象。例如，在聚合物薄膜研究中，NR 可以用于研究氢化物和氘化物的分布情况，帮助理解材料的混合行为。此外，NR 还广泛应用于生物膜研究，通过分析不同组分的垂直分布信息，揭示生物膜结构的复杂性。极化中子反射（PNR）则是利用中子的磁性相互作用，专门用于研究磁性材料的表面磁结构和磁矩分布。在磁性多层膜的研究中，PNR 可以精确测量磁性层的磁矩分布和界面磁性特性，提供关于磁性材料表面和界面磁结构的重要信息。例如，PNR 被广泛应用于研究自旋阀结构中的磁性多层膜，通过分析磁性层的反射数据，可以优化自旋电子器件的性能。此外，PNR 还用于研究超薄铁膜中的磁矩变化情况，帮助理解磁性材料的表面效应和界面效应。

在多层结构分析中，XRR 和 NR 是不可或缺的工具，能够提供关于每一层的厚度、密度、界面粗糙度和化学成分分布等详细信息。XRR 通过测量反射 X 射线的强度随入射角度的变化，获得多层结构的电子密度分布。通过分析反射强度曲线中的干涉条纹，XRR 可以确定每层的厚度和密度，并使用帕拉克公式等方法对数据进行拟合，计算界面粗糙度。这种技术在半导体工业、光学涂层和磁性存储器的优化和控制中被广泛应用。例如，在半导体制造过程中，XRR 用于精确测量硅氧化物或氮化硅薄膜的厚度，以确保制造工艺的精确控制。NR 利用中子与原子核的相互作用来探测多层结构中的质量密度和化学成分分布，特别适用于包含轻元素的样品。通过在不同入射角度下测量反射率，利用动态散射理论或近似方法对数据进行拟合，NR 可以获得每一层的厚度、密度和化学成分分布。在研究聚合物多层膜、生物膜和磁性多层膜等方面，NR 具有显著优势。例如，NR 可以分析聚合物多层膜中的氢化物和氘化物的分布情况，研究材料的混合行为和相分离现象。此外，NR 还可以测量磁性多层膜的磁矩分布和界面磁性特性，为磁性存储器和自旋电子器件的设计提供重要信息。

3. 近似方法

X 射线反射（XRR）、中子反射（NR）和极化中子反射（PNR）的近似方法主要包括帕拉克公式（Parratt Formalism）、动态散射理论（Dynamical Scattering Theory）和粗糙表面近似方法（Rough Surface Approximation Methods）。帕拉克公式是一种常用的近似方法，通过递归计算多层薄膜的反射和透射系数，适用于多层系统的高精度分析。帕拉克公式能够处理复杂的多层系统，提供关于薄膜的厚度、密度和界面粗糙度的信息，广泛应用于半导体、光学涂层和磁性存储器的研究。动态散射理论是另一种重要方法，考虑了多重散射效应，通过求解波动方程来计算反射率。该方法适用于厚膜和高密度材料的精确表征，如高介电常数材料和复杂多层结构。动态散射理论能够处理厚膜和多重散射效应，提供更高的计算精度，常用于对高精度需求的表征。粗糙表面近似方法则基于近似方法（如 Debye-Waller 因子和 Nevot-Croce 因子），考虑表面和界面粗糙度对反射率的影响。这种方法适用于分析具有显著粗糙度的薄膜表面或界面，能够快速处理粗糙表面对反射率的影响，适用于简单的表面分析。极化中子反射（PNR）还采用了专门的磁性近似方法，利用中子对磁性的敏感性，考虑磁性层的反射和透射效应。这种方法专门用于研究磁性材料的表面和界面磁性结构，能够精确测量磁性层的磁矩分布和界面磁性特性，广泛应用于磁性多层膜和自旋电子器件的研究。

4.5.4　案例研究与最新进展

1. 自组装结构研究

二嵌段共聚物由于其独特的自组装特性，在材料科学中具有重要的研究意义。Mayes 等人利用中子和 X 射线反射技术研究了全氘化聚苯乙烯与普通聚甲基丙烯酸甲酯的二嵌段共聚物（PS-*b*-PMMA）薄膜在硅基底上的组装过程（图4-37），证明了这两种技术的互补性质。当对聚合物进行退火时，PS 具有较低的表面能，在表面退火后聚集，而 PMMA 则留在硅表面。XRR 和 NR 结果如图4-37 所示，在 X 射线数据中只观察到由薄膜总厚度引起的条纹。与 X 射线数据拟合的等密度模型显示出非常好的一致性，得到的薄膜厚度约1200Å。相比之下，氢和氘的中子散射长度不同，前者为正，后者为负，导致了中子内层的散射密度差异很大。这就产生了除薄膜总厚度以外的额外干涉，如图4-37 中的中子数据所示。与数据拟合的曲线为实线，PS 和 PMMA 层的厚度约为290Å，它们之间的扩散过渡层为50Å，表面粗糙度值为6Å。

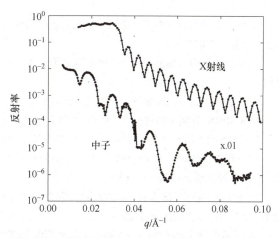

图 4-37　**硅基底上的 PS-*b*-PMMA 的 XRR 与 NR 曲线**

2. 薄膜磁性研究

随着中子反射测量精度和强度的提高，所需样品的尺寸可以小于 $10 \times 10 mm^2$，这就使其应用范围扩展到脉冲激光沉积（Pulsed Laser Deposition，PLD）制备的复杂氧化物薄膜或异质结的磁性研究中。2017 年，中国科学技术大学的吴文斌等在 LCMO/CRTO 全氧化物多层膜中发现反铁磁耦合，并通过 PNR 得以确证。从图 4-38 可以清楚看见，当 CRTO 为 1.2nm 时的 LCMO/CRTO 多层膜为反铁磁耦合，该反铁磁耦合峰在 5000 Oe 的外场下消失，即外磁场使得 LCMO 磁矩平行排列。当然，全氧化物多层膜中发现反铁磁层间耦合引出新的研究课题，即氧化物多层膜中层间耦合的机制研究，显然无法用经典的 RKKY 机制来描述。

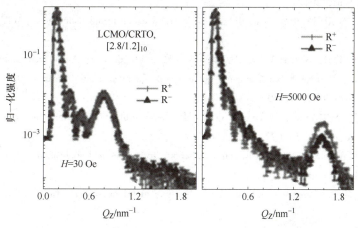

图 4-38　**LCMO/CRTO 全氧化物多层膜的 PNR 曲线**

思 考 题

1. X 射线是如何在物质中产生的？描述特征 X 射线和连续 X 射线的产生机制。

2. 为什么特征 X 射线的能量具有特定的离散值？举例说明某元素的特征 X 射线的产生过程及其能量决定因素。

3. 在 X 射线与物质的相互作用中，光电效应是什么？描述光电效应的机制，并讨论它如何影响低能量 X 射线在物质中的吸收。

4. 在粉末 X 射线衍射中，为什么会观察到一系列衍射环？如何通过这些衍射环分析粉末样品的晶体结构？

5. 在散射实验中，散射矢量 q 的定义和物理意义是什么？其常用单位是什么？

6. X 射线吸收精细结构谱（XAFS）是如何产生的？常用的 XAFS 实验方法有哪些？

7. XAFS 数据处理的主要步骤是什么？列出从原始数据到最终结构解析的一般流程，并做出解释。

8. 小角散射技术主要用于研究什么类型的结构？解释小角 X 射线散射（SAXS）和小角中子散射（SANS）在研究样品结构上的优势。

9. 在 SAXS 或 SANS 实验中，如何通过散射曲线分析样品的形态和尺度？说明从散射曲线中提取粒子大小、形状和分布的信息的方法。

10. 什么是 X 射线反射法（XRR）？描述 XRR 测量中的全反射现象和临界角的概念，以及它们如何用于表征薄膜厚度和密度。

参 考 文 献

[1] 吴刚. 材料结构表征及应用 [M]. 北京：化学工业出版社，2011.

[2] 朱和国，尤泽升，刘吉梓，等. 材料科学研究与测试方法 [M]. 5 版. 南京：东南大学出版社，2019.

[3] KUMAR C S S R. X-ray and neutron techniques for nanomaterials characterization [M]. Springer Berlin：Heidelberg，2016.

[4] BOOTHROYD A T. Principles of neutron scattering from condensed matter [M]. Oxford：Oxford University Press，2020.

[5] HAMLEY I W. Small-angle scattering：theory，instrumentation，data，and applications [M]. New York：John Wiley & Sons，2021.

[6] SEECK O H，MURPHY B M. X-ray diffraction：modern experimental techniques [M]. Boca Raton：CRC Pres，2014.

[7] SCHNABLEGGER H，SINGH Y. The SAXS guide [M]. 5th ed. Graz：Anton Paar GmbH，2023.

[8] LI T，SENESI A J，LEE B. Small angle X-ray scattering for nanoparticle research [J]. Chemical Reviews，2016，116（18）：11128-11180.

[9] HOLDER C F，SCHAAK R E. Tutorial on powder X-ray diffraction for characterizing nanoscale materials [J]. ACS Nano，2019，13（7）：7359-7365.

[10] WILLMOTT P. An Introduction to synchrotron radiation：techniques and applications [M]. 2nd ed. New York：John Wiley & Sons，2019.

[11] NEWVILLE M. Fundamentals of XAFS [J]. Reviews in Mineralogy and Geochemistry，2014，78（1）：33-74.

[12] Grant Bunker. Introduction to XAFSA：a practical guide to X-ray absorption fine structure spectroscopy

［M］. Cambridge：Cambridge University Press，2010.

［13］　GARCIA P R A F，PRYMAK O，GRASMIK V，et al. An in situ SAXS investigation of the formation of sil-ver nanoparticles and bimetallic silver-gold nanoparticles in controlled wet-chemical reduction synthesis ［J］. Nanoscale Advances，2020，2：225-238.

［14］　MESHOT E R，ZWISSLER D W，BUI N，et al. Quantifying the hierarchical order in self-aligned carbon nanotubes from atomic to micrometer scale ［J］. ACS Nano，2017，11，6：5405-5416.

第 **5** 章

先进谱学技术

5.1 原位 X 射线光电子能谱

5.1.1 引言

X 射线光电子能谱仪（XPS）是一种有效的表面分析技术，广泛用于基础科研、先进材料研究、高精尖技术等领域。XPS 利用 X 射线辐射样品，使得原子或分子的内层电子或者价电子受到激发而成为光电子，通过测量光电子的信号来表征样品表面的化学组成、各元素的结合能及价态。瑞典 Uppsala 大学的 K. Siegbahn 及同事于 20 世纪 60 年代中期开发研制了 XPS 这种新型的表面分析仪器。目前 XPS 已经成为研究材料表面组成和化学状态的主要方法，K. Siegbahn 也因为这一贡献被授予 1981 年的诺贝尔物理学奖。

XPS 的工作原理是光电效应，由于光电子的非弹性平均自由程较小，为了减少光电子与气体之间的相互作用所产生的信号衰减，XPS 在很长一段时间内仅限于在高真空环境下进行测量。然而人们更关注材料在环境条件下的动态变化，所以 XPS 在准原位/原位上的分析应用，是人们当前关注的热点。原位 X 射线光电子能谱是在 X 射线光电子能谱的基础上发展而来，随着差动抽气系统的发展，探测器能够保持在高真空条件下工作，而样品可以放置在所谓的"接近环境压力"条件下。这样的原位 X 射线光电子能谱设备又称为环境压力X 射线光电子能谱（AP-XPS），可提供接近真实环境中的样品表面元素和原子价态方面的原位动态变化信息。

5.1.2 X 射线光电子能谱的基本原理

X 射线光电子能谱技术是分析样品表面成分的重要表征手段，通过利用 X 射线光子激发物质表面原子内层电子或价电子，并进行能量分析，从而获得能谱。它不仅可以检测样品表面的化学组成，还可以确定元素周期表中除 H 和 He 之外所有元素的化学状态。该技术具有高灵敏度，在实验过程中对样品表面辐照损伤小。因此，在化学、材料科学及表面科学研究中被广泛应用。

XPS 的物理原理基于爱因斯坦的光电效应理论，如图 5-1 所示，整个激发过程遵循能量守恒。当一束具有足够能量 $h\nu$ 的 X 射线光子，照射固体材料，由于 X 射线在固体材料中具有很强的穿透能力，当能量为 $h\nu$ 的 X 射线照射固体材料时，若 $h\nu$ 超过原子内层电子的束缚能 E_b 时，电子将被激发为自由光电子。

该过程遵循能量守恒定律，剩余能量转化为光电子动能 E_k，其能量关系可用式（5-1）说明

$$E_k = h\nu - E_b - \Phi_s \qquad (5\text{-}1)$$

式中，h 为普朗克常量；ν 为 X 射线的频率；Φ_s 为样品功函数。

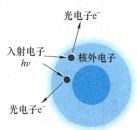

图 5-1　光电效应理论示意图

由于光电子的束缚能是固定不变的，且电子携带样品的特征信息，如元素、化学态信息，因此可以通过计算光电子的动能来确定光电子的结合能，便可以知道元素中原子和电子的结合状态。

普通的 X 射线光电子能谱仪中，一般采用 Mg K_α 和 Al K_α 的 X 射线作为激发源，光子的能量足够使得除 H、He 外所有元素电离，即通过测定电子结合能和谱峰强度，可以对 H、He 元素（因为它们的光电子截面太小）之外全部元素进行鉴定，并进行定量分析。

发射的光电子由于受到碰撞（非弹性碰撞），表面几个原子层内所产生的光电子不会损失能量，从而逸出表面。光电子逸出表面的深度取决于它的动能，对于金属，逸出光电子的动能在 1500eV 范围内，逸出深度约为 20Å；对金属氧化物而言，1500eV 范围内的光电子逸出深度约为 40Å；同样在有机化合物或者高聚物中，光电子逸出深度一般为 40~100Å。由此可以看出 XPS 是一种表面分析方法。

在发射过程中，除光电子受到的非弹性碰撞外，还存在势场的作用，导致内外层电子的屏蔽作用发生变化，从而改变内层电子结合能，使得 X 射线光电子的谱峰发生改变，即化学位移。这种化学位移在 XPS 中是一种很有用的信息，通过对化学位移的研究，可以了解原子的状态、可能处于的化学环境及分子结构等。

化学位移可以采用原子势能模型来计算

$$E_b = V_n + V_v \qquad (5\text{-}2)$$

式中，E_b 表示内层电子结合能；V_n 为核势；V_v 为价电子排斥势。

若原子失去电子被氧化后，外层电子密度减小，在价带轨道上留下空穴，核势 V_n 的影响较价电子排斥势 V_v 增大，因此内壳层向核紧缩，电子结合能增加。反之，若原子得到电子被还原后，则价电子排斥势绝对值增加，使内壳层电子的结合能降低。对于具有特定价壳层结构的原子，所有内层电子结合能的位移几乎相同。对于大多数金属，氧化会导致其 XPS 谱峰向高结合能方向移动，化学位移的量级通常是每单位电荷移动 1.0eV。对于有机物，相同原子和不同电负性的原子结合时，会引起显著的结合能差异。而在无机物中，电负性不同的原子集团也能引起化学位移的细微变化，可以用来研究表面物质电子环境的详细情况。大多数情况下，通过化学位移可以很容易地鉴定表面存在的金属氧化物。因此，当被测原子的氧化价态增加，或与电负性大的原子结合时，都导致其结合能增加。可以从被测原子内层电子结合能的变化来了解价态变化和所处的化学环境变化。这里需要注意的是，除原子周围化学环境的变化引起光电子的结合能峰位移外，样品上不断累积的电子、仪器状态也会影响谱峰位置，因此必须进行能量校准以消除这些干扰因素带来的误差。

5.1.3　X 射线光电子能谱的定性和定量分析方法

掌握正确的 XPS 数据分析方法，对于获得材料表面信息至关重要。采集 XPS 全谱和精

细谱（图 5-2），利用合适的电荷校正和分峰拟合方法，可以对样品表面元素的成分、结合能位移和化学态等进行定性和定量分析。XPS 表征不仅可提供材料总体方面的化学信息，还能给出表面、微小区域和深度分布方面的信息。

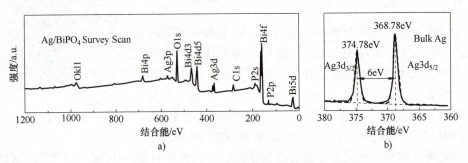

图 5-2　Ag/BiPO₄ 的 X 射线光电子能谱图

a) Ag/BiPO₄ 的全谱图　b) 块材 Ag 的精细谱

1. 谱线结构

XPS 谱图一般包括光电子谱线、自旋-轨道分裂峰、X 射线卫星峰、俄歇电子谱线、能量损失峰和鬼峰等，下面将分别介绍。

（1）光电子谱线　每一种元素（H、He 除外）都有自己最强的、具有表征作用的光电子线，它是元素定性分析的主要依据。谱图中强度最大、峰宽最小、对称性最好的谱峰，称为 XPS 的主谱线。

（2）自旋-轨道分裂峰　由于电子的轨道角动量和自旋角动量发生耦合，导致能级分裂。对于轨道角量子数 $l>0$ 的内壳层电子，其总角动量量子数 $j(j=|l \pm s|)$ 表示自旋轨道分裂，其中 $s=1/2$，表示自旋量子数。即若 $l=0$（s 支壳层），则 $j=1/2$，若 $l=1$（p 支壳层），则 $j=1/2$ 或 $3/2$。其他支壳层（d、f 等）也都将分裂成两个峰。

（3）X 射线卫星峰　常规 X 射线源（Al/Mg $K_{\alpha 1,2}$）并非是单色的，而是还存在一些能量略高的小伴线（$K_{\alpha 3,4,5}$ 和 K_β 等），所以导致 XPS 谱图中，除 $K_{\alpha 1,2}$ 所激发的主谱外，还会在高结合能侧出现一些强度较小的伴峰。

（4）俄歇电子谱线　电子电离后，内壳层能级出现空位，弛豫过程中若使另一电子激发成为自由电子，则该电子即为俄歇电子。俄歇电子谱线总是伴随着 XPS，但具有比 XPS 更宽更复杂的结构，多以谱线群的方式出现。

（5）能量损失峰　光电子在离开样品表面的过程中，可能与其他电子相互作用而造成能量损失，导致在 XPS 高结合能处出现一些伴峰。

（6）鬼峰　有时，由于 X 射线源的阳极可能不纯或被污染，则产生的 X 射线不纯。因而非阳极材料 X 射线所激发出的光电子谱线称为"鬼峰"。

2. 表面元素组成

（1）全谱扫描　对于一个化学成分未知的样品，首先应做全谱扫描，以初步判定表面的化学成分，原则上可以鉴定元素周期表中除 H 和 He 以外的所有元素。XPS 常用 Al K_α（1253.6eV）或 Mg K_α（1486.6eV）X 射线为激发源，一般检测限为 0.1%（原子百分含量）。全谱能量扫描范围一般取 0~1200eV，因为几乎所有元素的最强峰都在这一范围之内。由于组成元素的光电子线和俄歇线的特征能量值具有唯一性，与 XPS 标准谱图手册和数据库的结合能进行对比，可以鉴别出样品中某特定元素的存在。

一般图谱鉴定顺序如下：

1）首先鉴别总是存在的元素谱线，如 C、O 的谱线。

2）其次鉴别样品中主要元素的强谱线和有关的次强谱线。

3）最后鉴别剩余的弱谱线。

（2）窄区扫描（精细谱）　全谱扫描的另一个重要的作用就是为窄区扫描提供能量范围的设置依据。利用全谱扫描获得的能量范围和特征峰值信息，可以帮助确定窄区扫描的能量范围设置，从而对目标元素峰进行窄区域高分辨扫描。窄区扫描是为了得到精确的峰位和良好的峰形，扫描宽度足以使峰的两边完整，通常为 10~30eV。为了获得较好的信噪比，窄区扫描通常需要设置更小的通过能、更小的扫描步长和更多的扫描次数。这样的参数设置可在保证能量分辨率的同时，显著提升谱图质量。

3. 元素化学态分析

原子的内层电子结合能会随着周围环境的不同（与之结合的元素种类和数量不同或原子具有不同的化学价态等）而在谱图上表现出化学位移，因此，XPS 可通过测定内层电子的化学位移来推知原子的结合状态和电子分布状态等信息。除少数元素外，几乎所有元素都存在化学位移，且同一元素不同化学态的化学位移较明显，从而可对其化学态进行准确鉴定；此外，大部分元素的单质态、氧化态及还原态之间都有明显的化学位移。但也有些元素的化学位移较小，此时可利用俄歇谱线化学位移对该元素的化学状态进行鉴定。

俄歇谱峰是由俄歇电子发射产生的，通常出现在 XPS 谱图的高能区域。俄歇谱峰同样提供了样品表面化学成分的信息。这些俄歇谱峰也可以对表面元素的化学状态进行分析和确定。与化学位移一样，特定元素在不同化学环境下的俄歇谱峰的峰位和线形特征可能会有所变化，因此它们可以用于进一步确认样品中元素的化学状态和环境。

综合利用化学位移和俄歇谱峰，可以对样品表面的元素化学状态进行较为细致的分析和判定，提供关于表面化学环境的深入了解。这些信息对于理解材料特性和化学性质非常重要，特别是在研究表面反应、催化、腐蚀及其他表面相关现象方面有着重要应用。

4. 元素定量分析

XPS 定量分析方法可以概括为标样法、理论模型法和元素灵敏度因子法。目前 XPS 定量分析多采用元素灵敏度因子法，该方法利用特定元素谱线强度作参考标准，测得其他元素相对谱线强度，求得各元素的相对含量。

定量分析方法步骤如下：

1）荷电校正。一般采用吸附碳的 C1s 作为基准峰校准，以测量值和参考值（284.8eV）之差作为荷电校正值（Δ）来校正谱中其他元素的结合能。

2）扣除背底。常用方式主要有 Shirley、Linear、Tougaard 和 Smart，选择合适的背底扣除方式，谱峰范围需包含当前元素谱峰。

3）测量峰面积。注意是否有重合谱峰的干扰，必要时需进行分峰拟合。

4）获得原子百分比。结合灵敏度因子获得各元素的原子百分比。

需要注意的是，由于光电子的强度不仅与原子的浓度有关，还与光电子的平均自由程、样品的表面粗糙度、元素所处的化学状态、X 射线源强度及仪器的状态有关。因此，XPS 只是一种半定量分析技术，一般不能给出所分析元素的绝对含量，仅能提供各元素的相对含量。

5.1.4 原位 X 射线光电子能谱仪

研究者在 XPS 样品分析室前加入了一个或多个样品处理室，通过搭建由多台气体流量控制器组成的预处理/反应气体混合装置，并联合配有可变温反应池装置的 XPS 仪器，在其中通入气氛及改变温度来处理样品材料，再通过通入氦气瞬间结束反应等方式终止反应，待抽真空后将样品转移至样品分析室当中分析，这称为准原位 XPS 技术。利用准原位 XPS，样品可以在经过气氛和加热处理之后，在不暴露空气的情况下转移到样品分析室当中，基本实现了原位分析各种化学环境（不同温度和气氛）对催化剂表面化学态的影响。

然而，常规的准原位 XPS 依然存在缺陷。测试的样品是在处理完成之后再被转入样品分析室的，在测试时，样品已经脱离了反应氛围。比如金属催化材料在反应过程中会原位（In-situ）地发生重构，这些重构产生的物种可能是真实的活性位，而这些活性位在离开反应气氛后又可能消失，这时，采用准原位 XPS 去测试处理完成的催化剂样品所收集到的信息已经与真实反应中的催化剂不同了，会造成不容忽视的误差。

为了解决上述问题，研究者们改进了 XPS 装置，直接用 X 射线照射反应气氛下的样品，利用静电场或电磁复合场形成的电子透镜来聚焦生成的光电子，并采用多级离子泵抽出反应气（图 5-3），形成一个气压梯度，在达到一定真空度后再检测光电子的信号。这样一来，所检测到的信号为样品在反应时所发出的，真正实现了气氛条件下的 XPS，即环境压力 X 射线光电子能谱（AP-XPS）。

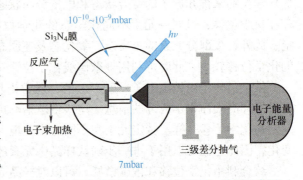

图 5-3　原位近常压 XPS（AP-XPS）装置示意图

AP-XPS 技术给表征气氛或反应条件下样品表面的动态变化提供了可行性。但由于测试时存在气氛，XPS 检测到的信号也要弱很多，单次检测所需的时间也增长了；同时由于本质上 XPS 检测的区域是微米级的，其收集的是统计信号，因此 XPS 无法得到样品原子尺度上的局部信息，这一部分的表征还需要如环境透射电子显微镜（ETEM）等其他表征手段配合进行，以此探究材料表面的动态变化。

这一领域的代表性工作来自 Franklin Tao 等人，他们合成了具有核壳结构的 Pd-Rh 合金催化剂，在原位条件下，连续改变气氛（NO→NO+CO→NO→NO+CO→O_2），对双金属的组成和价态进行分析。通过 AP-XPS 的测试，他们发现了 Pd-Rh 合金催化剂在不同气氛下其表面和内部的元素分布存在着动态变化：在处于氧化性气氛（NO 或 O_2）时，催化剂表面的 Rh 含量较高；在切换到反应气氛（NO+CO）时，催化剂的表面的 Pt 含量会上升。这种金属迁移的现象是可逆的：周期性地改变反应气氛会使双金属的结构和价态表现出周期性的变化规律。这种反应驱动的重构现象被 AP-XPS 非常精准地捕捉到了。目前，对于原位条件下的催化剂动态变化，以及催化剂的真实活性位的探究已经成了材料和催化领域的一个研究热点。图 5-4 为不同气氛下 Pd-Rh 双元合金表面的元素分布动态变化图。

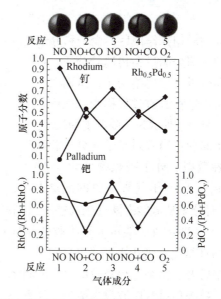

图 5-4

图 5-4　不同气氛下 Pd-Rh 双元合金表面的元素分布动态变化图

5.2　先进拉曼光谱学

　　拉曼光谱（Raman Spectroscopy）是一种通过测量散射光的能量变化来获取物质中分子振动信息的检测技术。通过分析拉曼散射光谱，可以获取物质内部结构、分子振动和化学键等信息，在生物分子结构解析、药物研发、材料研究等各个领域起到重要作用。与其他光谱技术相比，拉曼光谱在非破坏性和高灵敏度方面具有独特的优势，可以方便地获得物质的化学和结构信息。

　　近年来，利用金属纳米结构的表面等离激元共振效应来增强拉曼散射信号的表面增强拉曼散射光谱，更进一步提高了拉曼光谱的检测灵敏度和空间分辨率。其与近场光学的高分辨成像技术结合，可以在分子水平上获得材料或细胞组织的结构和组分信息。而通过与原子力显微镜（AFM）相结合，利用金属探针的尖端来增强拉曼散射信号的针尖增强拉曼散射光谱则可以将空间分辨率提高到单个分子甚至是单个化学键的探测水平。同时，拉曼光谱非破坏性、非接触性的特点，允许对样品在实际工作条件下进行实时监测和表征。通过与多种环境构造手段的联用而发展的原位拉曼光谱技术也展现出强大的实时分析能力。目前，先进拉曼光谱学在医学、化学、材料科学和环境监测等方面展现出了巨大的应用潜力。

5.2.1　拉曼光谱的原理与发展

1. 拉曼散射

　　1928 年，印度物理学家拉曼（Chandrasekhara Venkata Raman）在研究 CCl_4 光谱时注意到，当光与 CCl_4 液体发生相互作用时，散射光中会有一部分光的频率发生变化，这种现象称为拉曼散射。在拉曼进行相关研究之前，人们已经了解到光与物质相互作用时会发生散射。散射包括多种类型，按照散射前后的能量变化，可以分为弹性散射和非弹性散射。对于弹性散射，入射光与物质相互作用后，发出的散射光的能量和频率与入射光相同，只是光的传播方向发生改变，但不会发生能级跃迁或能量损失。这种散射过程称为瑞利散射。在非弹性散射中，入射光与物质相互作用后，光子和分子之间发生了能量交换，光子不仅改变了运动方向，同时光子的一部分能量会传递给分子，或者分子的振动和转动能量会传递给光子，从而改变散射光的频率和波长。这种散射过程称为拉曼散射（Raman Scattering）。图 5-5 所示为拉曼散射原理。

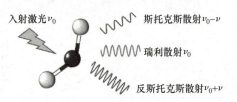

图 5-5　拉曼散射原理示意图

拉曼散射的基本原理：当入射光子与分子相互作用时，发生非弹性散射，分子吸收频率为 ν_0 的光子，发射频率为 $\nu_0-\nu$ 的光子（即吸收的能量大于释放的能量），同时分子从低能态跃迁到高能态（斯托克斯线）；分子吸收频率为 ν_0 的光子，发射 $\nu_0+\nu$ 的光子（即释放的能量大于吸收的能量），同时分子从高能态跃迁到低能态（反斯托克斯线）。拉曼散射一般由斯托克斯散射（$\nu_0-\nu$）和反斯托克斯散射（$\nu_0+\nu$）组成，但前者的强度远大于后者。这个过程导致散射光的频率与入射光的频率不同，从而产生拉曼频移或拉曼位移。拉曼频移通常以波数为单位，波数与波长成反比，该值与能量直接相关。为了在光谱波长和拉曼光谱中的波数之间进行转换，可以使用式（5-3）

$$\Delta \tilde{\nu} = \left(\frac{1}{\lambda_0} - \frac{1}{\lambda_1} \right) \tag{5-3}$$

式中，$\Delta \tilde{\nu}$ 是以波数表示的拉曼频移；λ_0 是激发波长；λ_1 是拉曼光谱波长。

最常见的是，在拉曼光谱中表示波数的单位采用 cm^{-1}。由于波长通常以 nm 为单位表示，因此式（5-3）可以表示为

$$\Delta \tilde{\nu} (cm^{-1}) = \left(\frac{1}{\lambda_0 (nm)} - \frac{1}{\lambda_1 (nm)} \right) \times \frac{(10^7 nm)}{(cm)} \tag{5-4}$$

频移的量级和性质可以提供关于物质结构和化学键的信息。不同类型的振动模式（如拉伸、弯曲、扭转等）对应于不同的频移。通过测量频移，可以确定物质中存在的特定分子振动和化学键的类型，进而分析分子的结构和化学组成。

例如，同素异形体具有相同的元素组成，但是晶体结构大不相同，拉曼光谱可以作为一种快速识别、检验同素异形体的实验手段。通过分析拉曼光谱中的特征峰位置及其相对强度，可以准确地鉴别材料种类。常见的碳元素具有金刚石、石墨、无定形碳、石墨烯、碳纳米管等多种同素异形体，图 5-6b 所示为其各种晶体结构。它们的拉曼特征峰的峰形和峰位有着明显差异（图 5-6a），可以根据拉曼光谱快速分辨其晶体结构种类。

拉曼散射的强度变化指的是散射光强度与入射光强度之间的比值变化。通过观察强度变化，可以了解散射光的强度增强或减弱的模式，并推断与此相关的物质结构和分子振动的改变。通过拉曼光谱的特征峰强度变化，也可以快速准确地表征材料缺陷、层间堆垛方式及空间分布。碳纳米管是一种典型的一维纳米材料，其结构为蜂巢状的一维纳米空心管，其中 C-C 原子以 sp^2 杂化构成共价键。其拉曼光谱主要在 $1350cm^{-1}$ 及 $1590cm^{-1}$ 处，其中 $1350cm^{-1}$ 附近的 D 峰，代表了 sp^3 杂化的碳原子的引入或者 sp^2 杂化网状结构的缺陷，其强度对应着碳纳米管晶格的缺陷程度；$1590cm^{-1}$ 附近的 G 峰，代表了由 sp^2 杂化的碳原子导致的 E_{2g} 振动模式的规整石墨烯结构，其强度对应着碳纳米管晶格的完整程度。

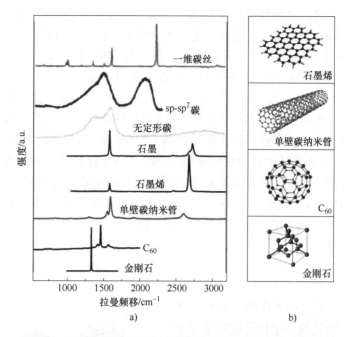

图 5-6　不同碳的同素异形体的拉曼光谱、晶体结构示意图

a）从上至下：一维碳丝、sp-sp^2 碳、无定形碳、石墨、石墨烯、单壁碳纳米管、C$_{60}$ 和金刚石的拉曼光谱

b）四种碳的同素异形体的晶体结构图

2. 光谱特性

拉曼散射反映了入射光与样品分子之间的非弹性相互作用。拉曼光谱是一种基于拉曼散射效应的分析技术，其光谱通常显示为一系列尖锐的峰，每个峰都对应于特定的分子振动模式。通过分析拉曼光谱可以获得材料的化学成分、结构和分子振动信息。拉曼光谱具有非破坏性、分子特异性、覆盖波数范围较广、适用于多样品环境等优点，可以实现原位实时监测，因此它成为一种多功能、强大的分析工具，在材料科学、化学、生物学、医学、环境科学等领域得到广泛应用。

在光谱学方法中，红外光谱也是一种被广泛使用的振动光谱技术。与拉曼光谱不同的是，红外光谱基于分子中化学键的振动能级与红外光的相互作用。在红外光谱中，分子吸收特定频率的红外光，导致化学键的振动模式发生变化。红外光谱通常显示为一系列宽峰，这些峰与分子中的化学键类型和振动频率有关。尽管拉曼光谱和红外光谱的作用机制不同，但能够提供互补的信息。拉曼光谱对极性分子的非极性振动敏感，而红外光谱则对极性分子的极性振动敏感。这意味着拉曼光谱可以检测那些在红外光谱中非活性的分子振动，反之亦然。红外光谱的信号较强，但可能受到水和其他溶剂的干扰；而拉曼光谱的信号通常较弱，但具有更好的抗干扰能力，特别是在分析透明或反射性强的样品时。因此，将拉曼和红外光谱结合使用可以更全面地分析和表征材料的化学组成和结构。

3. 拉曼光谱技术的发展

随着新型功能材料的快速发展，新型拉曼光谱技术在科学研究中的应用也越来越广泛。随着人们对高精度、高分辨率和多应用场景下的表征需求的增长，在传统拉曼技术的基础上，多种增强和改进的先进拉曼光谱技术被先后提出，如表面增强拉曼光谱、共振拉曼光谱、共焦显微拉曼光谱、针尖增强拉曼光谱等。这些技术通过增强拉曼信号、提高空间分辨率或选择性增强特定分子的信号，使得拉曼光谱在更多前沿领域得到应用。

（1）表面增强拉曼散射光谱　表面增强拉曼散射（Surface-enhanced Raman Scattering，SERS）技术是一种基于拉曼散射原理的分析方法，通过在金属表面（通常是金、银、铜等贵金属）形成特定的纳米结构来增强拉曼信号。这种技术能够显著提高拉曼散射强度，从而实现对低浓度或痕量物质的检测。SERS 技术的关键优势在于其高灵敏度和高选择性，已经在多个领域得到应用。其增强机制主要基于两个效应：电磁场增强和化学增强。

1）电磁场增强。当光照射到金属纳米结构上时，会激发金属表面的自由电子产生集体振荡，形成局域表面等离激元共振（Localized Surface Plasmons Resonance，LSPR），如图 5-7 所示。表面等离激元共振会在金属表面的特定区域产生增强的局域电磁场，当分子被吸附在这些区域时，其拉曼散射信号就被显著增强。

图 5-7

2）化学增强。分子与金属表面之间的相互作用导致电荷转移，引起分子极化率的改变，导致拉曼散射信号的增强。

尽管 SERS 技术具有许多优势，但它在实际应用中仍面临一些挑战，如拉曼散射增强基底的选取、金属表面形貌的可控性、拉曼信号的重现性等。为了克服这些挑战，研究者们正在开发新的 SERS 基底材料、改进样品制备方法，并探索与其他分析技术的结合，如电化学、微流控系统等。

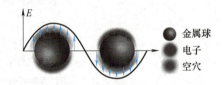

图 5-7　局域表面等离激元共振效应示意图。光照射时，金属中的电子被激发产生集体振荡，在金属和介电层界面产生局域电场

（2）针尖增强拉曼散射光谱　针尖增强拉曼散射光谱（Tip-enhanced Raman Scattering Spectroscopy，TERS）是拉曼光谱与扫描探针显微镜（Scanning Probe Microscopy，SPM）技术，特别是原子力显微镜（AFM）或扫描隧道显微镜（Scanning Tunneling Microscopy，STM）相结合的一种高空间分辨表征技术。它利用金属尖端产生的局域等离激元共振来增强拉曼散射信号，从而实现对单个分子或原子尺度结构的高分辨表征。TERS 技术的核心在于利用金属针尖（如金或银）附近的局域表面等离激元（Localized Surface Plasmon，LSP）来增强近场区域内的电磁场。当金属针尖靠近样品表面时，入射光激发针尖附近的金属表面产生 LSP，针尖处的局域电磁场强度远高于远处的电磁场，从而极大地增强了样品表面分子的拉曼散射信号。由于金属针尖的尺寸非常小，通常在纳米级别，因此 TERS 能够提供极高的空间分辨率。此外，只有与针尖近场相互作用的特定分子或振动模式才会被增强，因此 TERS 具有选择性增强效应，这使得它能够对样品表面的特定分子振动或特定化学键进行成像。图 5-8 所示为针尖增强拉曼散射原理示意图。

与一般的 SERS 技术相比，TERS 最大的优点在于它具有纳米尺度的空间分辨率和很高的灵敏度，因此，被广泛应用于纳米科学、表面科学、催化和生物体系。TERS 成像通常是在 AFM 和拉曼联用系统上进行的，因此它能够同时获得表面形貌和表面的光谱信息，对于实现固-气界面或固-

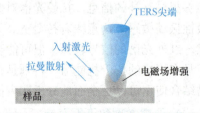

图 5-8　针尖增强拉曼散射原理示意图

液界面纳米尺度分辨率的原位表征具有独特的优势。

总之，拉曼光谱作为一种功能强大、应用广泛的分析工具，在科学研究和实际应用中的潜力正在逐步被挖掘。随着实验技术的不断进步，拉曼光谱将在更多领域发挥重要作用。

5.2.2 先进拉曼光谱技术

1. 共聚焦显微拉曼光谱仪

共聚焦显微拉曼光谱仪是一种结合了共聚焦显微镜技术与拉曼光谱分析的先进仪器，它能够提供高分辨率的化学成像和微区化学分析。通过使用共聚焦技术，可以有效抑制背景信号，提高空间分辨率，能够在微米甚至纳米尺度上进行精确的化学成分分析。

该仪器通常以激光作为激发光源，并通过显微镜系统聚焦到样品上，收集散射光后进行分析。共聚焦技术通过使用针孔或狭缝来排除非焦点区域的散射光，从而提高空间分辨率和信噪比。市场上有多种型号的共聚焦显微拉曼光谱仪，如雷尼绍（Renishaw）的 inVia 系列和 HORIBA 的 LabRAM Odyssey 等。这些仪器具有不同的技术特点和应用领域。其中，inVia InSpect 是专为刑侦实验室设计的，能够进行无损化学分析；而 LabRAM Odyssey 则在保证高分辨率的条件下具有拉曼光谱的快速采集能力。图 5-9 为共聚焦显微拉曼光谱仪器照片。

图 5-9　共聚焦显微拉曼光谱仪器照片示例　　　　　图 5-9

共聚焦显微拉曼光谱仪的主要构造如下：

1）激光激发源。仪器通常配备有多种波长的激光作为激发光源，常用的激光波长包括 457nm、532nm、633nm 和 785nm。

2）光学显微镜系统。包括物镜、滤光片和光学元件，用于聚焦激光到样品上，并收集从样品散射出来的光。物镜的选择取决于分析的需要，可以选择短焦距的高数值孔径物镜，以获得更好的空间分辨率。

3）共聚焦系统。在显微镜的发射光路中设置一个针孔或狭缝，通过这种共聚焦系统能够有效排除非焦点区域的散射光，提高成像的空间分辨率和对比度。

4）光谱仪。用于分析从样品中收集到的散射光。光谱仪的设计保证了高通光效率和高灵敏度，通常采用自动聚焦透射式单级光谱仪，无色差和像差。

5）探测器。常用的是硅电荷耦合器件（CCD）探测器或光电倍增管，用于探测光谱仪分光后的拉曼散射光，并将其转换为电信号。

6）数据处理系统。包括计算机和专业软件，用于控制仪器的操作、收集数据、进行分析和处理，以及生成拉曼光谱图像。

7）高精度样品台。支持 XYZ 方向的精确移动，确保样品能够精确定位和扫描。

8）附件和选项。包括原位冷热台、特殊物镜、快速拉曼扫描成像技术等，以适应不同的分析需求。

共聚焦显微拉曼光谱仪的功能特色包括但不限于：

1）高空间分辨率成像。能够对样品进行二维或三维的高空间分辨率、快速拉曼扫描成像。

2）分析复杂表面样品。利用激光实时聚焦成像技术，能够分析凸凹不平、弯曲或粗糙的样品表面。

3）原位测试能力。能够在宽温度范围内进行原位拉曼测试。

4）多波长激发。具备不同激光波长的激发能力，可适用于不同类型的样品分析。

这些特性使得共聚焦显微拉曼光谱仪成为科学研究和测试分析实验室的理想选择，广泛应用于物理、化学、材料、地质、药物、生物医学、环境、刑侦等领域。

2. 差分拉曼光谱仪

差分拉曼光谱仪（Differential Raman Spectrometer）是一种特殊的拉曼光谱仪器，它通过采用特定的技术手段来提高拉曼光谱的信噪比，尤其是存在强烈荧光干扰的情况下。这种仪器通常用于复杂样品的分析，如食品、药品、生物组织等。这些样品在常规的拉曼光谱分析中可能因为较强的荧光背景而难以获得清晰的拉曼信号。差分拉曼光谱仪的工作原理是在两个有轻微波长偏移的激光激发下收集两张不同的光谱。由于荧光或磷光的发射只能从某一多重态中的低能态激发，因此对于激发光的微小偏移并不敏感，而拉曼散射作为一种散射过程，其特征峰的位置与激发光的频谱位置有固定关系，当激发光频率移动时，拉曼特征峰会随之移动。差分拉曼技术采用物理和数学相结合的荧光处理方法，常规流程如下：首先，获得采用具有已知微小波长偏移的光源分别激发的拉曼光谱。将光谱的基线对齐，理论上对齐后光谱相减生成的曲线中仅包含拉曼光谱的差分信息。根据式（5-5）

$$I(\omega) = \frac{1}{2}\left[I_1(\omega) - I_2(\omega + \delta\omega) \right] \tag{5-5}$$

式中，$I(\omega)$ 是差分拉曼光谱强度；$I_1(\omega)$ 和 $I_2(\omega + \delta\omega)$ 分别是在两个不同频率 ω 和 $\omega + \delta\omega$ 下收集的光谱强度；$\delta\omega$ 是两个频率之间的微小差异。

可以将差分曲线看作拉曼光谱横轴颠倒后与两个 δ 函数差的卷积；对差分曲线积分后，看作拉曼光谱与一个方波函数的卷积，通过解卷积的方式获得真实的拉曼光谱。

差分拉曼光谱仪的主要构造如下：

1）激发光源。通常配备可调波长的激光器作为激发光源，用于激发样品并产生拉曼散射光。激光波长可以根据样品的特性进行调整，以获得最佳的拉曼信号。

2）光学系统。包括聚焦镜头和滤光片等，用于将激发光聚焦到样品上，并收集散射光。光学系统的设计确保了光束的精确聚焦和高效率的光收集。

3）共聚焦显微镜。差分拉曼光谱仪采用共聚焦显微技术，通过在发射光路中设置一个小孔光阑，排除非焦点区域的散射光，从而提高空间分辨率和信噪比。

4）光谱仪。用于分析收集到的散射光。光谱仪通常采用光栅或棱镜分光，配备有高灵敏度的探测器，如 CCD 或光电倍增管，以获得高质量的拉曼光谱。

5）探测器。探测器可以将光谱仪分析后的光信号转换为电信号，以便进行后续的数据处理和分析。高性能的探测器可以提高仪器的检测灵敏度和光谱分辨率。

6）数据处理系统。包括计算机和专业软件，用于控制仪器的操作、收集数据、进行分析和处理，以及生成拉曼光谱图像和报告。

7）样品台。用于放置和固定样品，确保样品在测量过程中的稳定性。样品台通常可以进行精确的移动和调整，以适应不同样品的检测需求。

8）差分技术。差分拉曼光谱仪的核心特点是采用差分技术，通过在两个有微小波长偏移的激发激光下收集两条光谱，并进行差分处理，从而有效抑制荧光背景，提高拉曼信号的清晰度。

3. 针尖增强拉曼光谱仪

针尖增强拉曼光谱是拉曼光谱与扫描探针显微技术（AFM/STM）相结合的一种高空间分辨表征技术，兼具化学识别与纳米尺度分辨能力。TERS 通过使用尖锐的金属尖端（如金、银等）作为探针，利用局域表面等离激元共振效应来增强样品表面的拉曼散射信号。当激光聚焦到金属针尖时，针尖附近的电磁场强度可以比远场增强几个数量级。这种局域电场增强效应使得针尖附近分子的拉曼信号得到显著增强，从而实现对单个分子或原子尺度结构的高分辨表征。图 5-10 所示为结合了原子力显微镜系统的纳米拉曼光谱仪。

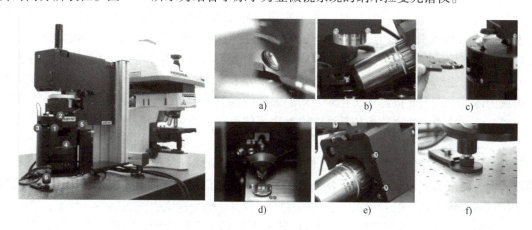

图 5-10 纳米拉曼光谱仪（原子力显微镜和原子力-拉曼联用系统）
a）用于原子力显微镜反馈的红外激光二极管 b）光学通道 c）AFM 针尖更换处
d）尖端自动校准 e）*XYZ* 物镜扫描仪 f）AFM 扫描仪

TERS 仪器的主要构造包括以下六个关键部分：

1）原子力显微镜（AFM）系统。这是 TERS 仪器的基础，用于控制金属探针在样品表面扫描。AFM 系统能够实现纳米级别的精确控制和定位，为后续的拉曼光谱分析提供必要的空间分辨率。

图 5-10

2）激光系统。TERS 仪器通常配备有稳定的激光源，用于激发样品并产生拉曼散射。激光的波长和功率可以根据样品的特性和实验的需求进行调整。

3）金属探针。TERS 的关键部件之一是特殊制备的金属探针，通常由金或银制成。在这些探针的尖端聚焦激光，产生很强的局域电磁场，从而极大地增强拉曼信号。

4）光谱收集系统。收集从样品表面散射出的拉曼信号，并将其引导至光谱仪中进行分析。这通常涉及高精度的光学元件，如透镜和光纤，以确保信号的有效收集和传输。

5）光谱仪。用于分析收集到的拉曼光谱信号。光谱仪通常配备有高灵敏度的探测器，如 CCD 或光电倍增管，以获得高质量的拉曼光谱。

6）数据处理和分析软件。用于控制仪器的操作、收集数据、进行分析和处理，以及生成拉曼光谱图像和报告。

TERS 仪器的应用领域非常广泛，包括纳米材料的表面分析、生物分子结构的研究、化学和生物传感器的开发等。通过 TERS 技术，科研人员可以在原子和分子水平上深入理解材料的化学性质和生物过程。

5.2.3 拉曼光谱表征技术的应用

1. 超高灵敏度检测

利用贵金属的表面粗糙结构或纳米颗粒引起的局域表面等离激元共振效应来增强拉曼散射信号的表面增强拉曼散射（SERS）技术，最早是由 Fleishmann 等人于 1974 年发现的。SERS 技术结合了拉曼散射的高化学特异性和表面增强效应的高灵敏度，因此在分析低浓度样品、单分子检测和生物分子识别等方面具有广泛的应用。

单分子检测代表分子检测灵敏度的极限，能够提供传统检测方式无法提供的信息，如分子的空间状态和所处环境的特异性。为了实现单分子水平的检测灵敏度，1997 年，聂书明等人及 Kneipp 等人分别提出，将被探测分子吸附在粗糙表面或某些金属（如银和金）纳米颗粒上，其产生的表面增强拉曼散射效应会使吸附分子的拉曼信号增强几个数量级。徐红星等人对聚合的银纳米颗粒体系进行研究，发现单分子 SERS 仅存在于由两个或多个银纳米颗粒构成的体系中，据此提出金属颗粒之间的纳米间隙处的超强局域电场是实现单分子 SERS 的必要条件。这类方法也称为超低浓度检测法，使用起来相对比较简单方便。

2. 超高分辨率检测

针尖增强拉曼光谱（TERS）通过使用尖锐的金属尖端（如金、银等）作为探针，利用局域表面等离激元共振效应来增强样品表面的拉曼散射信号，从而实现对单个分子或原子尺度结构的高分辨表征。纳米尺度的金属尖端可以保证 TERS 提供极高的空间分辨率。

近年来，TERS 技术在材料表面和界面研究中得到了广泛应用，特别是在二维材料的局域振动性质研究方面取得了显著进展。例如，中国科学院物理研究所的研究人员利用 TERS 技术对硅烯的局域振动性质进行了原位研究，揭示了单层硅烯拉曼振动模式的物理起源，并研究了硅烯中缺陷、边界、应力区域的局域振动光谱。此外，TERS 技术还在单分子光学成像领域展现出独特的优势。TERS 成像的最佳空间分辨率通常在 3~15nm，这对于化学上解析单个分子是不够的。中国科技大学的研究团队利用 TERS 技术成功实现了分子尺度上亚纳米空间分辨率的单分子光学拉曼成像，这一成果入选 2013 年度"中国科学十大进展"。如图 5-11a 所示，通过将纳米腔表面等离激元共振与分子振动跃迁（特别是有关拉曼光子发射的下降跃迁）光谱匹配，实现了低于 1nm 的高空间分辨率拉曼光谱成像。当金属针尖位于暴露的 Ag（111）表面上时，可以采集到宽连续谱的无特征拉曼光谱，如图 5-11c 所示。在 H_2TBPP 分子岛的顶部（图 5-11b 中用白圈标出），TERS 光谱显示出该分子的清晰的指纹振动光谱。当针尖从分子岛上缩回约 5nm 时，分子指纹光谱消失，说明在 TERS 光谱中观察到的 TERS 信号仅来自分子样品本身。另外，对孤立的单个 H_2TBPP 分子进行的 TERS 测量则说明单分子表现出与分子岛相似的明确的振动指纹。

总之，在超高分辨率检测方面 TERS 技术的应用前景非常广阔，TERS 技术在纳米科学、表面科学、催化和生物体系等方面都有着重要的应用潜力。随着技术的不断进步和完善，TERS 有望成为未来科学研究中的一个重要的先进表征工具。

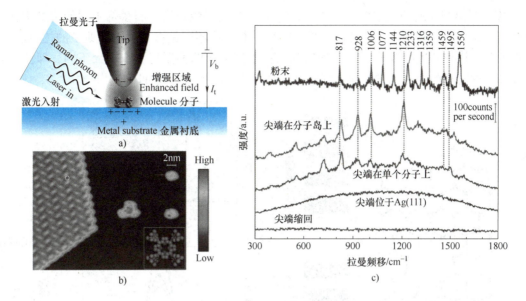

图 5-11　TERS 技术用于单分子光学成像

a）共焦型侧照式 TERS 的隧穿控制示意图（其中 V_b 为样品偏压，I_t 为隧穿电流）　b）Ag（111）衬底上亚单层 H_2TBPP 分子的 STM 拓扑图［插图显示了 H_2TBPP 的化学结构示意图，白色圆圈表示在分子岛上进行 TERS 测量的一个典型位置］

c）不同条件下的 TERS 光谱［TERS 光谱取自分子岛顶部（刻度线表示 CCD 检测到的信号计数）；单个 H_2TBPP 分子光谱获取自单个分子；无特征拉曼光谱是在暴露的 Ag（111）表面上获得的；在分子岛顶部获得的光谱，尖端从表面缩回 5nm。为便于比较，最上方的谱线显示 H_2TBPP 粉末样品的标准拉曼光谱］

3. 多功能检测

拉曼光谱仪作为一种强大的分析工具，能够提供样品的分子振动和结构信息。当拉曼光谱与其他表征技术结合，如光电流检测、二次谐波产生（Second Harmonic Generation，SHG），以及搭配冷热台、原位样品池等时，不仅可以获得材料的成分和结构信息，还能获得其光电性质信息，进一步

图 5-11

帮助理解材料的结构与性能关系和设计新材料。在不同环境条件下进行原位拉曼测试，可以扩展其应用范围和分析能力，弥补以往研究中对反应中间过程表征的缺失，有望推动现有材料性能的优化和新材料的开发。随着表征技术的不断进步，基于拉曼光谱仪的新的组合技术将在未来的科学研究中发挥越来越重要的作用，为科学研究和实际问题的解决提供强有力的工具。

拉曼光谱的 Mapping 技术结合了拉曼光谱的空间分辨率和化学分析能力，通过逐点扫描样品表面，收集特征拉曼光谱数据，进而构建样品的化学成分分布图。该技术能够在微观尺度上对样品进行化学成分和结构分析，并对样品的特征 Raman 模式分布进行成像。这种技术在多个领域有着广泛应用，包括材料科学、生物医学、地质学和文物保护等。石墨烯是一种具有独特二维层状晶体结构的材料，其边缘结构可能决定了它在超导、铁磁性和量子霍尔效应等方面的性能。拉曼光谱 Mapping 技术可以用于快速识别石墨烯中晶体边缘的取向，对于优化石墨烯的力学和电学性能至关重要。如图 5-12a 所示，石墨烯晶体具有两种不同的边缘结构，即扶手椅（Armchair-edge）和锯齿状（Zigzag-edge）边缘，在不同边缘处的拉曼特征 G 模表现出明显的偏振依赖性。图 5-12b、c 是当入射激光沿着石墨烯不同的边缘旋转一定角度时获得的拉曼 Mapping 谱图，图 5-12d、e 是对应不同偏振角度下的典型的拉曼谱图。可以看到，锯齿状边缘 G 模式的偏振行为与扶手椅边缘的偏振行为有很大不同，即拉曼峰强度随着偏转角的变化规律不同，据此可以对不同的边缘类型进行区分。

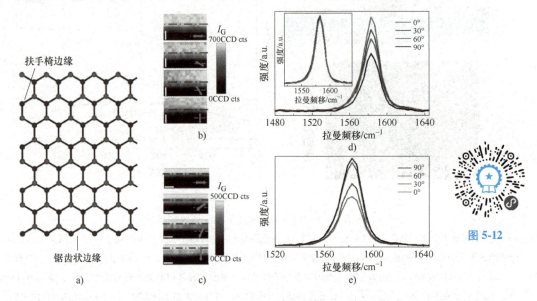

图 5-12 拉曼光谱 Mapping 技术识别石墨烯晶体边缘取向

a）石墨烯晶体结构示意图 b）、c）扶手椅边缘和锯齿状边缘处 G 模强度的拉曼 Mapping 图像［入射激光的偏振方向相对于不同边缘分别为 0°、30°、60° 和 90°（比例尺为 400nm）］ d）、e）扶手椅边缘和锯齿状边缘处对应偏振角度下 G 模的典型拉曼光谱（图 5-12d 中的插图是块体石墨中 G 模的拉曼光谱）

拉曼光谱技术在光电流测试和光电材料性能分析方面具有广阔的应用前景。通过结合先进的拉曼光谱技术和微流控技术，研究人员能够更深入地理解材料的光电性质和工作机理，从而推动相关技术的发展与应用。

二次谐波产生是一种非线性光学过程，两个相同频率的光子在通过非线性介质时相互作用，合并形成一个新的光子，其频率是原始光子频率的两倍。二次谐波产生作为非线性光学的重要分支，在保留无损检测、高稳定性的同时，能够实现测量的可调谐、超快响应、偏振敏感性，被广泛应用于二维材料的结构表征，为二维材料的物性研究和功能应用提供了重要信息。二次谐波产生技术可以产生比原始光源频率更高的光，因此也被用于激光技术中，如将红外激光转换成可见光或紫外光，对于基础科学、医疗、工业等领域的研究都非常重要。

由于拉曼光谱具有非破坏性和非接触性，非常适合进行实时测量。原位拉曼光谱技术被用于多种模拟的环境条件，并取得了良好的测试效果，在材料科学、电化学、能源存储和催化等领域的研究中发挥着重要作用，成为深入理解材料的结构和性能关系的有力工具。在研究碱金属离子电池的电极材料和界面反应方面，原位拉曼光谱被用来追踪充放电过程中的电极微结构变化。例如，碳材料作为锂离子电池负极材料，其储能机制可以通过原位拉曼光谱得到有效解析。原位拉曼光谱还被用于环境科学和能源相关研究中。例如，通过原位拉曼光谱揭示界面水分子的结构和解离过程，为理解水在电极界面的行为提供了新的视角。

5.3　原位傅里叶变换红外光谱

5.3.1　引言

长期以来人们通过研究各种分子在材料尤其是催化剂表面的吸附态获得材料与分子的相互作用信息。但是，这些信息反映的是材料与吸附物质没有发生反应或反应结束后的状态。为了阐明材料与分子间的作用机理，仅靠这些片段化的信息是不够的。在实际的反应条件下，材料表面吸附物质的种类和状态始终处于变化过程中，仅仅通过反应前后的表征结果无法全面阐释反应机制，因此研究材料在反应过程中的表面状态是十分必要的。近年来，原位测试方法蓬勃发展，为研究材料在反应过程中的结构和性质、分析反应动力学、揭示反应机理提供了有力支持。

原位傅里叶变换红外光谱是近年来发展起来的一项原位光谱技术，是一种基于傅里叶变换原理的分析技术。除常规的透过模式外，对于固定在基底上的材料比如电极材料，则更适合采用漫反射傅里叶变换红外光谱（DRIFTS）和衰减全反射傅里叶变换红外光谱（ATR-FTIRS）。与传统的红外光谱仪相比，原位傅里叶变换红外光谱仪具有以下几个优点。①可以直接对固体样品进行分析，无须进行样品二次加工和处理；②可以对样品表面进行原位分析，从而真实反映样品在反应过程中的变化；③可以对样品进行实时监测，以便于研究化学反应的动力学过程。

原位傅里叶变换红外光谱是一种非常重要的分析技术，在不改变材料原有形态的情况下，能够实现在各种温度、压力和气氛下的原位分析，可以用于表面分析、催化剂研究、化学反应动力学研究等领域。

5.3.2　原位傅里叶变换红外光谱基础

当待测样品为细颗粒粉末时，经典的测试方法是采用 KBr 压片法制样的透射光谱测量。但是当样品不适合采用压片法制样时，则常采用反射模式。当一束光照射到一个不平整的固体表面时，将产生两种反射：一种是通常的镜面反射；另一种为漫反射，指的是光照到固体表面上以不同方向和角度进行反射、折射、散射，物质吸收其中一部分光，最后从原表面射出的光线，其方向和角度是任意的。20 世纪 70 年代，Körtium 和 Grihs 等已经从理论上论述了 DRIFTS 的基本原理。漫反射技术是通过将光源照射在样品表面上，测量表面反射的光谱信号，而非穿透样品的信号。这种技术对于分析不透明、大尺寸的样品，更加方便快捷。此外，漫反射红外光谱可以直接测量松散的粉末，从而避免由于压片而造成的对物质扩散的影响。它很适用于散射和吸附强的样品。漫反射红外光的收集通常采用椭圆（Ellipsoidal）镜收集器聚焦于探测器上，相对吸收强度不能直接测定，需要以一个在该区域内没有吸收峰的物质作为基准物，通常在红外区选用的是碱金属卤化物，如 KBr。其红外吸收光谱用 Kubelka-Munk 数来描述

$$\frac{K}{S} = \frac{(1-R_\infty)^2}{2R_\infty} \tag{5-6}$$

式中，K 为吸收系数，为频率的函数；S 为散射系数；R_∞ 为无限厚样品的漫反射率（一般样

品厚度在几毫米范围即可满足上述条件）。

5.3.3 原位傅里叶变换红外光谱仪

原位傅里叶变换红外光谱的主要原理是利用红外光谱仪，检测在反应过程中，反应物和生成物、反应物和溶剂或者反应物和材料同时存在的谱图，用于推断反应过程的动力学过程。除合适的样品制备方法外，一个关键元件是结构和性能适合于研究用的红外原位池。通常，原位池要根据测试需求设计，如在光催化 CO_2 转化中，原位红外反应池主要由三个窗口组成，其中两个窗口的材质为 ZnSe 或 KBr，用于红外光的入射和反射；第三个窗口材质为 SiO_2，用于光输入。原位池的设计应该考虑以下几点：①能在原位池内进行流动相反应、真空处理、吸附和反应等处理；②原位池可以随时移出或移入到红外光谱仪的光路中；③在吸附和反应时，记录的红外光谱不受气相组分影响；④减少或避免原位池对样品的干扰。

漫反射过程使得红外光能量损失较多，因此常规的红外光谱不能直接应用于电化学体系固液界面的吸附态和溶液相物种的检测。为了克服以上挑战，可采取以下措施：①采用薄层电解池或者衰减全反射电解池，通过减少液层厚度或者隐失波的有限穿透深度以减少溶剂分子的红外吸收；②采用微弱信号检测技术（如锁相放大）及谱图叠加平均方法提高红外谱图的信噪比；③运用电位调制或偏振调制，对采集的光谱采用差谱方式消除溶剂分子和背景吸收的影响。

原位漫反射/全反射红外光谱的实验系统一般由漫反射/全反射附件、原位池、真空系统、气源、净化与压力装置、加热与温度控制装置和 FTIR 光谱仪组成。在红外光谱仪样品室加装一个漫反射/全反射装置，将装好样品的原位池放在其中，调整漫反射装置使样品上的漫反射光与主机光路匹配。原位池可在高温、高压和真空状态下工作。光谱仪光源发出的红外辐射光束经一椭圆镜（通常指用于聚焦的椭球面反射镜或透镜）会聚在样品表面并在内部进行折射、散射、反射和吸收，当这部分辐射再次穿出样品表面时，即是被样品吸收所衰减了的漫反射光。当进行原位红外光谱分析时，需要将反应器和样品与光学系统紧密接触，以确保最佳的光学信号。

为了最大限度地减少电解质的强红外吸收，研究人员开发了两种研究电极材料的原位 FTIRS 设计方法，图 5-13 是具有内反射和外反射配置的原位 FTIRS 单元示意图。采用衰减全反射（ATR）模式的内反射结构如图 5-13a，其工作电极（W. E.）为沉积在高折射率可透过红外光的棱镜上的金属薄膜。红外光束通过棱镜从电极的背面精准地聚焦在电极与溶液的交界面上。随后，界面上反射回来的红外辐射被专门的检测器捕获并进行分析。这种聚焦方式使得即便在较厚的溶液层中，红外光束也能有效地与界面进行交互，并收集到有价值的信息。由于采用了较厚的溶液层，溶液中的物质（如离子、分子等）能够更自由地移动，从而促进了物质传输过程，提高了分析的效率和准确性。然而，这种内反射结构中的电极材料仅限于沉积在不导电红外窗口材料上的薄膜（<100nm），并且仅限于通过溅射或化学沉积的少数金属（如 Au、Pt、Pd 等）。

图 5-13b 是外反射模式示意图。电极与导光棱镜紧密接触，形成一层薄的电解质，该电解质厚度约为 $1\sim10\mu m$，确保了通过液体的短路径和对工作电极的最大红外照射。这种方法具有可使用的电极材料范围广泛的优点，包括金属单晶电极、纳米材料电极、氧化物材料电极和碳材料电极，并且可以同时测定电化学反应中涉及的吸附物和溶液种类。尽管在薄膜和

溶液之间的薄层结构中，物质输运可能受到严重限制，但在电池设计中使用微电极并采取必要的预防措施可以克服这一限制。

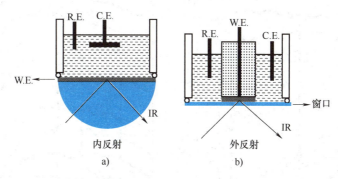

图 5-13　具有内反射和外反射配置的原位 FTIRS 单元示意图

5.3.4　原位傅里叶变换红外光谱应用实例

原位傅里叶变换红外光谱技术在实际的反应条件下，直接监测样品或反应体系的微观变化，包括官能团的结构变化。广泛应用于有机和无机物的结构和化学反应原理研究，如催化剂表征、溶剂效应、表面特性、吸附剂和化学反应动力学等。

在金属材料领域中，原位傅里叶变换红外光谱技术可以用于研究腐蚀反应和金属氧化反应的机理，以及研究金属表面功能化材料的性质。在化学工业领域中，可用于研究反应介质中活性物质的反应过程和机理，以及反应过程中产生的各种中间体和副产物。在能源和环境催化领域，可用于测定高温、高压反应条件下材料微观结构和反应活性中心的信息，在探讨反应机理方面有着明显的优越性。这种直接测量方法能准确地模拟实验过程，对于解析反应机理和催化剂的催化原理尤为重要，在催化剂表征（如吸附态、固体表面酸性和活性中心）、反应动力学及聚合物反应、结晶、固化动力学和热稳定性研究等领域有着广泛应用。

1. 在电催化研究中的应用

原位红外光谱技术非常适合分析材料表面发生的化学反应过程，尤其是催化反应过程。为研究氟修饰的铜（F-Cu）催化剂上电催化还原 CO_2 制乙烯和乙醇的机理，采用原位电化学 ATR-FTIRS 进行了测试。如图 5-14 所示，在 F-Cu 催化剂上外加 $-0.3 \sim 0.1V$（相对于 RHE）的扫描电势时，在 $2117cm^{-1}$、$1972cm^{-1}$ 和 $1920cm^{-1}$ 处出现了三个宽的不对称红外吸收峰（图 5-14a），这归因于电化学生成的 CO 与铜表面的结合。进一步扫描至 $-0.4V$，在 $1754cm^{-1}$ 左右发现了一个新的谱带，该谱带是来自于表面结合的 CHO 物种，这是 C-C 耦合的一个关键中间产物。当扫描电势更负时，CHO 物种红外吸收谱带变强，这与多碳（C_{2+}）产物形成速率的趋势一致。作为对比，铜催化剂上的 CO 的红外吸收带直到 $-0.4V$ 才出现，并且强度远低于 F-Cu 催化剂上的强度（图 5-14b）。铜作为催化剂，CHO 物种产率太低，因此没有观察到 CHO 物种的红外吸收，这与低的 C_{2+} 形成速率一致。

2. 在光催化研究中的应用

由于原位红外光谱技术能够直接表征反应物分子在材料表面的吸附和成键信息，因此有助于分析相应的反应过程。例如，$Cu_4(SO_4)(OH)_6$ 纳米片红外光照下有优越的光催化还原 CO_2 性能，在 CO_2 与水蒸气共存的情况下，光催化产物是 CO 和 CH_4。原位 FTIR 光谱可以

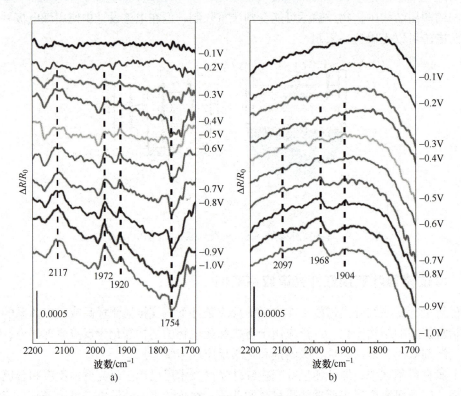

图 5-14 催化剂在不同施加电势下的原位 ATR-FTIRS

a）F-Cu 催化剂 b）Cu 催化剂

实时识别红外光驱动 CO_2 还原过程中的反应中间产物，为光催化反应机理提供重要参考。如图 5-15 所示，在反应过程中，$1570cm^{-1}$ 左右检测到一系列新的红外峰，这些峰属于 $COOH^*$ 基团，$COOH^*$ 是 CO_2 还原为 CO 或 CH_4 的关键中间体。还检测到了 $1116cm^{-1}$ 和 $1028cm^{-1}$ 附近属于 CH_3O^* 的吸收带，$1064cm^{-1}$ 处属于 CHO^* 的特征峰，CH_3O^* 和 CHO^* 基团都是 CO_2 光还原为 CH_4 的关键中间体。另外还在 $2042cm^{-1}$ 和 $2175cm^{-1}$ 检测到了吸附和游离的 CO 的吸收峰。从图 5-15 中可以看到，反应中间体和产物的吸收峰强度随着光照时间的延长而逐渐增加，这表明光催化反应是连续进行的。此外，$1305cm^{-1}$ 和 $1208cm^{-1}$ 处的峰来自于 HCO_3^* 基团的对称和不对称拉伸，而 $1411cm^{-1}$ 的峰源于 CO_3^* 基团。基于原位 FTIR 的分析，这种红外光驱动的 CO_2 还原最可能的反应途径为

$$^* + CO_2 + e^- + H^+ \rightarrow COOH^* \tag{5-7}$$

$$COOH^* + e^- + H^+ \rightarrow CO^* + H_2O \tag{5-8}$$

$$CO^* + e^- + H^+ \rightarrow CHO^* \text{ 或 } CO^* \rightarrow CO\uparrow + ^* \tag{5-9}$$

$$CHO^* + e^- + H^+ \rightarrow CH_2O^* \tag{5-10}$$

$$CH_2O^* + e^- + H^+ \rightarrow CH_3O^* \tag{5-11}$$

$$CH_3O^* + e^- + H^+ \rightarrow CH_4\uparrow + O^* \tag{5-12}$$

$$O^* + e^- + H^+ \rightarrow OH^* \tag{5-13}$$

$$OH^* + e^- + H^+ \rightarrow H_2O + ^* \tag{5-14}$$

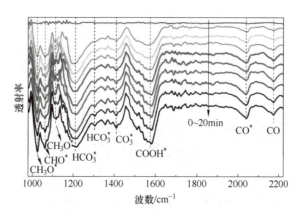

图 5-15　光照下 CO_2 和 H_2O 蒸汽混合物在 $Cu_4(SO_4)(OH)_6$ 上共吸附的原位 FTIR 透射光谱

在光催化分解水过程中，通常会加入牺牲剂来提升光催化反应的性能。为了验证牺牲剂是否参与光催化反应，可以利用原位红外测试进行证明。图 5-16 显示了采用不同的牺牲剂消耗光生空穴而进行光催化析氢反应时，ReS_2/CdS 上的原位 FTIR 光谱。当采用牺牲剂 $Na_2S\text{-}Na_2SO_3$ 时（图 5-16a），红外光谱在 $3437cm^{-1}$ 的峰，可归因于吸附的 H_2O 分子的伸缩振动。$1660cm^{-1}$ 和 $1379cm^{-1}$ 的两个峰可归因于吸附的 SO_3^{2-} 的伸缩振动。$1167cm^{-1}$ 的峰可归因于 SO_4^{2-} 的伸缩振动。在光照 60min 后，H_2O 和 SO_3^{2-} 的红外峰降低，位置没有明显变化。相反，随着光照时间的延长，SO_4^{2-} 的红外峰增强。这一结果表明，在光催化析氢过程中，H_2O 分裂产生氢气，SO_3^{2-} 作为牺牲试剂被光生空穴氧化为 SO_4^{2-}。以乳酸作为牺牲剂时（图 5-16b），$1094cm^{-1}$ 和 $1273cm^{-1}$ 的两个峰可归因于醇基中 C-O 和 O-H 的伸缩振动。$1508cm^{-1}$ 和 $1702cm^{-1}$ 的两个峰可归因于羧基的伸缩振动，$3639cm^{-1}$ 和 $3846cm^{-1}$ 的两个峰可归因于表面羟基的伸缩振动。在光照 60min 后，醇基的红外峰值降低，但位置无明显变化，而羧基和表面羟基的红外峰值随光照时间的增加而增大，说明乳酸分解为—OH 和—COOH 基团，与水反应生成氢气。

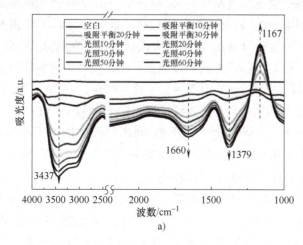

a)

图 5-16　在 ReS_2/CdS 上发生光催化分解 H_2O 反应的原位 FTIR 光谱

a) 以 $Na_2S\text{-}Na_2SO_3$ 为光生空穴牺牲剂

图 5-16

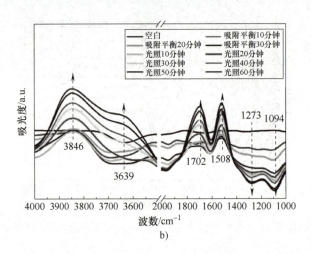

图 5-16 在 ReS_2/CdS 上发生光催化分解 H_2O 反应的原位 FTIR 光谱（续）

b）以乳酸为光生空穴牺牲剂

3. 在二次电池研究中的应用

原位红外光谱技术通过识别新物种的形成和监测电化学能量稳定性来支持二次电池的研究，它可识别电解质还原、电极降解过程中物种的变化，以及固体电解质界面层（SEI）的形成，是支撑新型电池材料设计和新电池系统研发的强大工具。

例如，采用 Li∥Cu ATR-FTIR 电化学反应池测试锂沉积和剥离过程中的原位红外光谱，可以研究电解液成分对锂负极表面 SEI 动态演化的调制机理。图 5-17 是锂电极在不同电位下、不同电解液（是否添加 $LiNO_3$）中沉积和剥离过程中的原位 ATR-FTIR 光谱。

如图 5-17a 所示，在正极扫描过程中，在 $1356cm^{-1}$、$1336cm^{-1}$、$1186cm^{-1}$ 和 $1060cm^{-1}$ 处观察到四个向下的峰值，对应于电解液中双三氟甲基磺酰亚胺锂（LiTFSI）的 O=S=O、C—F 和 N—S 键，并且在从 0.9V 到 0V 的正极电位扫描过程中强度显著降低，表明 LiTFSI 在锂负极附近分解。然而，这些峰的强度随着从 0 到 -0.3V 的进一步正极极化而增加，这可能是由于 TFSI⁻ 在锂负极表面的吸附所致。在随后的负极扫描过程中，与 LiTFSI 相关的峰值进一步降低，直到在 0.2V 的电位下因 TFSI⁻ 的解吸而产生最低强度。在从 0.2V 到 1.0V 的进一步负极扫描过程中，$1356cm^{-1}$ 和 $1336cm^{-1}$ 处的峰值强度低于正极扫描时的峰值强度，表明 LiTFSI 在锂剥离过程中连续分解。在整个 CV 过程中，大约 $700cm^{-1}$、$835cm^{-1}$ 和 $1010cm^{-1}$ 处的向上峰值强度增加，表明由于电解质的分解，连续形成 —C(S=O)C— 和 ROLi 类成分。

在电解质中含有 2%（质量分数）$LiNO_3$ 时，锂沉积/剥离过程中的 FTIR 光谱与不含 $LiNO_3$ 的电解质中的光谱大不相同（图 5-17b）。在大约 $1086cm^{-1}$ 处的峰值显著下降，然后在整个正极和负极扫描过程中稳步下降，表明溶剂持续分解。对于在 $1353cm^{-1}$、$1333cm^{-1}$、$1189cm^{-1}$ 和 $1060cm^{-1}$ 处的 TFSI⁻ 峰值，由于 TFSI⁻ 的吸附，强度在 0~0.9V 之间保持稳定，然后在正极扫描期间增加到 -0.3V 的最高值。然而，-0.3~0V 时，峰值强度迅速降低，在随后的负极扫描过程中缓慢降低。这表明 TFSI⁻ 在锂沉积/剥离过程中的分解速度非常慢。在 $1210cm^{-1}$ 处出现一个新的峰，这可能归因于电解液中 TFSI⁻ 与 1,3-二氧戊环之间的反应在 SEI 中形成了 $ROSO_2Li$ 类组分。此外，该向上峰值在随后的正极扫描中连续增加，在负极扫描过程中减少，表明 SEI 中的 ROSO₂Li 类组分在锂沉积过程中形成，随后在锂剥离过程中分解成小分子或扩散开。

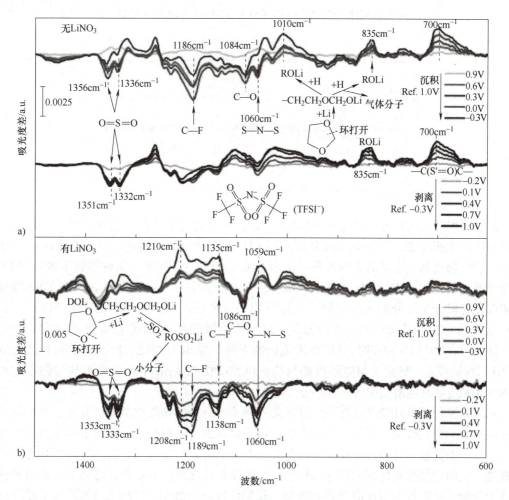

图 5-17　锂电极在不同电位下、不同电解质中沉积和剥离过程中的原位 ATR-FTIR 光谱
a）电解质中不添加 LiNO₃　b）电解质中含有 LiNO₃

在电池反应过程中，SEI 的变化对电池的性能至关重要。因此，利用原位红外光谱技术研究 SEI 组分在电池循环过程中的动态变化有利于电池的设计。Si/C 负极材料具有大的能量密度，但是在充放电过程中体积膨胀大，且易生成不稳定的 SEI 膜。研究人员通过在 Si/C 表面（PCSi）上构建聚六氮杂萘（PHATN），制备了一种复合微米尺度 Si 负极。通过原位红外技术研究了 Si/C 电池中 SEI 的动态变化。结果显示，Si 和 Si/C 负极上存在显著的 CO_2 峰值（2341.38cm⁻¹），PCSi-2 中没有明显的 CO_2 峰值信号（图 5-18）。尽管在 Si/C 和 PCSi-2 负极的表面都形成了以 LiF 为主的 SEI，但在两个负极上的形态和成分分布明显不同，表明了不同的 LiF 形成路径。有机溶剂和溶剂化锂可以吸附在电极表面，并优先还原为有机中间体和碳酸锂（Li_2CO_3）。$LiCO_3$ 和有机中间体可以与六氟磷酸锂（$LiPF_6$）反应，生成含 LiF、CO_2 和 P 的有机化合物。可能的反应有

$$LiPF_6 + LiCO_3CH_3 \rightarrow OPF_2(OCH_3) + 3CO_2 + 4LiF \tag{5-15}$$

$$LiPF_6+2Li_2CO_3 \rightarrow OPF_2Li+3CO_2+4LiF \tag{5-16}$$

$$LiPF_6+3(CH_2CO_2Li)_2 \rightarrow$$
$$OPF_2(OCH_2CH_2OLi)+O(CH_2CH_2OLi)_2+6CO_2+4LiF \tag{5-17}$$

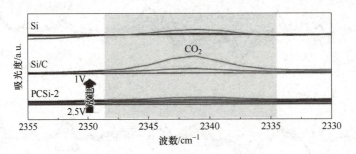

图 5-18　Si、Si/C 和 PCSi-2 电极的原位 FTIR 光谱

这些过程产生大量的二氧化碳（CO_2）。由于 Si 和有机组分的导电性较差，充放电过程中界面阻抗快速增加，不利于有机组分和 Li_2CO_3 的连续分解。因此，上述的反应不能完全进行。有机物质和一定量的碳酸锂残留在 Si 负极表面的 SEI 膜中，能够释放出少量的 CO_2，对应于通过使用原位 FTIR 确定的 CO_2 峰。Si/C 具有良好的导电性，并含有丰富的碳缺陷，能够催化有机 SEI 组分的连续分解。上述反应相对彻底，并产生大量的 CO_2 和 LiF。因此 Si/C 表面的 CO_2 峰显著增强。不同的是，PCSi-2 负极的原位 FTIR 没有显示出明显的 CO_2 峰，这表明在 PHATN 存在时，LiF 的形成机制不同。与 Si/C 相比，PCSi-2 被具有共轭结构的 PHATN 层覆盖，钝化了与电解质的反应。PCSi-2 优先吸附 $LiPF_6$，产生均匀的以 LiF 为主的 SEI 和溶解在电解质中的有机小分子。

总之，原位傅里叶变换红外光谱技术是一种非常有力的物理化学分析方法，为材料科学和反应动力学研究提供了新的手段和方法。随着科技的不断发展，原位傅里叶变换红外光谱技术也在不断更新和完善。采用同步辐射技术与其结合，可以实现更高的分辨率和更快的扫描速度，从而更加准确地获取样品的信息。与二维红外光谱技术结合，将样品的谱图进行更细致的分析，可以加深对反应过程的理解。除原位红外光谱外，目前已经发展出了原位拉曼光谱、原位透射电子显微镜、原位扫描电镜、原位 X 射线衍射、原位 X 射线吸收谱和光电子能谱等技术，这些原位表征技术为材料、催化和新能源等领域的快速发展提供了重要的保障。

5.4　超快光谱学

5.4.1　引言

超快光谱学是一门研究超短时间尺度内光学过程的学科，利用超短脉冲激光作为光源，通过线性或非线性光学过程等超快时间分辨光谱学实验手段，研究物质的内在物理性质。超快是指发生在 10^{-12} 秒或更短的时间尺度上的物理过程。超快光谱学的主要目的是通过测量光与物质之间的相互作用，来揭示物质在极短时间尺度内的行为和性质变化。

20 世纪 50 年代，人们见证了激光技术的诞生，为超快光谱学的发展奠定了坚实基础。

激光具备高强度、优质单色性以及极短脉冲宽度等特性，为观察和测量超短时间尺度内的光学过程提供了理想工具。随后，20世纪60年代，Cherney和Fork等先驱学者首次将激光应用于超快光谱学中，并成功开发了飞秒激光技术，将其运用于分子光谱学的研究。这一重大突破为超快光谱学带来了崭新的发展机遇，使得研究者们得以在纳秒以下的时间尺度内捕捉光学现象的细微变化。

20世纪70年代初期，Fork和Shank等学者利用飞秒激光成功地测量了分子振动的超短时间动力学，标志着超快光谱学在振动光谱领域的初露锋芒。随后的20世纪80年代末期至90年代初期，光纤技术的进步使得激光系统更加稳定紧凑，同时非线性光学技术的应用进一步提升了时间分辨率。探测技术的改进也为光谱信号的高灵敏度测量提供了可靠手段。飞秒激光光谱学由此逐渐从实验室中的"奇迹"演化为解决实际科学问题的有力工具。

随着21世纪初更先进的飞秒激光系统的应用、更高灵敏度的探测技术及计算机技术的飞速发展，超快光谱学取得了更为显著的进展。研究者们能够实现对皮秒（10^{-12}s）级别甚至飞秒（10^{-15}s）和阿秒（10^{-18}s）级别的时间尺度的精确测量，被广泛用于研究瞬态的结构和性质，描述复杂分子或半导体的化学和动力学性质。

超快光谱学技术手段丰富多样，包括瞬态吸收光谱、超快时间分辨荧光光谱、时间分辨拉曼光谱、时间分辨红外光谱、X射线超快光谱、太赫兹时域超快光谱等，其中瞬态吸收光谱技术和超快时间分辨荧光光谱技术是最典型的应用方式。

5.4.2 飞秒-瞬态吸收光谱

飞秒-瞬态吸收光谱（fs-TAS）是一种常见的超快激光泵浦-探测技术，是研究发光或非辐射复合等过程中激发态的弛豫过程的有力工具。

所谓泵浦-探测技术，指的是利用飞秒级脉冲光将样品激发到激发态，激发态的化学或物理性质发生改变，这种变化往往伴随吸光光谱的改变及新的瞬态组分的产生，随后用另一束脉冲光探测被激发后的样品所产生的吸光度变化，即瞬态吸收，如图5-19所示。在该技术中，需要使用两个具有时间延迟的飞秒脉冲，其中能量较高、时间较前的作为泵浦光，泵浦光一般为单色光；能量较低、时间延后的作为探测光，探测光一般为

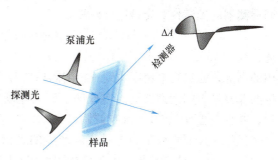

图5-19 泵浦-探测技术示意图
（其中 ΔA 为吸光度的变化）

波长从可见到近红外的连续白光。泵浦光和探测光分别对样品进行激发和信号检测。通过改变激发光和探测光之间的延时，可以得到样品在光激发后不同延迟时刻的瞬态吸收光谱，经过解析就能获得瞬态组分产生及衰减相对应的光谱和动力学信息。飞秒时间分辨光谱能够探测到电子激发态的大部分动力学信息，因而被广泛应用于光化学领域，如能量传递、电荷转移、电子态改变等过程的研究。

1. 飞秒-瞬态吸收光谱实验装置

图5-20为典型的飞秒-瞬态吸收光谱测试仪器示意图，其中激光光源为一台蓝宝石飞秒激光器，输出基频光的中心波长为800nm、脉冲宽度为150fs、频率为1kHz。基频光被引入

瞬态吸收光谱测量系统时首先经过一分光光楔，分为两束，其中一束用来产生泵浦光，另一束用来产生探测光。

（1）泵浦光路 基频光（800nm）进入光学参量放大器（OPA）进行频率转换。OPA 指的是利用非线性光学效应，通过光学参量生成，达到激光的波长自由转换的装置的总称。进入 OPA 系统后，通过计算机控制非线性介质的角度，只需设置参数即可产生不同波长的、满足实验需求的泵浦光。频率转换后的泵浦光经滤光片滤除杂光并经适当的衰减后被聚焦到样品上用来激发样品。除 OPA 系统外，二次谐波产生器（SHG）也常被用于产生

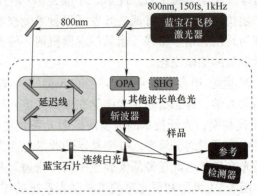

图 5-20　典型的飞秒-瞬态吸收光谱测试仪器示意图

泵浦光，需要注意的是 SHG 产生的泵浦光一般为 400nm，波长不可调。

（2）探测光路 基频光（800nm）首先经过一段延迟线（也称为延时光路）。通过调节泵浦光路和探测光路之间的光学路径差，使它们之间产生时间延迟，以便这两个脉冲可以在不同的时间差到达样品，从而获得样品在光激发后不同延迟时刻的瞬态吸收光谱。经过延迟线后基频光被聚焦在一蓝宝石片上，以产生宽谱的超连续白光（简称白光），即实验中的探测光。得到的白光经过滤光片，用于滤除 800nm 基频光。得到的白光再通过一光楔，形成近乎复制的两束光作为探测光和参考光（参考光作用见后文）。泵浦光和探测光聚焦后在样品上重合。最后透过样品的两束光经过光纤引入光谱仪分光后由附有 CCD 或光电二极管阵列检测器的光谱仪对光谱进行检测。

1）超连续白光。在瞬态吸收光谱测量技术中，为了测量不同波段激发态下吸光度的变化，探测光一般不是某一个单一频率的信号而是具有连续波长的脉冲光，称为白光，通常采用的白光是通过功率密度达到一定的阈值的激光聚焦到某些特定的透明介质时，在介质中发生的非常显著的光谱展宽而形成的。该展宽现象被认为是由强激光在介质中产生自聚焦通道，并且在通道内产生自相位调制、电离增强自相位调制、四波混频、受激散射等复杂的强非线性光学过程而形成的复合结果。产生的光谱可覆盖紫外-可见-近红外的区域范围（300～1400nm）。需要注意的是，由于该过程作用时间非常短，该方法产生的白光仍然是稳定的飞秒级脉冲光。

作为瞬态吸收光谱实验中的探测光，白光的质量直接决定了瞬态吸收光谱实验测量数据的好坏。不同介质产生的白光的特点和光谱范围会有所不同，相同介质在不同的条件下产生的白光也会有所差异。目前，实验室内使用最为广泛的白光产生介质是蓝宝石，其产生的白光稳定且光谱平滑，波长从 450nm 左右开始。当需要测量 450nm 到近紫外波长的吸收谱数据时，也会采用氟化钙（CaF_2）、水（H_2O）及 H_2O/D_2O 混合物。CaF_2 产生的白光波长最短可到 300nm。水产生的白光波长最短到 380nm。不过，CaF_2 长时间激光照射下不稳定，需要通过循环移动 CaF_2 晶体来延长使用寿命，H_2O 及 H_2O/D_2O 混合物产生的白光不如蓝宝石来得稳定和平滑。

2）啁啾。白光在传输过程中通过介质时，不同频率的光在介质中会以不同的速度进行

传输，由于探测白光光谱范围比较宽，对于一般介质，红光较蓝光传输得快，从而会导致通过介质后的脉冲为红光在前而蓝光在后，脉冲的这种结构被称为啁啾。白光在通过蓝宝石、透镜、滤光片、样品池等介质后，均会不可避免的产生啁啾结构，其到达样品时，脉冲宽度会达到几个皮秒。也就是说，在得到的光谱图原始数据中，图谱时间零点位置并不一致，蓝光会先出现而红光随后才会出现。啁啾结构对瞬态吸收光谱分析非常不利，因此，在实际的实验中，需要先对原始数据做时间零点校正。

2. 数据采集、处理与分析

瞬态吸收光谱中物质对光的吸收一般用吸光度［又称为光密度（Optical Density，简称 OD）］来描述

$$OD = \lg \frac{I_0}{I} \tag{5-18}$$

式中，I_0 和 I 为光照射样品前后的透过或反射光强。

瞬态吸收光谱中测量的是样品在泵浦光照射和未照射时的吸光度的差值，即差分吸收（ΔOD）为

$$\Delta OD = OD_{\text{pump-on}} - OD_{\text{pump-off}} \tag{5-19}$$

由于白光自身特性，其在时间尺度上不可避免地会有波动，当采集的 $OD_{\text{pump-on}}$ 和 $OD_{\text{pump-off}}$ 不是同一时刻采集时，其对应的 ΔOD 必然会产生因为白光抖动的伪信号。这时，参考光就有了作用，由于参考光和泵浦光不重合，因此它即可代表 $OD_{\text{pump-off}}$，$\Delta OD = OD_{\text{检测}} - OD_{\text{参考}}$，此时的 ΔOD 消除了因为白光抖动的伪信号。

在泵浦光路和探测光路中分别放置了一个快门，用来控制泵浦光与探测光的通过与不通过（简化为图 5-21）。通过控制快门的开关，可以单独测量探测器的暗背景噪声（快门 1 关、快门 2 关）、泵浦光激发的样品荧光辐射（快门 1 开、快门 2 关）、探测光在没有泵浦光条件下的透过/反射光（快门 1 关、快门 2 开）、探测光在有泵浦光条件下

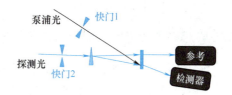

图 5-21 简化的快门信号采集示意图

的透过光（快门 1 开、快门 2 开），最后通过运算扣除背景噪声、自发辐射等引起的干扰。一个延时时刻的数据点需要通过两个快门的开关组合，即四步循环，来提供一次测量结果。

通过调控电动数控移动的延迟平台改变泵浦光与探测光之间的光程差，从而改变泵浦光和探测光之间的延迟时间 t，同时记录下该延迟时间 t 下 $\Delta OD(\lambda)$ 的光谱变化，可以得到一个与探测光波长 λ、泵浦-探测延迟时间 t 有关的三维函数图像 $\Delta OD(\lambda, t)$，可写为 $\Delta OD(\lambda)^*$ $\Delta OD(t)$。从 $\Delta OD(\lambda, t)$ 的三维图像中，既能读取在某一时刻吸光度的变化量随波长的变化，也能够反映在某一波长下吸光度变化量随延迟时间的变化过程，从而读取该波长下激发态粒子数目随时间的变化过程。

获取的数据需要进行一些预处理，如去除背景噪声、归一化、啁啾修正等，以便进行后续分析。

（1）光谱特征的解读和物理意义 对预处理后的数据首先进行光谱 $\Delta OD(\lambda)$ 的分析。这可以包括识别光谱中的特征峰，以及确定这些特征峰对应的波长和强度。当只考虑最基本的情况时，即使有泵浦光的存在，其所能激发的样品也是少数的，大部分样品仍处于基态，

得到的吸光度的变化 $\Delta OD(\lambda)$ 会由被激发样品以下可能的物理现象导致。它们分别是：

1）基态漂白。由于一定量的原子/分子在基态被泵浦脉冲激发到激发态，被激发到激发态的样品对探测光的基态吸收会少于未被激发且还处于基态的样品对探测光的基态吸收，从而导致在相关的波长范围内就会得到一个负的 ΔOD 信号。对于有机分子而言，该信号与吸收峰的位置基本一致。对于半导体而言，该信号一般是由于激发态下价带顶或者局域能级中电子数量减少，从而使得其跃迁吸收降低造成的，该信号一般位于可见光区域。图 5-22 所示为基态漂白信号产生的物理机制。

2）激发态吸收。样品中电子吸收泵浦光后跃迁到激发态，处于激发态的粒子在探测脉冲的作用下进一步吸收能量跃迁到更高的能级上，从而使得探测器会探测到一个正的 ΔOD 信号。值得注意的是，大部分半导体在近红外区域都存在激发态吸收信号，这是因为基态中电子对于近红外光的吸收很少，而被激发到导带中的电子可以吸收近红外光而发生带内跃迁，所以在近红外波段激发态吸收大于基态吸收。图 5-23 所示为激发态吸收信号产生的物理机制。

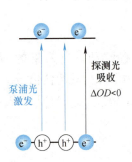

图 5-22　基态漂白信号产生的物理机制示意图

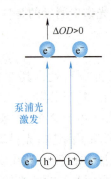

图 5-23　激发态吸收信号产生的物理机制示意图

3）受激辐射。所谓受激辐射指的是，处于激发态的电子在外界光源作用下返回到基态，并辐射光子的现象。在这一过程中，样品会产生荧光，荧光进入探测器导致探测光强的增加，等效于该波段的吸收减弱，这样就产生了一个负的 ΔOD 信号，该峰的位置与荧光光谱中的发射峰位置一致。值得注意的是，该信号与稳态荧光中的信号并不完全一致。荧光辐射包含自发辐射与受激辐射，自发辐射可以通过控制快门的开关进行消除，瞬态吸收光谱中的该信号仅为受激辐射信号。图 5-24 所示为受激辐射信号产生的物理机制。

4）局域表面等离激元共振（LSPR）吸收峰的偏移。Au、Ag、WO_{3-x} 等具有可自由移动电子的纳米颗粒在可见或近红外区域会产生 LSPR 吸收峰，其产生机制是纳米颗粒表面的自由电子与入射光场相互作用，形成等离激元共振。当入射光频率与等离激元频率相匹配时，纳米颗粒表面的自由电子被激发至共振振荡状态，该处吸收显著增强。LSPR 吸收峰的位置与表面电荷密度相关，如图 5-25 所示，在 620nm 泵浦光激发下，Au 纳米棒的表面电荷会发生显著变化，从而导致该吸收峰的位置由泵浦前的 510nm 向左偏移到 490nm，产一个 ΔOD 先正后负（或先负后正）信号峰。

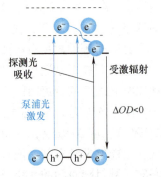

图 5-24　受激辐射信号产生的物理机制示意图

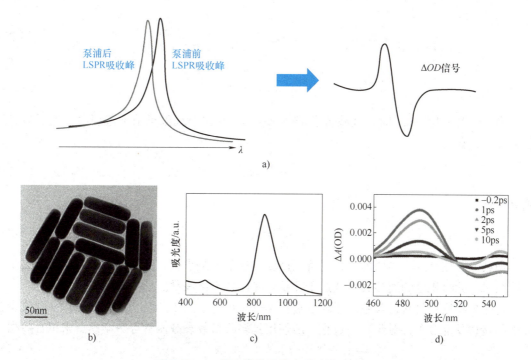

图 5-25　**Au 纳米棒的吸收光谱及微观形貌**

a）Au 纳米棒的 LSPR 吸收峰偏移引起的信号产生的示意图　b）TEM 图
c）可见-近红外吸收光谱　d）在 620nm 泵浦光激发下瞬态吸收光谱图

图 5-25

理论上每个光谱峰都能清楚归结于不同起源，实际操作中，由于体系复杂化及不同机理产生的谱图相互重叠，分析的难度指数增加，通常需要结合时间分辨荧光及稳态吸收等各种图谱共同解析。

（2）动力学过程的分析和建模　瞬态吸收光谱的另一个重要方面是时间分辨分析。可以通过观察光谱随时间的变化，了解样品内部的动态过程。基于时间分辨分析的结果，可以建立动力学模型来描述样品内部的过程。在外部激发停止后，样品会逐渐回到平衡状态。载流子重新回到基态并且放出能量的过程称为复合过程，实际的复合过程具有多种机制。

对于单一半导体纳米颗粒而言，其载流子复合过程主要包括直接辐射复合、缺陷复合、俄歇复合等。其衰减动力学可以用一个简单的微分公式来近似

$$-\frac{\mathrm{d}n}{\mathrm{d}t}=an+bn^{2}+cn^{3} \tag{5-20}$$

式中，n 为激发态载流子浓度；a、b、c 分别为反应的速率常数。

式（5-20）中一阶项为单粒子复合过程，一般认为是缺陷态参与的复合。二阶为双粒子复合过程，也就是自由载流子发生辐射复合，对直接带隙半导体材料更有意义。三阶为三粒子复合过程，即俄歇复合过程。半导体材料中的载流子复合过程是高度依赖于载流子浓度的。

以有机无机杂化的铅碘钙钛矿为例，当 $n=10^{15}\sim10^{16}\mathrm{cm}^{-3}$ 时，主要为一阶复合占主导，可以忽略高阶项的影响，此时式（5-20）可简化为

$$-\frac{\mathrm{d}n}{\mathrm{d}t}\approx an \tag{5-21}$$

对两边积分可得

$$n = n_0 e^{a(t-t_0)} \tag{5-22}$$

其中

$$a = \frac{1}{\tau} \tag{5-23}$$

当 $n = 10^{17} \sim 10^{18} \, \text{cm}^{-3}$ 时，且载流子寿命 $\tau > 4\text{ns}$，在这个载流子浓度范围内，主要为二阶复合过程，有

$$-\frac{\mathrm{d}n}{\mathrm{d}t} \approx bn^2 \tag{5-24}$$

积分可得

$$\frac{1}{n} - \frac{1}{n_0} = b(t-t_0) \tag{5-25}$$

当载流子浓度进一步增加时，三阶项俄歇过程不再是小量，需要同时考虑一阶、二阶和三阶结果，此时积分的通用表达式过于冗长，在此处不再展示。

对于多相复合材料，其载流子复合过程不仅仅包含上文中的复合过程，还包括载流子在界面的转移及复合等，对于这一过程一般使用到多阶指数衰减函数等数学模型来拟合数据

$$n = n_1 e^{(t-t_0)/\tau_1} + n_2 e^{(t-t_0)/\tau_2} + n_3 e^{(t-t_0)/\tau_3} + \cdots \tag{5-26}$$

当 $t = t_0$ 时，$n_0 = n_1 + n_2 + n_3$，对于所选择阶次及 τ_1、τ_2、τ_3 所代表的物理过程需要基于对所要研究的光化学系统的理解建立一个光物理或机械模型来确定。需要注意的是，瞬态吸收光谱的数据分析是一个复杂的过程，需要一定的专业知识和经验。因此，在进行数据分析时，建议与相关专业人员进行合作，以确保结果的准确性和可靠性。此外还需要通过与其他光谱实验的结合，相互验证概念模型（如红外飞秒瞬态吸收、飞秒荧光上转换、多脉冲实验等）。

3. 飞秒-瞬态吸收光谱应用实例

半导体光催化技术是一种在常温常压下将太阳能转化为高热值化学燃料的理想方法，深入研究光催化剂中的电子转移动力学对理解光催化中电荷转移机制具有重要意义。由于电子转移通常发生在飞秒到皮秒之间的时间尺度上，常规手段并不具备足够的时间分辨率，飞秒-瞬态吸收光谱技术常用于有效监测这一超快过程。

基态漂白峰信号直接反映半导体被光激发后发生带间跃迁产生的电子、空穴信息，因而是研究光催化过程中光生电荷衰减动力学的有力工具。研究人员把负载有助催化剂 Pt 的催化剂 CdS，分别分散在乙腈（ACN）和水（H_2O）中，标记为 CdS/Pt-ACN 和 CdS/Pt-H_2O，进行了飞秒时间分辨光吸收谱测量。在所测量的光谱中，观察到了很强的基态漂白峰（图5-26a、b），其位置和 CdS 的禁带宽度相符，这反映了 CdS 价带中部分电子被光激发后跃迁到导带，从而使得价带顶电子密度减小，因而基态漂白峰代表 CdS 中光生空穴的信号。通过对基态漂白峰的衰减动力学曲线进行三重指数函数拟合（图5-26c、d），得出了 CdS/Pt-ACN 和 CdS/Pt-H_2O 中光生电荷的平均寿命 τ_{ave}，分别为 1287.6ps 和 886.3ps。上述结果显示，在光催化水分解过程中，CdS/Pt 中的光生电子用于还原水产氢而被快速消耗。此外，与 CdS/Pt-ACN 相比，CdS/Pt-H_2O 中观察到的界面电子转移相关的寿命 τ_1 较短，表明在水中 CdS 到 Pt 的电子转移速率增加。综合而言，通过瞬态吸收光谱揭示了 CdS/Pt 光催化分解水反应中光生电子消耗的动力学过程，并阐释了水对电子转移动力学的调控作用，发现其由

于在 Pt 上被光生电子还原，因而促进了 CdS 到 Pt 的电子转移（图 5-26e、f）。

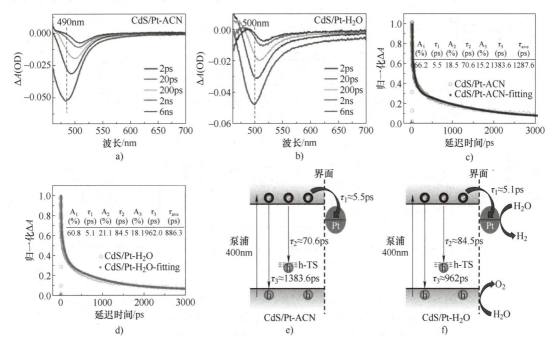

图 5-26 **CdS/Pt** 分散在不同溶剂中的飞秒-瞬态吸收光谱及解析的电子跃迁过程

a）CdS/Pt-ACN 瞬态吸收光谱（泵浦激光波长为 400nm） b）CdS/Pt-H₂O 的瞬态吸收光谱（泵浦激光波长为 400nm）

c）CdS/Pt-ACN 的归一化基态漂白信号动力学拟合（490nm 探测） d）CdS/Pt-H₂O 信号动力学拟合

（500nm 探测） e）CdS/Pt-ACN 中电子跃迁的示意图 f）CdS/Pt-H₂O 中电子跃迁的示意图

激发态吸收信号位于近红外区，可以较全面地反映处于激发态的电子的动力学信息。研究人员在 $ZnIn_2S_4$（h-ZIS）光催化半导体表面负载助催化剂 Pt，Pt 呈现单原子（记为 $Pt_{0.3}$-ZIS）或纳米颗粒状态（记为 $Pt_{3.0}$-ZIS）。采用中心波长为 420nm 的泵光，诱导了 ZIS 中的带带跃迁。在 900~1200nm 波长探测范围内，三种样品具有相似的激发态吸收光谱（图 5-27a~c），来自于自由或被束缚的激发态电子。吸收光强度随着时间变弱，对应激发态电子的

图 5-26

逐渐消耗。对 1150nm 的衰减曲线进行双指数拟合，结果如图 5-27d~f 所示。对于 h-ZIS（图 5-27d），两个时间常数为 $\tau_1 = 12.5ps$（52.7%）和 $\tau_2 = 567ps$（47.3%），加权平均寿命为 554ps。对于 $Pt_{0.3}$-ZIS（图 5-27e），两个时间常数为 $\tau_1 = 0.259ps$（97.0%）和 $\tau_2 = 16.6ps$（3.0%），平均寿命为 11.1ps。对于 $Pt_{3.0}$-ZIS（图 5-27f），时间常数为 $\tau_1 = 0.782ps$（89.2%）和 $\tau_2 = 31.6ps$（10.8%），平均寿命为 26.4ps。一般来说，平均恢复寿命被视为评估光生电子-空穴对分离率的关键指标。负载 Pt 后 ZIS 上光生电子寿命显著缩短表明了 ZIS 上光生电子向 Pt 的快速转移。利用 h-ZIS、$Pt_{0.3}$-ZIS 和 $Pt_{3.0}$-ZIS 的平均瞬态衰减时间 τ 计算了电子的注入速率 k_{ET}

$$k_{ET} = \frac{1}{\tau_x} - \frac{1}{\tau_{ZIS}} \tag{5-27}$$

式中，τ_{ZIS} 代表 ZIS 的平均寿命。

$Pt_{0.3}$-ZIS 的 k_{ET} 为 $8.8 \times 10^7 \text{ s}^{-1}$，约为 $Pt_{3.0}$-ZIS 的 2.4 倍（$3.6 \times 10^7 \text{s}^{-1}$）。

激子是绝缘体或半导体中电子和空穴间由其库仑相互作用而结合成的一个束缚态系统。

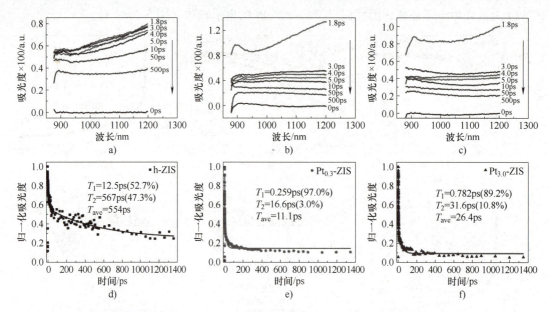

图 5-27　三种样品在 420nm 光激发后的时间分辨吸收光谱（a~c）和
在 1150nm 处瞬态吸收强度随时间的变化曲线（d~f）

a）h-ZIS　b）Pt$_{0.3}$-ZIS　c）Pt$_{3.0}$-ZIS　d）h-ZIS　e）Pt$_{0.3}$-ZIS　f）Pt$_{3.0}$-ZIS

激子发光是一种重要的物理现象，是一种独特的材料性质，形成了许多光电子学应用的基础。它为开发高效、低能耗的光电器件提供了可能，对未来的光通信、显示技术和能源应用具有潜在的影响。飞秒-瞬态吸收光谱非常适合监测激子的复合动力学。激发波长设定为 365nm，探测范围为 400~800nm，得到了如图 5-28a、b 所示的碳量子点的瞬态吸收光谱的伪彩色图像和几个典型衰减时间的图谱。可以看到随着衰减时间延长，吸收光谱发生明显变化。在 0.16ps 后出现了一个明显的负峰，由于其峰位和峰形与荧光发射峰相似，故可将其归属于受激辐射。同时，在 650~720nm 范围内出现了一个宽而低强度的激发态吸收峰，衰减时间为几皮秒（图 5-28a、b）。随着时间从 164fs 增加到 300ps，受激辐射峰出现连续的位移，最后稳定在 520~550nm 范围内（图 5-28b），表明电子-空穴复合的能态发生了变化（图 5-28c）。

图 5-28

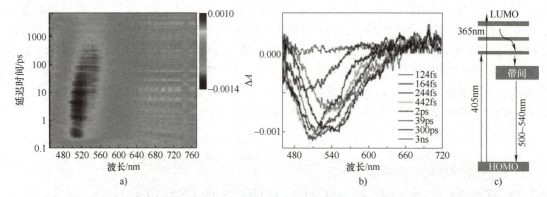

图 5-28　碳量子点的瞬态吸收光谱

a）飞秒瞬态吸收伪彩色图像　b）飞秒瞬态吸收光谱　c）基于静态和瞬态吸收的碳量子点能级图

晶体材料在结构和成分中通常不可避免地存在一些缺陷，严重影响材料的各种性能。人们通过各种手段表征晶格缺陷，也采取各种措施调控缺陷。例如，钙钛矿太阳能电池具有高光吸收系数和优异的电荷迁移性能，而晶格缺陷通常作为载流子陷阱造成电子-空穴复合，降低光电性能和稳定性。在钙钛矿表面形成钝化层可有效降低缺陷浓度，提高光电性能和稳定性。瞬态吸收光谱非常适合研究引入缺陷钝化剂对于钙钛矿薄膜中的电荷转移和复合动力学的影响机制。图 5-29a、b 为未经处理和经过十六烷基胺（HDA）钝化处理的 $CsPbBr_3$ 纳米晶颗粒的瞬态吸收光谱的伪彩色图像。两个样品的瞬态吸收光谱基本一致，图中位于带隙周围（508nm）处负的基态漂白信号是由价带顶电子减少造成，在带隙的高能侧出现的正的激发态吸收信号是由于导带底的载流子增多造成。图 5-29c 比较了原始 $CsPbBr_3$ 与经 HDA 钝化的 $CsPbBr_3$ 的信号上升时间，通过一阶指数拟合得到两个样品的基态漂白信号增长时间分别为（485±15）fs 和（710±17）fs，更长的增长时间表明经 HDA 钝化后的样品中热载流子冷却（从激发态到最低带边）时间较慢。图 5-29d 对比了原始 $CsPbBr_3$ 与经 HDA 钝化的 $CsPbBr_3$ 的漂白恢复动力学。衰减动力学可以被很好地双指数拟合，参数分别为（59±5）ps（52%）和>1ns（48%）、（127±9）ps（31%）和>1ns（69%）。其中较快的衰减分量归因于陷阱介导的复合过程，而较长的衰减分量则代表的是电子和空穴的辐射复合过程。经 HDA 钝化后，较长分量（即电子和空穴的辐射复合过程）的贡献显著增加，陷阱介导的过程的寿命延长，但是其贡献减少。因此，经 HDA 钝化的 $CsPbBr_3$ 表现出较慢的载流子弛豫动力学。

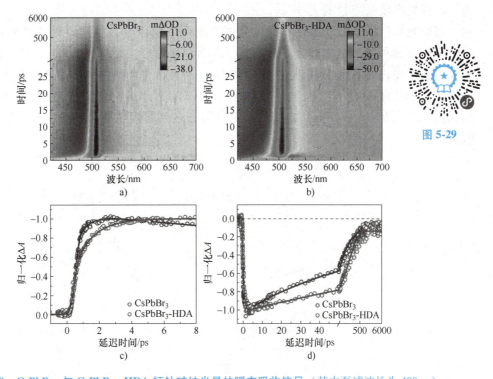

图 5-29

图 5-29　$CsPbBr_3$ 与 $CsPbBr_3$-HDA 钙钛矿纳米晶的瞬态吸收信号（其中泵浦波长为 400nm）

a）$CsPbBr_3$ 的伪彩色瞬态吸收谱图　b）$CsPbBr_3$-HDA 的伪彩色瞬态吸收谱图　c）508nm 处基态漂白信号的形成动力学　d）508nm 处基态漂白信号的恢复动力学

5.4.3 超快时间分辨荧光光谱

时间分辨荧光光谱是一种重要的光谱测量技术，时间分辨荧光光谱能够提供有关荧光发射的动力学信息，包括荧光寿命、荧光量子产率及分子内部构象变化等。这种技术在化学、生物学、材料科学等领域具有广泛的应用。当荧光光谱的时间分辨率达到飞秒级别时即为超快时间分辨荧光光谱。瞬态吸收技术是研究超快过程的重要手段之一，能够探测发光态和非发光态等信息，其信息量丰富，包含荧光的飞秒级分辨信息。但在光谱上常常存在重叠，难以获得某个纯态的信息。相比之下，飞秒时间分辨荧光系统只能探测发光态，具有探测纯粹荧光动力学的优点。

常规的时间相关单光子计数和条纹相机等利用电子学手段产生门信号，并控制时间延迟的方法，其时间分辨率受电子学中电子渡越时间的限制，通常只能达到皮秒的量级。利用飞秒激光脉冲本身作为门信号，并通过调整激发光和门脉冲在光路中的光程差来实现时间延迟，可以实现飞秒级的时间分辨率。在这些光学门测量方法中，基于和频原理的上转换技术及基于克尔效应的光克尔门技术（Kerr-gating）等已经被广泛应用到时间分辨荧光光谱的探测中。

1. 荧光上转换技术

荧光上转换技术是一种利用非线性光学中混频效应来实现飞秒级时间分辨的技术。在这项技术中，飞秒级激光被分为两束：一束激光用于激发样品，随后，样品会发出荧光，即释放出较低能量的光子 ω_f；另一束是称为"门信号"的光源 ω_{gate}。如图 5-30 所示，当荧光与门信号被聚焦在非线性晶体上实现空间重合，且两束光的光程也相等（相位匹配）时就可以产生出频信号 ω_{sum}，即上转换信号，见式（5-28）。在荧光光谱中只有某一特定波长的单色光 ω_f 满足相位匹配这一条件，符合条件主要由晶体光轴与样品荧光及门信号之间的夹角决定。荧光信号在时间上与门信号重合部分的位置 τ 可通过延迟线来连续调控。改变激发光和门信号之间的相对时间延迟就能够探测和频信号强度随时间变化的轨迹。

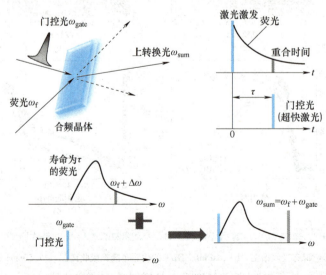

图 5-30　荧光上转换技术示意图

$$\omega_{\text{sum}} = \omega_{\text{f}} + \omega_{\text{gate}} \tag{5-28}$$

$$\frac{1}{\lambda_{\text{sum}}} = \frac{1}{\lambda_{\text{f}}} + \frac{1}{\lambda_{\text{gate}}} \tag{5-29}$$

和频信号强度正比于门信号强度和荧光信号在时间上与门信号重合部分的强度，见式（5-30）。由于门信号强度在测量过程中保持不变，所以和频信号的强度就正比于所测样品荧光信号的强度，有

$$I_{\lambda\text{sum}}(\tau) = \int K * I_{\text{f}}(t) * I_{\text{gate}}(t + \tau)\, dt \tag{5-30}$$

式中，$I_{\lambda\text{sum}}$ 是和频信号强度；I_{f} 是满足和频条件 ω_{f} 频率处的荧光强度；I_{gate} 是门信号强度；K 是常数。

非线性晶体在这里起到了光控门的作用。改变门信号与激发光之间的相对延时，就相当于在不同延时时间打开了光控门。这种门控技术的优点是其时间分辨能力由激光的脉冲宽度决定，而不是取决于探测系统。利用常用的半高全宽（FWHM）为150fs的飞秒激光器作为种子光源，可以实现亚皮秒的时间分辨率。需要注意的是，由于荧光和门信号的群速度存在差异，这会使得和频信号 FWHM 变宽，因而在实际实验中所测荧光的时间分辨率达不到150fs级别。另外，门信号脉冲和样品的荧光在晶体上汇聚的程度也会影响和频信号的带宽。

图 5-31 为典型的飞秒荧光上转换系统的光路示意图，将 800nm 飞秒级脉冲激光，分成两束，其中能量较弱的一束作为门信号光，经步进电动机控制的延时线后聚焦于和频晶体，另一束较强光用来作为激发光的种子光，经光学参量放大器（OPA，波长可调）或二次谐波发生器（SHG，波长 400nm）得到激发光，再经透镜聚焦到样品上产生荧光。将收集的荧光和门信号光在和频晶体上实现空间重合后对产生的和频信号进行收集和探测。与瞬态吸收技术类似，为了扣除背景噪声等，需要在激发光路和门信号光路分别放置一个电控光开关来控制这两路光的开关状态。

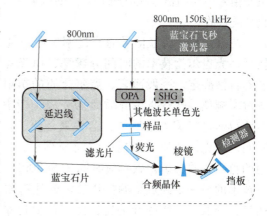

图 5-31　典型的飞秒荧光上转换系统的光路示意图

超快瞬态荧光动力学过程的分析和建模过程与瞬态吸收基本一致。对于复杂复合过程而言，为了更准确地了解激发态过程，往往需要测量几个甚至几十个不同波长荧光衰减信号，该过程可通过调节晶体光轴与样品荧光及门信号之间的夹角来实现。然后将每个荧光衰减动力学进行多指数拟合，再按样品的稳态荧光谱中相应波长的强度来作为权重对其时间积分进行归一化处理。这样可以给出发光态随时间变化及不同发光态之间转化的信息。

荧光上转换系统的优点是信噪比较高，可以探测比较弱的荧光信号，时间分辨率主要由脉冲宽度决定，因此可以达到较高的分辨率。其缺点是只能进行单波长测量不能同时测量全谱。

2. 光克尔门技术

光学克尔效应是一种光学现象，是指在介质中光强度发生变化时，该介质的折射率会随之变化的现象。克尔效应的这种变化是非线性的，即光强度的变化与折射率的变化之间的关系不是简单的线性关系。这种效应在高强度激光场中特别明显，因为在这种情况下，介质中的电子会被强电场极化并发生移动，导致折射率的非线性变化。光克尔门技术，指利用光克尔介质与超快激光相结合构建超高速光学快门，与光学延迟装置相协同，用于超高时间分辨率下测量荧光寿命。

利用光克尔效应构建超快光学快门的原理如图 5-32 所示。P1、P2 为一对偏振方向相互垂直的偏振片，P1 偏振片为垂直偏振，P2 偏振片为水平偏振。在"开门"之前，脉冲激光激发后产生的荧光信号经过起偏器 P1、克尔介质和检偏器 P2，完全被挡住，透过率为零。门脉冲光以与起偏器方向倾斜 45°角的偏振状态入射到光克尔介质中。当门开启时，在光克尔效应的

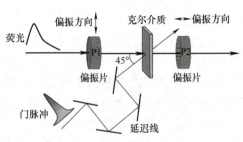

图 5-32 光克尔门技术示意图

作用下，门脉冲光通过瞬时改变克尔介质的折射率，使被测信号光变成了椭圆偏振光。故而荧光信号中与门信号在时间上重合的区域可部分透过检偏器 P2，作为接收信号，由光电接收系统接收。

在该系统中荧光信号的透过率一般只能达到 20% 左右，因此这种方法的测量灵敏度较低。光克尔门技术的时间分辨率，由光克尔介质的参数特性及开门脉冲光的脉宽、强度等特性决定。一般而言，克尔介质的折射率越大，其系统的响应就越快，荧光信号的透过率越低。选择克尔介质时需要权衡考虑。选择响应时间长、开门时间长的克尔介质会使得通过的荧光量增加，信号强，便于检测，但时间分辨率降低。相反地，选择响应时间短的克尔介质可以提高时间分辨率，但开门时间短，导致信号较弱，难以检测。常用的克尔介质二硫化碳响应时间约为 800fs，信号较强，但时间分辨率低。另外，光克尔门技术的另一个缺点是偏振片的消光比有限，导致即使在"关门"状态下仍有少量荧光通过，降低了系统的开关比，使得信噪比难以提高。相较于上转换技术，光克尔门技术的优势在于不需要严格的相位匹配条件，可以同时探测完整的荧光光谱信号，从而更好地表征其荧光特征动力学。

时间分辨拉曼散射光谱是拉曼散射光谱和时间分辨技术相结合的一种技术。飞秒受激拉曼光谱技术（FSRS）作为一种新颖的时间分辨振动光谱技术，是在飞秒、皮秒时域研究分子激发态结构动力学的有效手段之一。通过对激发态分子的拉曼振动谱进行测量和分析，FSRS 可以揭示分子内部结构的微观动态过程，如分子内部的振动、扭转、断键等弛豫过程。FSRS 是一种能够同时满足高时间分辨、高光谱分辨和宽光谱探测范围要求的超快时间分辨振动光谱技术。

上述三种时间分辨光谱［时间分辨吸收光谱（TAS）、时间分辨荧光光谱（TFS）和时间分辨拉曼光谱（TRS）］技术在时间分辨率、时间测量范围、灵敏度和适用范围等方面存在较大差异。表 5-1 对三种技术进行了综合比较。在实际研究过程中，有必要根据具体情况选择合适的方法，或者几种方法配合使用，以便进行综合分析与表征。

表 5-1　三种时间分辨光谱的对比

时间分辨光谱	TAS	TFS		TRS
		常规	超快	
探测对象	载流子	载流子	载流子	声子
探测状态	所有激发态	发光态	发光态	所有激发态
灵敏度	一般	高	高	一般
典型时间分辨率	几百飞秒	几百皮秒到几纳秒	几百飞秒	几百飞秒
典型测量范围	纳秒	几微秒	纳秒	纳秒
工作条件	温度可控、机械稳定性	暗室	暗室	温度可控、机械稳定性

5.5　单颗粒光谱学

纳米技术的进步使得纳米发光材料在成像、传感和光子器件的应用中取得了巨大的进展。尽管材料是从同一批合成的，但每个纳米颗粒的尺寸、形状、缺陷、表面基团和电荷往往是不同的，即使是同一颗粒也存在不均匀的分布。这些是与材料科学、晶体学和界面化学相关的基础研究中的核心问题，对再现性、功能性和应用至关重要。传统光谱仪可以显示出纳米颗粒的统计性质，例如平均发光强度，平均荧光寿命等，但是无法分析单个颗粒对激发光源的光谱响应。因此，对纳米材料的组元（即单个发光纳米颗粒）的光物理性质进行测量极其重要。

原子力显微镜（AFM）和电子显微镜（SEM、TEM）是用来观测单个纳米颗粒结构的重要工具，但无法获得颗粒的光学性能。单光子探测器的使用极大地推动了纳米发光材料的发展，具有高量子效率和低噪声的单光子雪崩二极管（SPAD）和电子倍增电荷耦合器件（EMCCD）的进展使单颗粒荧光光谱和成像能够在显微镜系统（如光镊、超分辨系统）中广泛应用。光镊通过高数值孔径的物镜聚焦激光光束操纵微纳级单个颗粒，来实现对其光学、力学性质的测量。而超分辨系统可以分辨出超过衍射极限的单个纳米颗粒，可以实现宽场纳米级分辨率成像，是单颗粒材料表征的重要手段。

单颗粒光谱学（SPS，也称为微区光谱学）是一项快速发展的技术，使得人们能够得到单个粒子的光学特征，直接提供其均匀性信息。通过测量单个粒子的光学性质的分布，可以分析颗粒尺寸、形状、表面状态、成分、几何取向，并分析局部环境对其光学性质的影响。单颗粒光谱学使人们能够辨别微观粒子的个体特征，从而提供关于其异质性的直接信息。

现阶段，光学显微镜系统要实现微纳单颗粒光谱测试，首先依靠高分辨率测试手段（如 AFM、TEM、超分辨系统等）判断样品均匀性，样品均匀、再现性良好，才有进一步表征单颗粒的必要；随后，利用光学显微镜大致判断颗粒分散性；最后，进行单颗粒光谱测试，共聚焦显微镜系统、超分辨显微镜、单光子探测器或光谱仪的有效配合是实现单颗粒光谱测试的关键。

5.5.1　提供单颗粒信息的基本方法

1. 原子力显微镜与电子显微镜

原子力显微镜（AFM）是一种纳米级高分辨率的显微镜，它能够在原子尺度上观察样品表面的形貌和性质。

AFM 的工作原理基于测量探针与样品表面的相互作用力来获得图像。如图 5-33 所示，其主要组成部分包括一个微小的针尖（通常是纳米尺度的）、一个非弹性的悬臂及一个非导电样品表面。针尖悬浮在样品表面的上方，通过测量悬臂的振动来获取样品表面的拓扑信息。AFM 的工作原理有几种模式，其中最常见的是接触模式和非接触模式。在接触模式中，尖端直接接触样品表面，并通过调整悬臂高度以保持恒定的力来获取图像。在非接触模式中，尖端悬浮在样品表面上方，通过测量悬臂的振动频率和幅度来获取表面信息，而无须实际接触样品。基于软件的 AFM 数据图像处理可以提供单个纳米颗粒的定量数据。以纳米棒为例，原位 AFM 与光学显微镜配合，可以分析颗粒的数量、几何形状和二维取向。与试样的水平悬臂位置相关联的 AFM 图像的分辨率受制于扫描探针直径的影响。通常，AFM 仪器的垂直分辨率高于 0.1nm，X-Y 分辨率约为 1nm。由于其高分辨率和能

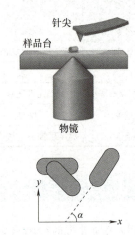

图 5-33　与光学显微镜集成的原位 AFM（顶部）揭示颗粒的数量、几何形状和二维（2D）取向（底部）

够在不同环境条件下工作的能力，AFM 成为研究纳米尺度结构和表面性质的强大工具。

扫描电子显微镜（SEM）和透射电子显微镜（TEM）是两种常见的电子显微镜，它们都使用电子束而不是可见光来实现对样品的高分辨率成像。SEM 的工作原理是通过将电子束聚焦到样品表面，然后扫描整个样品表面，测量由样品表面反射的次级电子、反射电子和散射电子的信号，从而产生表面形貌的图像。SEM 具有较高的表面分辨率，可以提供有关样品表面形貌、形状、纹理和表面成分的信息。TEM 通过将电子束透过样品，然后测量穿透样品的电子束，产生对样品内部结构的高分辨率图像。与光学显微镜不同，TEM 利用电子的波动性质，因此其分辨率远远超过可见光显微镜。TEM 具有非常高的分辨率，高分辨 TEM 的分辨率可达 50pm 级，可以提供有关样品粒子尺寸、内部结构、晶体结构、生物细胞超微结构等的详细信息。这两种电子显微镜都为研究微观结构和纳米尺度的样品提供了关键的工具，但它们的应用范围和图像类型略有不同。SEM 适用于表面形貌的观察，而 TEM 则更适合对样品的内部结构进行高分辨率成像，附带的能谱仪还可以给出元素分布等信息。

2. 光镊（OT）

光的本质是电磁波，光子不仅携带有能量，而且携带有动量。当光子运行的轨迹发生变化时，如发生散射与折射，就必然伴随着动量转移的过程，也就是说，在散射与折射的界面会发生力的作用。Ashkin 在 20 世纪 80 年代使用了一种高度聚焦的激光来捕获不同尺寸的微粒，这种技术称为光镊。光学捕获是指通过高数值孔径的物镜聚焦激光束形成的光学势阱可以限制小物体运动。当粒子的折射率大于捕获介质（通常是水）的折射率时，激光束向粒子提供两种力，散射力和梯度力。梯度力大小正比于光场梯度（$F_{grad} \propto \nabla I$），其作用是将颗粒沿着梯度方向吸引至光强的最大位置。散射力大小正比于光强（$F_{scat} \propto I$），散射力沿着激光传播的方向（即光束的 k 矢量方向）推动粒子。为了对颗粒形成稳定束缚，梯度力必须大于散射力，所以通常将入射光通过显微镜聚焦到很小的区域以提供足够的光强梯度。当梯

度力大于散射力时，粒子能够以稳定的方式被捕获于焦点处。

作为操控微观颗粒的一种有效工具，光镊能够直接操控的粒子尺寸范围从几十纳米到几十微米。在光镊的帮助下，可以研究单个微米或纳米颗粒，包括量子点、上转换纳米颗粒、金纳米颗粒和硅纳米颗粒等微纳颗粒的光学性质。随着光镊技术的发展，基于空间光调制器（SLM）的全息光镊成为对光阱势场、多光阱调制的最有效手段，它可以实时、在线、动态、三维、独立地操控多个粒子。

3. 超分辨显微镜

早期的单颗粒光谱测试常用荧光显微镜，传统的荧光显微镜由于受到衍射限制，有相对较低的空间分辨率。受制于光波长和物镜数值孔径（NA），荧光显微镜的横向分辨率约为200~300nm，轴向约为500~800nm。20世纪80年代以来，随着扫描探针显微技术的发展，在光学领域中出现了一个新型交叉学科——近场光学。近场光学对传统的光学分辨极限产生了革命性的突破。新型的近场光学显微镜（Near-field Scanning Optical Microscope，NSOM，或称为SNOM）的出现使人们的视野由入射光波长一半的尺度拓展到波长的几十分之一，即纳米尺度，从而实现高分辨显微成像。在近场光学显微镜中，传统光学仪器中的镜头被细小的光学探针所代替，其尖端的孔径远小于光的波长。另外，科学家们在传统的光学显微成像系统的基础上从不同的角度入手，实现突破衍射极限的光学显微成像，发展出远场光学超分辨技术。远场超分辨显微技术近年来发展迅速，能够进行无损或低损观察，尤其适合细胞成像。超分辨荧光显微在发展过程中出现了三大主流技术：第一类是基于点扩散函数（Point Spread Function，PSF）压缩的激光扫描成像方法，代表性技术是受激发射损耗（Stimulated Emission Depletion，STED）显微；第二类是基于空间频谱扩展的宽场成像方法，代表性技术是结构光照明显微（Structured Illumination Microscopy，SIM）；第三类是基于单分子定位的显微成像方法（Single-Molecule Localization Microscopy，SMLM），代表性技术是光激活定位显微（Photo-Activation Localization Microscopy，PALM）和随机光学重建显微（Stochastic Optical Reconstruction Microscopy，STORM），以及由此衍生出的其他技术。三类技术在成像空间分辨率、成像速度、对生物样品的光损伤等方面各有优缺点。SMLM技术的空间分辨率高，但成像速度较慢，且需要特殊的荧光分子标记；SIM技术的成像速度快，但分辨率提升较低；STED技术在分辨率和速度上都表现比较好，但缺点是对样品的光损伤较大。

结构光照明显微镜（SIM）通过干涉图案实现超分辨，以条纹图案照射焦平面，条纹图案由具有接近分辨率极限的最小条纹距离的干涉激光束产生。图案的频率与其他不可分辨的"高频"样本特征相互作用，导致可以通过物镜孔径的更大规模干涉（莫尔效应）。SIM将样品中通常不可见的高频信息携带到显微镜的可见低通频带；通过改变图案的方向和相位，记录荧光结果并对得到的多个图像数据集进行适当的处理，提取携带的高频信息并重建出超分辨率图像。在实际使用时，通过在照明光路中插入一个结构光的发生装置（如光栅、空间光调制器、或者数字微镜阵列DMD等），照明光受到调制后，形成亮度规律性变化的图案，然后经物镜投影在样品上，调制光所产生的荧光信号再被相机接收。为了提高横向空间分辨率，通过移动和旋转照明图案使其覆盖样本的各个区域，并将拍摄的多幅图像用软件进行组合和重建。然后对频移信息进行算法解码，并在频率空间中重新组合，以重建横向和轴向分辨率提高两倍的对比增强图像。SIM可以实现横向100~130nm和轴向300~400nm的波长相关分辨率，当与超高NA（1.7）物镜相结合时，SIM的横向分辨率可以提高到约80nm。

受激发射损耗显微镜（STED）光学设置配置如图 5-34a 所示，显示了涡相板、激发、双色镜、物镜和管透镜。探针在两个同步的超快微小对齐光源下照射，该光源由脉冲激光和环形耗尽脉冲激光组成，该耗尽脉冲激光也称为 STED 光束。两束激光同时照射样品，一般来说，激发激光的脉冲宽度比 STED 激光的脉冲宽短，第一束激光脉冲用于将物镜焦点艾里斑范围内荧光基团激发至荧光状态；第二束激光脉冲是经改良的"环形"或"甜甜圈"损耗光束，与第一束激光叠加，用于对激发焦点周围的所有荧光基团进行去激发，使物镜焦点艾里斑边沿区域处于激发态的荧光分子通过受激辐射损耗过程返回基态而不自发辐射荧光。因此只有中心区域的荧光分子可自发辐射荧光，从而获得超衍射极限的荧光发光点。图 5-34b 表明，当分子遇到与基态（S_0）和激发态（S_1）之间的能隙匹配的光子时，就会出现荧光团。在光子和激发荧光团之间相互作用时，激发荧光团在荧光发射发生之前通过激发发射瞬间返回基态。因此，STED 光束可以有效地耗尽激发荧光团焦斑附近选定区域的荧光（图 5-34c）。荧光团的失活发生在整个聚焦体积中，不包括聚焦中心。

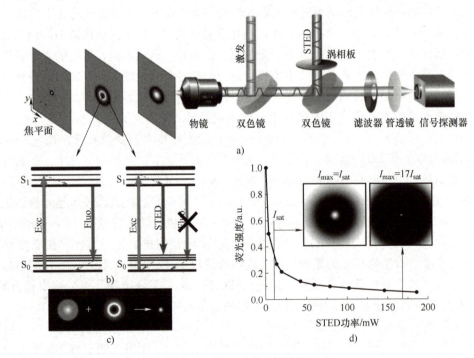

图 5-34　STED 显微镜的原理

a）STED 显微术的实验装置　b）STED 中荧光开关的简化能级　c）STED 显微术示意图　d）非线性耗尽曲线被
表示为归一化荧光信号随 STED 激光功率变化的函数（插图显示了不同最大 STED 强度值对应的模拟损耗率分布）

STED 显微镜是一种点扩散函数（PSF）工程技术，它能够锐化焦点的大小，相当于扩展显微镜的空间频率带宽。尽管两个激光束仍然受到衍射限制，但由于 STED 光束被塑造成在焦点中心具有近乎零强度的点，并且向外围的强度呈指数增长，因此最终可实现的分辨率可以轻易地绕过衍射极限。STED 光束对激发荧光态的非线性耗尽构成了在衍射极限下实现高分辨率成像的基础（图 5-34d）。在标准 STED 中，从理论上来讲，由于 STED 损耗光为环状光束且其中心强度为零，因此环状损耗光越强，则由第一束激发光激发的荧光分子所占的区域就越小，其横向分辨率就越高，STED 的图像采集可以使用多个扫描光束来加速，而空间分辨率可以通过激光的强度来调节。STED 在固定细胞和活细胞实验中可以达到 30~50nm 的横向分辨率，而使用染料优化的 STED 的横向分辨率可达到 20~30nm。

单分子定位超分辨显微成像（SMLM）技术利用荧光分子的光开关效应，实现亚细胞结构的纳米精度超分辨成像。如图 5-35 所示，在 SMLM 中，单个荧光分子持续发光时，发光强度会出现随机涨落现象，称为荧光闪烁。在传统的荧光显微技术中，研究的重点是如何抑制闪烁这一不利因素以获得持续的荧光发射。然而，在 SMLM 技术中，需要通过改变外部条件有效控制荧光闪烁特性，使得荧光分子在荧光态（ON，开）和非荧光态（OFF，关）之间转换，利用这种光开关特性实现荧光分子的稀疏激发。如果稀疏到足以被识别为单分子切换事件，信号就会在时空上分离，并在数千个相机帧上收集。单分子定位技术使用特定的荧光分子探针标记样品，通过改变分子所处的外部环境有效控制其光开关特性，将空间上重叠的多分子荧光图像在时间上分离为一系列子图像，使得每一帧子图像中只有少量稀疏分布的单分子发射荧光，即每个衍射极限范围内只有一个荧光分子被激发。采集成千上万帧荧光信号随机分布的图像，利用单分子定位算法精确定位每个分子的中心位置。最后，将所有获得的定位点进行叠加，重建出一幅突破衍射极限的超分辨图像。

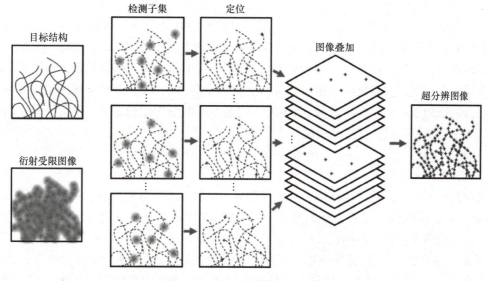

图 5-35　单分子定位原理示意图

近年来，各种新的超分辨荧光显微成像方法不断涌现，包括最低光子数显微成像、波动超分辨显微成像、基于单分子反聚束效应的超分辨成像、干涉交叉偏振显微成像、基于深度学习的超分辨显微成像技术等，使得单颗粒的光学表征分辨率不断提高。

5.5.2　单颗粒光谱学表征实例

1. 量子点

量子点是具有离散的、类似原子的能级和窄跃迁光谱的人造原子。单量子点在光激发下，其光致发光强度会随时间发生高低起伏或间歇性的中断，该现象称为量子点的光致发光闪烁。光致发光闪烁是单量子点等单粒子特有的现象。由于量子点的光致发光主要来源于单激子的辐射复合，因此，光致发光闪烁主要源于单激子辐射强度的变化。通过对比单量子点光致发光强度和寿命随时间的变化关系可以有效地揭示量子点的光致发光闪烁的起源。在聚集状态下，不同大小和形状的量子点团簇会引起不均匀的光谱偏移和变形，因此普通光谱测试技术无法表征单量子点的荧光性质。利用远场显微镜，SPS 已被用于解码量子点激发态的离散性质，单个 CdSe 量子点的荧光间歇性（闪烁）被揭示。如图 5-36 所示，在连续激发下，荧光强度在开启和关闭状态之间跳跃。激光光功率变化，其闪烁特性也会发生变化。

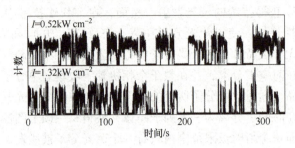

图 5-36　不同激光功率下量子点（表面覆盖有 ZnS 超薄壳层的 CdSe 量子点）**闪烁特性**

2. 荧光纳米金刚石

含有色中心（如氮空位中心，NV⁻）的荧光纳米金刚石已被用作单光子源。颗粒尺寸越小，表面缺陷可能就越多，发光中心就越少，并且发射强度就越不均匀。因此，纳米金刚石的性质取决于它们的形状和大小，SPS 是验证单量子发射体荧光的标准技术，为纳米金刚石荧光性质研究提供了权威见解。比如，人们发现一种离散的 5nm 纳米金刚石在几个小时的照射下会闪烁和漂白；1.6nm 纳米金刚石中的硅空位在化学上是稳定的，但具有荧光闪烁特性，且光学性质不稳定，荧光只持续几十分钟。

干涉交叉偏振显微术（Interferometric Cross-polarization Microscopy，ICPM）是一种干涉性的点扫描、类共聚焦检测方法，具有与常规共聚焦显微术相当的光学切片能力。由于工作在交叉偏振状态下，该技术的检测灵敏度仅受限于散射信号的散粒噪声，可在极低激发功率（<1μW）下检测到 5nm 以下的金纳米粒子。采用 ICPM 技术，可以进行单个纳米金刚石的成像，同时检测来自色中心的荧光信号。

图 5-37 是干涉交叉偏振显微镜原理图。相干激光源入射到 50∶50 分光镜上，产生信号和参考分支。为了实现外差检波，参考分支在通过半波片和偏振器（GTP）定向产生 y 偏振光之前，由一对声光调制器进行频率补偿。信号分支由第二个 GTP 产生 x 偏振光，并通过油浸式高数值孔径照明物镜聚焦到盖玻片上。聚焦光由收集物镜重新准直，并通过第二个分光镜与参考分支重叠，然后聚焦在光电二极管上。光学切片由两个分支之间的平面波干涉定义，只有从焦点区域成像的光才会在重组分束器上干涉。荧光信号通过照明物镜从样品中收集，并通过双色分光镜在雪崩光电二极管（APD）上检测，其暗计数率小于每秒 100 次。

根据强电磁聚焦理论，通过高数值孔径物镜聚焦的线偏振光束沿三个轴都投射出线偏振态，在焦平面的空间和强度分布如图 5-37b~d 所示。如果不受干扰，则焦点处的偏振分布将通过收集物镜重新转换为线偏振，由于正交偏振光束之间不会发生干涉，因此光电二极管上不会检测到干涉信号。如果焦点处存在具有电偶极矩的物体，则光将从所有三个偏振方向散射到远场，强度与它们在焦点处的强度及偶极子方向有关。只有向前散射的 y 偏振光通过同偏振参考分支进行干涉增强，产生了扫描纳米粒子时观察到的标志性四叶草散射分布。这种散射分布强烈地反映了焦点处相应的偏振分量（图5-37c）。

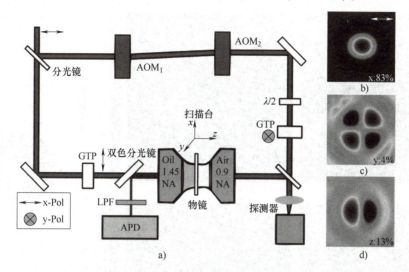

图 5-37　干涉交叉偏振显微镜原理图

图 5-37

在 ICPM 上使用 532nm 的激光对约 10nm 的纳米金刚石成像，同时通过一个 640nm 波长通滤波器在 APD 上收集荧光。图 5-38a 为散射光强度随位置变化的典型图像。观察到的峰强度变化与 AFM 下观察到的粒径范围一致，清楚地识别到了图 5-37c 中由场分布产生的与交叉偏振成像相关的四叶草散射分布特征。散射图像观察到与 AFM 测试相似的纳米颗粒间距离，表明确实能检测到 10nm 的纳米金刚石。当入射光偏振方向沿 y 轴时，图 5-38b 显示了与图 5-38a 的散射图像同时拍摄的荧光图像，可以看到荧光通道里沿着偏振方向拉长的衍射极限斑点。当 NV⁻ 中心偶极子沿着偏振方向时，其具有最佳的光吸收。为了探测 NV⁻ 中心的偶极性质，将入射和参考偏振旋转 90° 拍摄第二张图像（图 5-38c、d）。图 5-38b、d 中的虚线框（i、ii）突出了两种纳米金刚石的荧光特征，它们在 y 方向偏振光照射下的荧光峰值分别为 122cts/px 和 168cts/px，在 x 方向偏振光照射下为 189cts/px 和 131cts/px，表明光子发射过程中粒子之间存在择优的极化排列。这样，就可以在单分子水平上通过散射信号和荧光信号的共定位检测来观察单个纳米金刚石的偶极行为。正交偏振照明的伪彩色图像（图 5-38e、f）显示了一些荧光聚集点，像是来自于单一发光颗粒，但是没有对应的散射图样。当在没有溶液的情况下按照相同的方法成像时，没有观察到这种荧光背景，表明该信号来自用于分散纳米金刚石的溶液。这个结果强调了同时检测粒子的散射和荧光特征的必要性。

3. 上转换荧光纳米颗粒

上转换荧光纳米颗粒（UCNPs）通常由镧系元素离子（共）掺杂，是一种新兴的非线性光学材料，它吸收低能量的近红外光子，在可见光和紫外区域产生高能发射。UCNPs 的单颗粒性质通常通过 AFM/TEM/SEM 图像和共焦/宽场荧光图像之间的相关性来证实。由于其非线性性质，UCNP 在用普通荧光谱和 SPS 测量中的表现非常不同。对堆积颗粒的普通荧光光谱测试表明，在 β-NaYF₄ 基体中，受到浓度猝灭效应的限制，Tm^{3+} 和 Er^{3+} 的最佳掺杂浓度应分别小于 1% 和 2%（摩尔分数）。然而，SPS 测试表明，浓度猝灭是高度依赖于激发光的功率的。当激发功率密度达到 $10^4 W \cdot cm^{-2}$ 或更高时，高浓度掺杂（8% Tm^{3+} 或 20% Er^{3+}）

（摩尔分数）的单个 UCNP 比传统的低浓度掺杂的 UCNP 亮几个数量级。因此，上转换荧光纳米颗粒的单光谱测量至关重要。

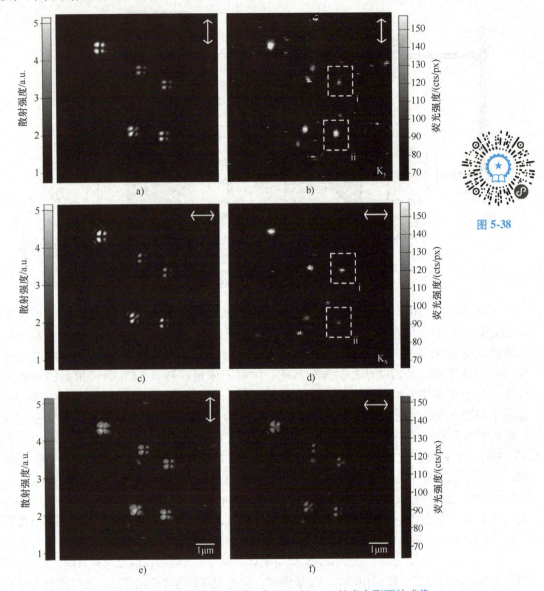

图 5-38

图 5-38　以 532nm 偏振光源采用 ICPM 对（10±2）nm 纳米金刚石的成像

a）y 偏振光源得到散射强度图像　b）y 向偏振光源得到的荧光信号　c）x 偏振光源得到的散射强度图像

d）x 偏振光源得到的荧光信号　e）y 偏振光源得到的散射和荧光数据的叠加图像

f）x 偏振光源得到的散射和荧光数据的叠加图像

　　常见的单颗粒上转换成像与测试平台示意图如图 5-39 所示，以搭载有纳米步进压电位移台的激光扫描共聚焦显微系统为平台，激发源为与 UCNPs 吸收相对应的激光器，探测器为单光子计数器。测量时，首先以薄涂的 UCNPs 颗粒聚集体对焦，再以单颗粒标准卡片校准光路，最后对测试样品进行微区扫描得到单颗粒分散样图。定位单颗粒后即可利用单光子计数器、光谱仪、时间相关单光子计数器等对上转换稳定性、激发光功率密度依赖特性曲线、光谱线型及特定能级的荧光寿命等进行测量。以氮化硅支持膜为衬底的单颗粒样品，通过分散图样定位可实现与透射电子显微镜的结合。通过光学与电镜相结合的方式，既能够研究单个粒子结构与发光特性的内在关系，也能够对不同粒子之间的特异性进行全面分析。近红外激发光通过物镜聚焦在直径数百纳米的小体积上。如果纳米颗粒是稀疏分布的，这就为单个纳米颗粒的唯一激发提供了机会。当纳米粒子被近红外光照射时，透射的上转换可见发光通过物镜传播回去，而反射的近红外激发光被二色镜拦截。在探测器前放置一个共聚焦针孔，以确保只检测到聚焦的信号。

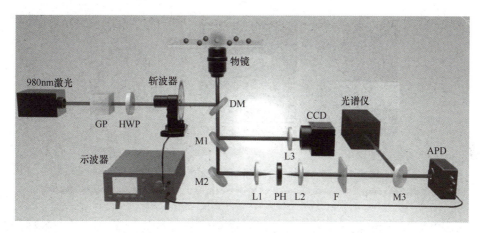

图 5-39 单颗粒上转换成像与测试平台示意图

STED 超分辨显微镜于 2014 年获得了诺贝尔奖，近年来成为表征上转换荧光纳米颗粒和生物分子光谱的有力工具。然而，传统 STED 显微镜存在原理性局限和问题：受激辐射作用如果要在与自发辐射（有机染料的荧光寿命通常为纳秒级）竞争中占主导，则通常需要高功率的超短脉冲（飞秒或皮秒）激光作为损耗激光，这往往会导致严重的光漂白、光毒性和重激发背景等问题。此外，多色 STED 超分辨技术和系统复杂度高、成本高、维护难。为解决 STED 面临的上述难题，科学家基于上转换荧光技术提出通过抑制敏化离子和发光离子间的能量传递过程切断对发光离子的能量补给，使得发光离子被"釜底抽薪"，即受激辐射诱导激发损耗（Stimulated-emission Induced Excitation Depletion，STExD）。结合上转换发光的多光子非线性泵浦依赖特性（非线性效应随泵浦的光子数增多而不断增强），实现了光子数越高的荧光能级电子损耗越强烈。STExD 机理具有传统 STED 所不具有的对荧光损耗进行非线性放大的独特效应，逐级降低高能级荧光损耗所需要的饱和光强，突破了传统 STED 中饱和光强理论的限制。结合上转换发光一对多的敏化-发光特性，STExD 可以实现一对激光对多种 UCNPs 探针的光开关控制。基于 STExD 机理，发展了一种基于单对低光强、近红外、连续波激光的多色超分辨显微成像技术，分别对钕、铒、铥掺杂的上转换荧光探针实现了不同颜色的超分辨成像。图 5-40 是双通道检测的 STExD 超分辨率显微系统的示意图及对 $NaYF_4$：Nd 纳米粒子的超分辨成像及谱线分析，原始图像分辨率达 34nm，并进一步实现了钕、铥掺杂的上转换荧光双色超分辨成像。

4. 碳点

碳点是一种新型的碳基发光纳米粒子。碳点由碳晶体或无定形核，以及各种发光和非发

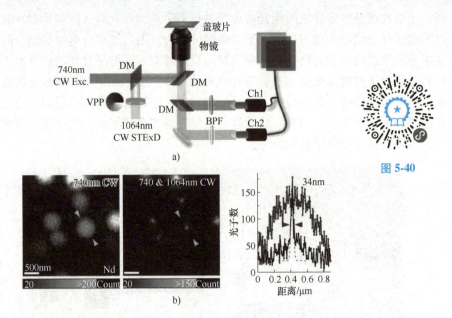

图 5-40　双通道检测的 STExD 超分辨率显微系统成像

a）显微系统的示意图　b）$NaYF_4$：Nd 纳米粒子［(16.7±0.9) nm］的超分辨成像及谱线分析

光表面基团组成，它们提供了独特或意想不到的光学特性的组合。此外，掺杂各种元素，如氮、硫和磷，可以调节荧光碳点的荧光发射光谱，使其更具有多样性。越来越多的研究致力于了解碳点的发光机制。SPS 已经表明，尽管它们的大多数发光特性在很大程度上类似于有机分子的发光特性，但发光表面基团与碳核和非发光基团的相互作用可能决定了碳点的闪烁特性。与半导体量子点相比，碳点闪烁周期更稀疏，因为其存在丰富的表面状态，可以深捕获电子（或空穴）以转换为关闭状态。而且，这种自发的闪烁特性本质上与它们的结构、大小和激发条件相关。荧光碳点的尺寸小，毒性低，水溶性好，光稳定性好，难漂白。精确控制荧光碳点的闪烁次数，理想情况下闪烁一次，就可以成为定量超分辨成像显微镜如单分子定位显微镜、光激活定位显微镜和随机光学重构显微镜的首选荧光探针。

5.5.3　单颗粒光谱学前景和挑战

SPS 技术将继续推进材料光物理性质的纳米级表征，未来的发展方向主要包括超分辨 SPS、纳米光镊技术、高通量 SPS、SPS 标准化。

（1）超分辨 SPS　在先进的 SPS 中，光学衍射极限将继续限制横向和轴向的分辨率。超分辨率 SPS 的解决方案采用了当前的超分辨率显微镜技术，能够解析彼此靠近的多个单纳米粒子，或者在纳米材料中定位单个发射体。超分辨率技术和新型发光纳米粒子的并行发展相互促进。SPS 提高了人们对单个纳米颗粒闪烁行为的理解和调制能力，这使得超分辨率光学波动成像和随机光学重建显微镜得以发展。单个纳米颗粒的散射模式干涉被用于细胞中单个分子的高速跟踪。单个纳米颗粒的激发和发射偶极子的特性可以用来通过超分辨率偏振显微镜解析物质输运过程的取向。

（2）纳米光镊技术　单个纳米颗粒的非接触式捕获和跟踪，与 SPS 相结合，将为组装基于混合纳米颗粒的器件及对距离和取向相关现象的原位研究提供许多机会，如研究不同类型的单个纳米颗粒之间的能量传递和力动态。光学捕获技术成功使用聚焦激光束来限制超冷原子和纳米颗粒。然而，传统的光镊由于对布朗运动和热泳力的捕获力有限，在镊取纳米颗粒方面面临着相当大的挑战。最近，新的纳米光镊技术不断被研发：混合电热等离子体纳米光镊能够按需、远程、快速地将单个纳米物体输送到特定的等离子体纳米天线，以实现二维组装；具有特定设计的纳米结构的近场纳米光镊可以用来实现单个介电物体的三维光学操控；开放式微腔可以在捕获单个纳米颗粒的过程中提供原位校准和传感能力；反布朗运动的电泳阱应用二维力场可以捕获溶液中的单个纳米级物体。

（3）高通量 SPS　尽管 SPS 测量通常仅限于具有足够亮度的纳米颗粒，并且 SPS 方法主要依赖于重复的单颗粒实验来获得统计结果，但在选择较少数量的样本进行单颗粒分析之前，可以将系综方法用作预筛选工具。高通量 SPS 和数据分析自动化是将单颗粒研究应用于常规样品分析的理想选择。使用商用高光谱成像系统或棱镜来分散光谱信息的宽场成像方案可以显著提高检测通量和速度。机器（深度）学习可以超越传统数据分析的极限，最近被用于分析单分子模式，并在建立计算模型后将宽场图像重建为超分辨率图像。通过使用深度学习来识别和记录单个纳米颗粒的光学特征，可以减少 SPS 测量中的重复实验。

（4）SPS 标准化　考虑到不同的研究小组获得的结果可能受到不同的仪器设置和测量环境的影响，许多纳米材料的系综测量必须经过优化才能量化。比如，UCNP 的量子产率强烈依赖于粉末或悬浮液中 UCNP 的激发功率和颗粒密度。因此，建立标准化检测方法非常重要。SPS 的标准化和普及使用将使人们能够从各种合成方法、配方或实验中快速寻找高效、均匀的纳米颗粒，从而根据需求定制纳米颗粒。

5.6　其他先进谱学技术

在已经探讨的谱学表征方法之外，科学研究领域还运用了多种其他先进谱学技术，这些技术在分析物质的微观结构等关键方面扮演着重要角色。接下来，将介绍两种值得关注的技术，即正电子湮没谱学和二次谐波技术，并对它们的原理和应用进行概述。

5.6.1　正电子湮没谱学

1928 年，狄拉克将量子力学中的薛定谔方程与爱因斯坦狭义相对论结合，建立了高能量情况下的薛定谔方程，也就是现在所知的狄拉克方程

$$-\frac{\hbar}{i}\frac{\partial\psi}{\partial t}=\frac{\hbar c}{i}\left(\alpha_1\cdot\frac{\partial\psi}{\partial x}+\alpha_2\cdot\frac{\partial\psi}{\partial y}+\alpha_3\cdot\frac{\partial\psi}{\partial z}\right)+\beta m_e c^2\psi \tag{5-31}$$

式中，ψ 是波函数；α、β 是常数。

根据狄拉克方程，自由电子的能量本征值 E 有关系式

$$E^2-c^2p^2+m_e^2c^4=0 \tag{5-32}$$

从中可以得出

$$E=\pm\sqrt{c^2p^2-m_e^2c^4} \tag{5-33}$$

式中，p 是电子动量；m_e 是电子静止质量；c 是光速。

狄拉克方程揭示了电子不仅具有从 $m_e c^2$ 到 $+\infty$ 组成的正连续能级，还有 $-\infty$ 到 $-m_e c^2$ 的能级。在相对论中，负值解是无法直接忽视的。电子的负能级的概念意味着电子将不断地向

低能级跃迁并无限地释放出能量，然而，这一过程并不符合实验观察到的现象。为回避这一困难，狄拉克预言了电子反粒子——正电子的存在。狄拉克假设负能态能级已完全被大量电子所占据，形成电子海。当电子被激发，就会在电子海中形成一个空穴，相当于出现了一个电子的反粒子，即正电子。

1932 年，美国科学家安德逊在云室中成功拍摄到宇宙射线中正电子轨迹的照片，这一发现证实了正电子的存在。在近代物理中，正电子被视为电子的反粒子，并具有与电子相同的质量，即 9.10×10^{-31} kg，而且其自旋量子数也为 1/2。与电子不同的是，正电子带有 +1 单位的电荷量。当正电子与电子碰撞时会发生湮没现象，并产生 γ 光子。值得注意的是，这一过程遵循电荷守恒、能量守恒、动量守恒与角动量守恒。依据爱因斯坦质能方程

$$E = mc^2 \tag{5-34}$$

当正电子湮没并产生两个 γ 光子时，理论上每个 γ 光子的能量应为 0.511MeV。因此，检测到能量正好为 0.511MeV 的 γ 光子通常被认为是正电子湮没现象的标志。

1. 正电子的湮没特性

正电子产生后，其在介质中的传播主要会经历热化、扩散与湮没三个过程。由放射性核素衰变释放出来的正电子的能量通常在几百千电子伏特到几兆电子伏特之间。当正电子进入介质后，经过与电子、原子或离子的非弹性碰撞，其能量会迅速降低至热能水平。在 300K 时，正电子的动能约为 0.025eV。热化过程持续的时间非常短，通常只需要几皮秒。热化是正电子损失动能的主要过程，决定了正电子在介质中的射程。

热化后的正电子在介质中继续扩散。在此过程中，它们与介质中的电子发生湮没，产生 γ 光子。正电子扩散与湮没过程的持续时间很短，在固体中典型的时间范围是 $100 \sim 1000$ps，这即是正电子的寿命。然而在实验中，这一个时间是很难直接确定的。通常，用正电子产生的标志（如 ^{22}Na 源产生正电子时，会同时发射的能量为 1.28MeV 的 γ 光子）作为起始信号，0.511MeV 的 γ 光子产生作为终止信号。这两个信号之间的时间间隔可视为正电子的寿命。正电子寿命与传输介质的种类、晶相与缺陷等相关，因此可以用来反映材料的微观结构状态。

正电子在介质中的湮没主要有三种方式，分别是自由态湮没、捕获态湮没与正电子素湮没。其中，自由态湮没指的是处于自由状态的正电子与负电子相遇并发生湮没。理论上，正电子与负电子湮没时，有分别产生 1 个光子、2 个光子或 3 个光子三种途径。其中，发射单个光子时，需要第三者（通常是原子核或原子内层电子）参与以维持动量守恒。三种途径中，双光子发射的概率最大。三种途径中，其湮没概率有关系

$$\frac{\sigma_{3\gamma}}{\sigma_{2\gamma}} \approx \alpha \tag{5-35}$$

$$\frac{\sigma_{\gamma}}{\sigma_{2\gamma}} \approx \alpha^4 \tag{5-36}$$

式中，σ_{γ}、$\sigma_{2\gamma}$、$\sigma_{3\gamma}$ 分别为发生单光子、双光子、三光子湮没的概率；α 为精细结构常数，数值为 $\frac{1}{137}$。

从式（5-35）和式（5-36）可以看出，正电子与负电子湮没时，发射双光子的概率 $\sigma_{2\gamma}$ 远大于其他两个路径。大部分情况下，正电子与负电子湮没时发射的都是双 γ 光子。

捕获态湮没是指当晶格中出现缺陷时，正电子被缺陷捕获，并与负电子发生湮没的过程。

例如，当晶格中出现一个正价离子空位缺陷，空位等效于携带等量负电荷，与正电子相互吸引，容易捕获正电子，继而发生正电子-负电子湮没。当正电子被俘获时，其势能会降低。因此，自由态正电子能级与俘获态正电子能级之间的能量差值 E_0 定义为正电子捕获能。当然，正电子被俘获后，也有可能从缺陷处逃逸出来。其逃逸概率与正电子捕获能有关。捕获能越大，其逃逸概率越低。由于正电子湮没概率大，寿命短，正电子从缺陷处逃逸出去的概率很小。正电子空位捕获效应能够反映出材料微观结构中的缺陷态，是研究材料微观结构的重要实验方法。

正电子素（Positronium）是一种正电子与负电子组成的亚稳定束缚态结构，也称为电子偶素。1951 年，Deutsch 发现自然界中正电子素的存在。正电子素中，正电子与负电子围绕质心旋转，构成一种电中性的"原子"结构。由于正电子素中的正电子不再独立存在，其湮没过程与自由态或捕获态正电子的湮没就显著不同，需由量子电动力学来描述。正电子素湮没需遵守宇称守恒定律。对于基态的正电子素来说，若电子和正电子自旋平行，则为三重态，记为 o-Ps；若自旋反平行，则为单重态，记为 p-Ps。正电子素湮没时可以释放出 n 个光子。对于 p-Ps，发生概率最大的过程是双 γ 衰变；对于 o-Ps，发生概率最大的过程则为三 γ 衰变。

2. 正电子湮没谱学测量技术

本节中，将对正电子湮没谱学中常用的测试方法、原理、仪器及其应用进行简单介绍。

在常见金属及合金中，以自由态湮没方式湮没的正电子寿命通常在 100~250ps，在少数几种碱金属中，正电子湮没寿命能够超过 300ps。相较于自由态正电子，捕获态正电子的寿命更长，且随缺陷的线度增大而延长。此外，不同种类的缺陷会导致不同的寿命表现。当介质中缺陷浓度增大时，正电子以捕获态湮没方式湮没的概率增大，在寿命谱中相应寿命的成分所占的相对强度也越大。正电子湮没寿命谱的测量能提供许多有关材料的微观结构信息，在正电子湮没测量技术中占有重要的位置。

（1）正电子湮没寿命测量原理 理论上，正电子湮没寿命定义为正电子热化结束后在介质内扩散直至湮没所持续的时间。这一过程通常持续约几百皮秒。然而，实际上正电子热化过程往往只需要几皮秒，这在实验上很难被分辨。在实际情况下，通常认为正电子湮没寿命为正电子从放射源中产生并最终在介质中湮没的这一过程。

在实验方面，正电子湮没寿命测量的依据主要以 ^{22}Na 正电子源经 γ 衰变时发射的 1.28MeV 的特征光子为起始标志信号，以正电子-负电子湮没时产生的 0.511MeV 的 γ 光子为结束信号。这两个信号之间的时间差即作为正电子湮没寿命。通过对每个湮没事件的湮没过程所需时间进行测量，当湮没事件数积累到足够量（约 10^6 个）时，就可以获得一个符合一定统计误差要求的正电子湮没寿命谱。

（2）正电子湮没寿命谱仪 目前，正电子湮没寿命谱测量中，主要采用两种时间谱仪，即快-慢符合型和快-快符合型。

如图 5-41 所示，快-慢符合型正电子湮没寿命谱仪由起始道与终止道两个通道组成。每个通道又分为快道和慢道两路。其中，慢道由放大器、单道分析器和符合电路组成，是为了在能量上筛选 1.28MeV 和 0.511MeV 的 γ 光子信号而设置的。它的作用是确保起始道只允许 1.28MeV 的 γ 射线产生的起始信号通过，而终止道只允许 0.511MeV 的 γ 射线产生的终止信号通过，然后由符合电路筛选出具有因果关系，即同一个正电子的湮没事件的信号通过，并去选通时间幅度转换器。从而保证了最终测量得到的正电子湮没寿命谱的质量。快道由恒比定时甄别器、延迟器和时间幅度转换器组成。快道是为了确定 1.28MeV 和 0.511MeV

的 γ 光子信号的时间差而设置的。由于符合电路对时间幅度转换器的选通，保证了起始道上的快道只对起始信号有效，而终止道上的快道只对终止信号有效，并且与相应的慢道对应。快道中的延迟器是为了配合时间幅度转换器而设置的，可用于选择延迟时间，让时间幅度转换器在线性良好的区域工作。

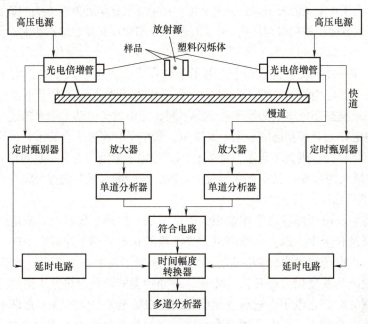

图 5-41　快-慢符合型正电子湮没寿命谱仪

在快-快符合型正电子湮没寿命谱仪中使用恒比微分甄别器替代原用的两个定时甄别器，省却了慢道电路部分，如图 5-42 所示。这样，既能对快信号定时，又能对信号幅度进行选择，即筛选出对应于 1.28MeV 和 0.511MeV 光子的信号。经单道选择的信号进入快符合电路，让相关事件的信号通过快符合电路去选通时间幅度转换器。

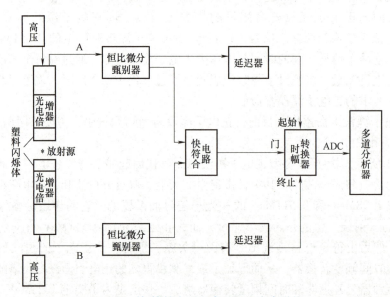

图 5-42　快-快符合型正电子湮没寿命谱仪

快-快符合型正电子湮没寿命谱仪的结构简单，而且其计数率得以成倍提高，能使用较强的正电子源（可达 2×10^6 Bq）。一个总计数为 10^6 的谱图，只需 $1 \sim 3$h 即可测完。由于测量时间短，仪器不稳定性的影响相应降低。然而，正电子源的源强提高会使峰/本底比值下降，即真/偶符合比值变差，这对获取的寿命谱的质量有不利影响。因此，两种类型谱仪各有优缺点，可视具体要求和条件进行选用。

（3）正电子寿命谱测试实例　正电子湮没寿命测量是表征多孔材料中孔隙结构的有效方法。沸石型咪唑酯骨架（ZIFs）是一种典型的多孔材料，采用传统的快-快寿命谱对含有不同浓度 Co 和 Zn 的 ZIF-Co-Zn 纳米晶体进行了正电子湮没寿命测量。图 5-43 为经归一化峰处理后的 ZIF-Zn、$ZIF-Co_{0.05}Zn_{0.95}$ 和 ZIF-Co 的正电子湮没寿命谱图，显示出三种 ZIFs 晶体均存在长寿命成分。解谱可知，ZIF-Zn 中存在四种寿命成分。最短的寿命 τ_1〔(180.9 ± 2.1)ps〕是由于自旋单态正电子偶素（p-Ps）湮没和自由正电子湮没导致的；另一个短寿命组分 τ_2〔(449.1 ± 4.2)ps〕对应于空位簇或空穴中的正电子湮没。较长寿命 τ_3〔2.61 ± 0.02 ns〕

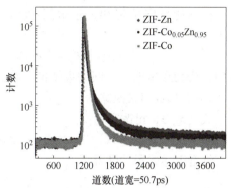

和 τ_4〔(30.89 ± 0.62)ns〕可能为自旋三重态正电子偶素（o-Ps）在晶体孔洞内的湮没寿命。$ZIF-Co_{0.05}-Zn_{0.95}$ 晶体也存在四种寿命成分，较长寿命 τ_3 和 τ_4 分别为（2.27 ± 0.03）ns 和（24.45 ± 0.58）ns，对应强度分别为 $9.53\% \pm 0.12\%$ 和 $4.55\% \pm 0.03\%$。而 ZIF-Co 晶体中较长寿命成分 τ_4 相对强度仅为 $0.54\% \pm 0.03\%$，几乎可忽略。因此认为该晶体存在 3 种寿命成分，其中较长寿命成分 τ_3 约为（2.00 ± 0.06）ns，其强度约为 $3.68\% \pm 0.10\%$。

据研究，o-Ps 可在孔隙内扩散几毫米的距离，与颗粒壁碰撞多次后发生湮没，其寿命值与基体材料的孔径尺寸有关。ZIFs 晶体中 o-Ps 的寿命成分的存在表明结构中存在一种或两种大小的孔隙。较长寿命 τ_4〔(30.89 ± 0.62)ns〕可能为 o-Ps 在晶体规则棱角间隙处的湮没寿命。τ_3〔(2.61 ± 0.02)ns〕可能是 o-Ps 在 ZIFs 晶体中笼型孔间通道等微孔区域的湮没寿命。

3. 正电子湮没 γ 辐射角度关联

正电子湮没过程遵循能量守恒与动量守恒，发射出的两个能量相同的 0.511MeV 的 γ 光子，沿相反方向射出（夹角为 180°）。通常情况下，正电子热化结束后，其能量降低为 kT 量级（0.025eV），动量可近似为零。但固体中电子通常拥有几电子伏特的动能，故湮没时的正电子与负电子动量之和不为零。因此，γ 光子不会严格以 180°夹角沿相反方向射出，而是在对射方向上有轻微偏移。这个偏移角 θ 值通常很小，且不同偏移角 θ 对应于不同动量电子。通过测量偏移角可以反映材料中的电子动量分布状态，从而可以分析材料的微观结构，尤其是固态缺陷和相变。

（1）正电子湮没辐射关联测量原理　正电子-负电子湮没过程遵循动量守恒与能量守恒。如图 5-44 所示，$\mathbf{P}_1$、$\mathbf{P}_2$ 分别为两个湮没 γ 光子的动量，$\mathbf{P}$ 为正电子-负电子的总动量，$\mathbf{P}_L$ 为动量横向分量，$\mathbf{P}_T$ 为动量垂直分量，根据动量守恒，有

$$P = P_1 + P_2 \qquad (5\text{-}37)$$

P_2 与 x 轴的夹角为 θ，P 在 x 方向上的动量分量 P_L 为

$$P_L = P_1 - P_2 \cos\theta \qquad (5\text{-}38)$$

在 y 方向上，P 的动量分量 P_T 为

$$P_T = P_2 \sin\theta \qquad (5\text{-}39)$$

根据能量守恒定律，正电子-负电子湮没前后能量关系为

$$2m_e c^2 + E_B = P_1 c + P_2 c \qquad (5\text{-}40)$$

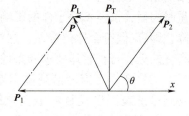

图 5-44 湮没过程遵循动量守恒示意图

式中，E_B 为正负电子之间的束缚能，约为 eV 量级，远远小于 $2m_e c^2$，因此可被忽略。

式（5-40）可改写为

$$2m_e c^2 = P_1 c + P_2 c \qquad (5\text{-}41)$$

结合上述式子，可得

$$P_2 = \frac{1}{1+\cos\theta}(2m_e c - P_L) \qquad (5\text{-}42)$$

$$\sin\theta = \frac{P_T}{P_2} = \frac{P_T(1+\cos\theta)}{2m_e c - P_L} \qquad (5\text{-}43)$$

通常，θ 值很小，$\sin\theta \approx \theta$，所以

$$P_T(1+\cos\theta) \ll 2m_e c - P_L \qquad (5\text{-}44)$$

$$P_2 = m_e c \qquad (5\text{-}45)$$

$$P_T = m_e c\theta \qquad (5\text{-}46)$$

可以看出，偏移角 θ 与固体中电子动量相关。因此，通过在不同 θ 上测量湮没事件的数目 $N(\theta)$ 可以反映出固体中电子的动量分布情况。

（2）正电子湮没辐射角关联测量装置　在正电子湮没辐射角关联实验中，最早使用的是一维长缝型角关联装置，如图 5-45 所示。

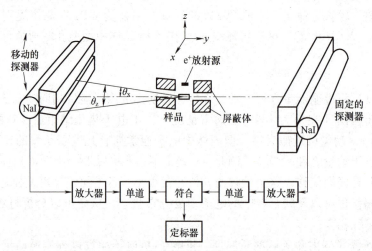

图 5-45 正电子湮没辐射一维长缝型角关联装置

该实验装置由样品室（包括源室、样品架、真空室等部件）、主缝、次缝、探测器、前

置放大器、快甄别器、快符合电路、主放大器、单道分析器、慢符合电路、定标器等组成。在实验中，通常使用活度为 $10^{10} \sim 10^{11}$ Bq 的 ^{22}Na、^{64}Cu 或 ^{58}Co 放射源作为正电子源。探测器采用的是 NaI 探测器。在实验配置中，探头与放射源及样品的距离较远，并通过加铅屏屏蔽以避免放射源的直射。当样品中发生正电子湮没辐射时，产生的 0.511MeV 的 γ 光子会分别被置于样品室两端的 NaI 探测器接收。其中一个探测器保持固定位置，另一个探测器能够以样品为中心、摇臂为半径进行在水平方向上的精密的角扫描。两种探测器收集到的信号经能量和时间上的选择做符合测量。随着 θ 角（即探测器之间的角度）的每次改变，系统会记录相应的计数值 N，最终得到 $N(\theta)$ 关系曲线。

二维角关联实验装置（2D-ACAR）是在一维角关联实验装置上发展起来的，实验结果明显地优于长缝一维角关联实验结果。探测器可以是多个 NaI 组成的阵列，也可以是对位置灵敏的多丝正比室等。一般的 2D-ACAR 装置分辨率为 (0.24×0.3) mrad^2，效率为 16%，计数率为 150s^{-1}。图 5-46 展示了 20 世纪 80 年代 R. N. West 等设计的一个 2D-ACAR 装置，其样品到探测器的距离在 2 ~ 20m 内可调。探测器是由一个直径 508mm、厚 12.7mm 的 NaI 单晶，用光学耦合剂耦合到 37 个直径为 70mm 的六角形排列的光电倍增管阵列上。测量系统定义了 128×128（16k）个地址。每个探测器的 x、y 信号经混合处理后送到两个 ADC（模数转换器），然后通过 CAMAC（计算机自动测量和控制）系统，将数据接到小型机上进行处理。

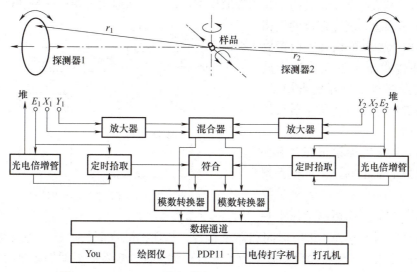

图 5-46 R. N. West 等设计的 2D-ACAR 装置测试系统框图

4. 多普勒展宽能谱

正、负电子湮没对具有一定的动量，用角关联测量仅测定了动量的两个横向分量。而相对于探测器运动过程中发射的纵向分量，会引发多普勒效应，导致探测器测量到的湮没辐射能谱发生变化。这种能量变化的大小与电子动量信息相关，因此可以通过湮没 γ 能谱的测量获得样品中电子动量分布的信息。

（1）多普勒展宽能谱测量原理 从上面的分析中知道，电子湮没时，所涉及的动量不可忽视。因此，湮没光子的能量相对于 $m_e c^2 = 0.511$MeV 会存在一定的多普勒能移 $\frac{1}{2}p_x c$。两个光子能移大小相同，符号相反。统计大量湮没光子的能量分布，可以得到一个以 0.511MeV 为中心的对称分布，分布的形状由湮没电子的动量分布决定。因此，通过研究 0.511MeV 的 γ 光子能量峰的形状，可以得到样品中电子动量分布的情况。

在多普勒展宽谱测量中，湮没光子的能移只与 P_x 有关。P_x 为 P 在 x 方向上的分量，与 P_y、P_z 无关。用 $W(E)$ 表示不包含实验仪器分辨函数和测量本底影响的湮没光子按能量分布的本征谱，则有

$$W(E) = \int_{-\infty}^{+\infty} \int_{-\infty}^{+\infty} \rho(P_x, P_y, P_z) \mathrm{d}P_y \mathrm{d}P_z \tag{5-47}$$

式中，$E = \frac{1}{2}P_x c$；$\rho(P_x, P_y, P_z)$ 为动量空间中电子动量密度。

（2）多普勒展宽能谱仪　多普勒展宽谱的测量本质上是对发生湮没事件的 γ 射线能谱进行探测，这要求使用一套满足特定能量分辨率要求的 γ 谱仪。在固体中，电子的能量通常在几电子伏特量级，这意味着最大能量展宽可达 2keV。换句话说，由于多普勒效应的影响，湮没产生的 γ 射线的能量展宽是其原始电子能量的大约 500 倍。在这一能量范围内，采用锂锗漂移［Ge（Li）］探测器或高纯度锗（HPGe）探测器进行测量是最为理想的选择。这些探测器在 511keV 附近的能量分辨率大约为 1.0~1.5keV。将多普勒展宽与谱仪自身 1.0~1.5keV 的能量展宽综合考虑，正电子湮没多普勒展宽谱仪所测得的 511keV 峰的总展宽约为 2~4keV。为了从实际测量得到的谱线中提取出本征谱，必须运用去卷积程序进行处理。

图 5-47 是多普勒展宽谱仪的结构框图。半导体探测器的信号由前置放大器引出并传送至主放大器进行放大，再传送到多道分析器负责记录，得到计数随能量分布的湮没 γ 射线的多普勒展宽谱。

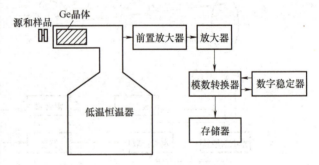

图 5-47　多普勒展宽谱仪结构框图

符合多普勒展宽能谱是在多普勒展宽基础上发展而来的，是一种新型的可用于元素鉴别的正电子谱学技术。符合多普勒展宽能谱测量技术是对同时探测到的两个 γ 光子进行时间和能量符合，从而消除本底的影响，将高动量电子的湮没信息分离出来。与传统多普勒展宽能谱技术相比，符合多普勒展宽能谱具有峰谷比大、能量分辨好的特点，因此在表征高动量区核芯电子的信息方面有明显优势。

图 5-48 为双探头符合多普勒展宽能谱测量系统的示意图。两个高纯 Ge 探测器构成符合多普勒展宽系统，检测到 2 个能量分别为 E_1 和 E_2 的湮没 γ 光子。

$$E_1 = m_0 c^2 + \frac{cP_\mathrm{L}}{2} - \frac{E_\mathrm{b}}{2} \tag{5-48}$$

$$E_2 = m_0 c^2 - \frac{cP_\mathrm{L}}{2} - \frac{E_\mathrm{b}}{2} \tag{5-49}$$

式中，m_0 为电子的静止质量；E_b 为正电子和电子的结合能；P_L 为湮没电子-正电子的纵向动量。

根据能量守恒，湮没正负电子对的总能量为

$$E_T = 2m_0c^2 - E_b \tag{5-50}$$

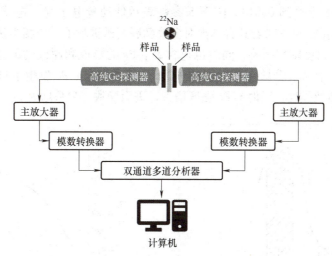

图 5-48　双探头符合多普勒展宽能谱测量系统示意图

由于大多数正电子在材料中会先经历热化过程再参与湮没，结合能 E_b 可以忽略。除此之外，两个湮没 γ 光子的能量差 $\Delta E = E_1 - E_2$ 可近似表示为 $\Delta E \approx cP_L$。因此，通过同时测量两个湮没 γ 光子的能量，并通过 $E_1 - E_2$ 来重建多普勒展宽谱，即可得到电子的动量分布。

（3）多普勒展宽能谱数据分析　实验测量的多普勒展宽谱的数据处理方法有退卷积法和线形参数法两种。退卷积法就是从实验测量谱中消除谱仪对能量分函数的影响，得到本征谱。尽管退卷积方法在很大程度上弥补了多普勒展宽谱方法的分辨率远不如角关联方法的缺点，但该方法的效果显著依赖于退卷积处理的过程、方法和参数的选取。线形参数法是直接在实验测量谱中应用各种线形参数来表征谱的形状特性。通过获得的线形参数值，可定性地研究材料的微观结构变化规律，某些情况也可供定量分析用。线形参数法在数据处理上相对简单直观。

图 5-49 所示为多普勒能谱展宽测量中线性参数的定义。图中的谱峰位于 0.511MeV 处。能谱下的总面积标记为 Δ，其中 A 表示中央区一定宽度内的面积，B、C 分别为两翼在某确定宽度内的面积。常用的线形参数包括 H、W 和 S 参数，具体定义如下。

H 参数定义式为 $H = A/\Delta$。H 参数的变化主要受中央区计数的影响，所以，它主要反映正电子与低动量电子（在金属中为导电电子）湮没的情况。当材料中缺陷增多时，H 参数相应地增大。

W 参数的定义式为 $W = (B+C)/\Delta$。W 参数的变化主要受两翼计数的影响，所以，它主要反映正电子与高动量电子（在金属中为核心电子）湮没的情况。当材料中缺陷增多时，W 参数相应地减小。

S 参数的定义式为 $S = \dfrac{H}{W}$。S 参数整合了 W 参数与 H 参数的湮没率变动，从而对能谱形状的变化提供了更为综合的反映。对于相同的能谱形状变化，S 参数呈现出更大的变化幅度，这表明其对谱形变化的响应更为灵敏。

图 5-50 所示为图 5-43 中的三个样品进行了多普勒展宽测试后得到的多普勒展宽 S 参数随 Co 摩尔含量的变化趋势。可以看出，随着 Co 摩尔含量的增加，由多普勒展宽谱解析得到，S 参数从 0.466 上升到 0.513。由于 S 参数表示低动量电子与正电子湮没的信息，而 p-Ps 几乎为零的动量信息意味着其自湮没对多普勒展宽谱贡献了一个相当狭窄的动量峰。因此，S 参数和 p-Ps 强度密切相关，同时也包含了 p-Ps 的形成和湮没的信息。S 参数的上升与 p-Ps 强度的增大有关。分散在 ZIFs 晶体中的 Co 离子引起 o-Ps 发生了自旋转换效应，显著降低了 o-Ps 寿命及强度，同时 p-Ps 强度增大，进而导致 S 参数增大。

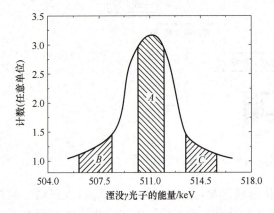

图 5-49 多普勒能谱展宽测量中线性参数的定义

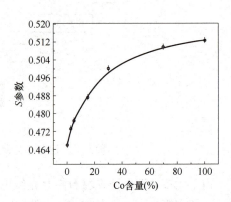

图 5-50 ZIF-Co-Zn 中多普勒展宽
S 参数随 Co 摩尔含量的变化

5. 慢正电子束技术

常用的正电子源有两大类：**一类是放射性同位素，另一类是高能电子加速器中的电子对。**通常，虽然丰质子核素大都具有 β^+ 衰变特性，但大部分是短寿命的，无法被利用。只有少数像 ^{22}Na、^{64}Cu、^{58}Co、^{68}Ge 等具有足够长的半衰期的核素才可真正有用。从放射源出来的正电子的能量通常比较高，如 ^{22}Na，其最大能量可达 0.545MeV。正电子慢化的概念首先是由 Madanski 在 1950 年提出的。这一概念的核心思想：把从放射源放出的高能正电子打入某些固体，让正电子在固体中热化。若该固体对正电子具有负的功函数，正电子就有可能从固体表面逸出，通常这些逸出的正电子的能量很低，为电子伏特量级。随后，再把这些正电子收集起来，通过磁场聚焦和电场加速到所需要的能量，就获得了能量可调的单能慢正电子束。近年来，慢正电子束技术不断发展创新，其应用领域不断扩大，已经成为凝聚态物理学、化学和材料科学研究的主要研究工具。慢正电子束可以探测真实表面（几个原子层）的物理化学信息，并可用于材料表面至微纳米深度范围内的微观结构和缺陷信息的非破坏性表征，这进一步将正电子湮没技术发展成为可应用于固体材料表面、薄膜材料表面与界面的微观结构和缺陷表征的新型技术。慢正电子束测量方法包括正电子湮没多普勒展宽、符合多普勒展宽等能谱测量方法，以及正电子湮没寿命谱、正电子素飞行时间谱等时间测量方法。

慢正电子束具有对固体表面或近表面/界面内原子尺寸的缺陷灵敏、注入能量单一和连续可调，以及对探测样品无损坏等优点。通过改变注入材料内正电子的能量可探测材料内缺陷类型和浓度的深度分布信息。此技术已被广泛用于固体材料近表面、离子注入区、薄膜和界面等非均匀系统的微观结构和缺陷方面的研究。

研究人员在室温下采用能量为 1MeV、剂量分别为 5.8×10^{14} ions·cm^{-2} 和 2.9×10^{15} ions·cm^{-2} 的 Xe 离子对石墨进行了辐照试验，用慢正电子束研究了离子辐照对基体石墨微观缺陷的影响，根据正电子湮没 S 参数随正电子入射能量 E 的变化曲线，获得了辐照缺陷随深度和剂量的变化规律。如图 5-51 所示，其底部横坐标为正电子的入射能量 E，顶部横坐标是对应能量的入射正电子在基体内的平均注入深度，纵坐标为测得的 S 参数。对于不同微观结构层，电子动量或密度分布不同，则测到的 S 参数会有显著区别。由于正电子束流能散和注入轮廓分布的存在，S 参数是不同层 S 参数的线性组合，$S=F_sS_s+F_dS_d+F_bS_b$，其中 $F_s+F_b+F_d=1$（式中下标 s、d 和 b 分别代表表面湮没、缺陷捕获湮没和体湮没）。当正电子入射能量较低时，部分热化后的正电子会扩散到样品表面，在表面处湮没导致 S 参数较高。当正电子入射能量较高时，几乎所有的正电子在基体内发生湮没，S 值基本保持不变。因此，图中未辐照样品 $S\text{-}E$ 曲线可分为两个区间：在正电子 $E<2.0\text{keV}$ 时，S 参数随入射能量的增加而减小；当 $E>2.0\text{keV}$ 时，S 值趋向于稳定值 0.465，可以认为该值是基体中正电子湮没 S 参数。

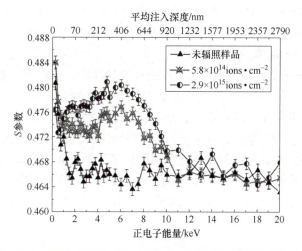

图 5-51　辐照能量为 1MeV，不同剂量 Xe 离子注入石墨前后的 $S\text{-}E$ 曲线

当晶格存在空位型缺陷时，缺陷附近的电子密度减少，正电子会被缺陷捕获，并和空位处电子发生湮没。由于缺陷处低动量电子湮没贡献增大，相应 S 参数会增加。不同剂量 Xe 离子辐照的样品与未辐照样品相比，其 $S\text{-}E$ 曲线可以分为明显的三个区间：当 E 为 0～2.0keV 时，S 参数随着 E 的增加而减小，这归因于正电子与基体表面层湮没的贡献；当 E 为 2.0～10keV 时，S 参数随着 E 的增加先缓慢增加，并在 E 为 5keV（注入深度约 303nm）时达到峰值然后迅速减小，且损伤区 S 参数随着 Xe 离子辐照剂量的增加而增大，表明高剂量辐照在基体内引入的空位型缺陷浓度或尺寸更大。

5.6.2　二次谐波

二次谐波产生（SHG，简称倍频）是一种二阶非线性光学现象，属于和频非线性效应中的一种。两个频率相同的光子与非线性材料相互作用后合并生成一个新的光子，其频率是原始光子的两倍。与其他偶数阶非线性光学现象一样，具有非中心对称性/无反对称性的化学结构中才可以观测到 SHG 现象，且该现象发生的难易程度取决于材料的二阶非线性极化率的大小。目前，SHG 成像技术已广泛应用于材料科学、多相催化、界面物理化学及生物医学等领域的前沿研究。

1. 二次谐波产生原理

当物质与强光相互作用时，材料的非线性极化特性导致光响应与光场强度之间呈非线性关系，并产生各种非线性光学现象，包括和频、差频、三次谐波、饱和吸收等。其中，二次谐波是和频现象的一种，即基频入射光与材料相互作用后产生二倍频出射光。图 5-52 为二次谐波产生的原理示意图。

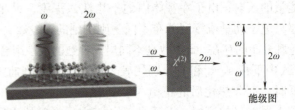

图 5-52　二次谐波产生原理示意图

非线性介质的光学响应可以通过其电极化强度 P 与入射辐射的光场强度 E 来确定，介质在外加光电场作用下的极化强度可以表示为

$$P = P^{(1)} + P^{(2)} + P^{(3)} + \cdots = \varepsilon_0(\chi^{(1)}E + \chi^{(2)}E^2 + \chi^{(3)}E^3 + \cdots) \tag{5-51}$$

式中，ε_0 表示真空介电常数；$\chi^{(i)}$ 代表 i 阶非线性光学系数，表示非线性材料的极化性质和非对称性；E 代表光电场的强度。

$\chi^{(1)}$ 为一阶线性极化率，用于表述传统的线性光学性质，如折射、散射和吸收；$\chi^{(2)}$ 代表二阶极化率，反映了二阶非线性光学效应，如差频、和频和倍频等。目前应用最广泛的是倍频，即二次谐波，是指在强电场作用下，具有相同频率的两个光子与非线性介质相互作用后，产生具有初始光子两倍能量的新光子，其频率加倍，波长减半。在二次谐波过程中，并不涉及能量跃迁，两个频率为 ω 的入射光子的能量等于一个频率为 2ω 发射光子的能量。根据能量守恒，介质分子的量子力学状态并不会发生改变，即被激发样品不会吸收能量。二次谐波不仅与光电场强度 E 有关，还与介质的二阶极化率 $\chi^{(2)}$ 有关。二次谐波的强度可以简化表示为

$$P = \chi^{(2)} : EE \tag{5-52}$$

式中，P 为电介质中二次谐波的电极化强度矢量；E 是基频入射光强度矢量。

在进行空间反演对称操作时，二阶电极化强度矢量和基频入射光强度矢量都改变符号，而计算出的电极化强度保持不变，则 $\chi^{(2)} = 0$。因此，对于具有中心反演对称性的介质，其二阶极化率为零。若材料具有二次谐波现象，则反映了其中心反演对称性是被破坏的。因此，可以利用二次谐波现象表征材料的结构对称性信息。

对于打破中心反演对称性的介质，其二次谐波的强度 $P_{2\omega}$ 和频率转化效率 η 可以分别表示为

$$P_{2\omega} = \frac{8\pi^2 d^2}{\varepsilon_0 c \lambda^2 A} \cdot \frac{(\chi^{(2)})^2}{n_\omega^2 n_{2\omega}} P_\omega^2 \tag{5-53}$$

$$\eta = \frac{P_{2\omega}}{P_\omega} \tag{5-54}$$

式中，P_ω 为基本激光功率；ε_0 和 c 分别为真空中的介电常数和光速；A 为入射激光光斑的面积；λ 为入射光波长；d 为样品的厚度；$n_{2\omega}$ 和 n_ω 分别为样品在倍频和基本激光频率下的折射率。

当 $n_{2\omega} = n_{\omega}$ 时，满足相位匹配条件，二次谐波的转化效率与入射光场和非线性介质的作用长度的二次方成正比。当入射光电场取向为 $\hat{e}_{\omega}$ 时，产生的二次谐波在 $\hat{e}_{2\omega}$ 出射方向的强度可描述为

$$I_{SHG} = |\hat{e}_{2\omega} \cdot d_{eff} \cdot \hat{e}_{\omega}^2|^2 \tag{5-55}$$

式中，d_{eff} 为有效二阶非线性系数，且 $d_{eff} = \dfrac{1}{2}\chi^{(2)}$。

2. 二次谐波成像系统

二次谐波成像系统通常与共聚焦拉曼显微系统耦合使用。图 5-53 为一种二次谐波产生装置示意图。通常，激光通过光参量振荡器调制，经过一个可调衰减片调节激光功率和一系列光学组件后，进入共聚焦拉曼显微镜，最后被显微镜聚焦为微米级光斑。二次谐波产生的信号通过同一显微镜头进行收集，并通过一个低通高滤的滤波片进入拉曼光谱仪。对于角度依赖的二次谐波，为确保入射激光为线偏光，在入射光路中增设偏振片和半波片。同时，为检测二次谐波沿特定方向偏振的强度，在收集光路中也增设偏振片，调整其偏振方向与入射偏振方向一致。该系统扩展了共聚焦拉曼光学显微镜的功能与应用，将二次谐波非线性成像与光学图像、拉曼图像及光致发光成像进行联用，这对于全面了解与掌握样品的结构对称性、晶格取向、原子层堆垛和晶界等性质起到了推动作用。

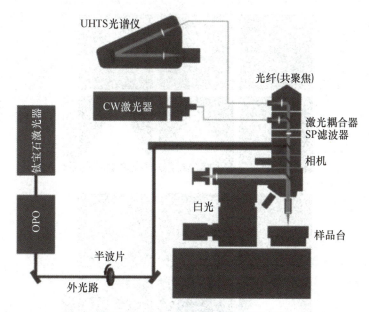

图 5-53 一种二次谐波产生装置示意图

3. 二次谐波测试实例

（1）表征薄膜对称性 SHG 对材料对称性破缺的灵敏度较高，使其成为研究材料的对称性、铁电性、铁磁性及测试晶体的相变温度等的有力工具。$BaTiO_3$ 是一种典型的自发极化铁电材料，具有非中心对称性的晶体结构，在常温条件下为四方晶系，是研究非线性光学效应的理想材料。图 5-54 所示为入射光在水平偏振方向上，$BaTiO_3$ 薄膜的二次谐波强度随出射光偏振角度的变化情况。用 $I = A[\cos(\theta + \theta_0)]^2 + B$ 对实验数据进行拟合。其中，θ 为从样品反射回的光的偏振角度；A、B 和 θ_0 为可调参数。实验结果表明，当入射光为水平方向

偏振时，出射光的水平偏振方向 SHG 信号最强，这表明 $BaTiO_3$ 薄膜的晶格具有明显的二重对称性。

（2）表征二维层状材料　二次谐波对于少层二维材料的晶体对称性更加敏感。对于非中心对称性材料，其本征具备二次谐波信号，如 3R 相的 MX_2（其中 M 为 Mo、W 等，X 为 S、Se 等）、1T 相 MoS_2、InSe、GeTe 等。对于中心对称结构，如 2H 相的 MX_2，随着原子层数的变化，其所属的空间群随之变化，导致二次谐波信号产生波动性变化。因此，二维材料的 SHG 信号展现出奇偶层数依赖效应、偏振效应、激子共振效应及能谷选择效应等不同特征。

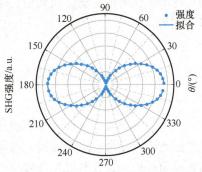

图 5-54　$BaTiO_3$ 薄膜的 SHG 极化图

图 5-55 是单层至三层厚度的 3R 相及 2H 相 WS_2 的 SHG 扫描成像。3R 相 WS_2 的 SHG 图像中表现出清晰的三角形特征，且整个区域信号强度统一（图 5-55a），说明合成的 3R 相样品结晶的均匀性。对比不同层数的 3R 相样品，三层比单层的 WS_2 在 SHG 的强度上大约高了一个量级。不同厚度 2H 相的 WS_2 样品则展现出奇数层随厚度增加强度减小，而偶数层反演对称信号消失的现象（图 5-55b）。

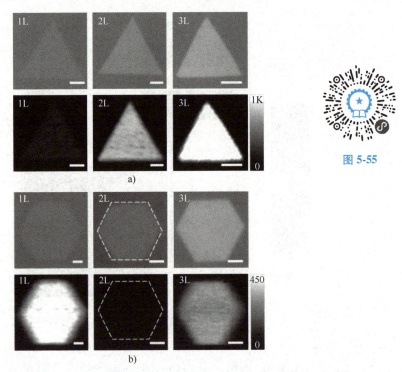

图 5-55

图 5-55　3R 相及 2H 相 WS_2 的 SHG 成像，比例尺 10 微米

a）不同层数 3R 相 WS_2 的光学照片（上排）与 SHG 成像（下排）

b）不同层数 2H 相 WS_2 的光学照片（上排）与 SHG 成像（下排）

图 5-56a 所示为不同厚度的 3R 相 WS_2 通过 800nm 的激发光激发获得的 SHG 信号，在 400nm 处出现强峰。如插图所示，在双对数坐标下，400nm 的峰强表现出了随激发功率的线

性变化关系且斜率为 2，这证明了其双光子的特性，因此确认这个信号是 WS$_2$ 的 SHG 信号。对比一到四层 3R 相的 SHG 光谱，观察到了一个量级以上的增强。SHG 强度与厚度存在明显非线性的递增关系。通过图 5-56b 的拟合分析发现，3R 相 WS$_2$ 的 SHG 信号强度随层数呈二次方增长关系，这个关系来源于层间反演对称性的打破，层数的增加使得 3R 相 WS$_2$ 产生的 SHG 相互叠加。

图 5-56c、d 清晰显示了 2H 相 WS$_2$ 的 SHG 随层数增加呈现振荡减小的趋势。在偶数层的 2H 相中，样品呈完全的反演对称结构，因此不产生 SHG 信号；而奇数层的 2H 相 WS$_2$ 样品可以看作底部单层与顶部偶数层的组合，顶部的偶数层虽不贡献 SHG，但是对底部单层产生的 SHG 信号产生额外的吸收，导致随厚度的增加，奇数层的 2H 相样品 SHG 信号愈发减弱，表现出单层 SHG 信号最强的现象。

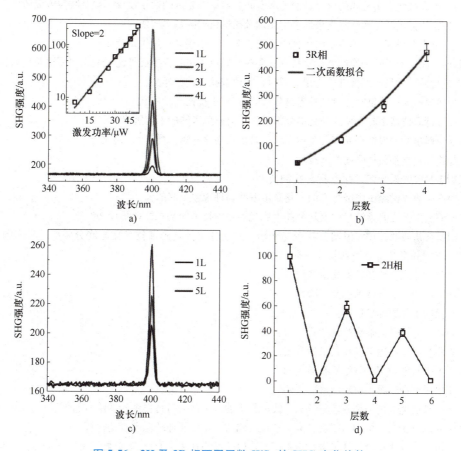

图 5-56　2H 及 3R 相不同层数 WS$_2$ 的 SHG 变化趋势

a）不同厚度 3R 相 WS$_2$ 的 SHG 光谱，其中插图是 SHG 强度随激发功率的变化关系　b）3R 相 WS$_2$ 的 SHG 强度随层数变换关系拟合　c）不同厚度 2H 相 WS$_2$ 的 SHG 光谱　d）2H 相 WS$_2$ 的 SHG 强度随层数变化关系

对于单层的二维晶体，晶体边缘引起的电子结构变化会产生较强的非线性光学敏感度，这使得通过二次谐波能够对二维材料的原子边缘和边界直接成像。另外，通过施加偏振泵浦光，也可以在大范围内快速、全光学地确定二维材料的晶体取向。二次谐波光场强度与非线性光学系数成正比，

图 5-56

因此二次谐波强度对二维的结构变化异常敏感。当对非中心对称的二维材料施加应变时，其晶格结构随之发生改变，进而引起非线性光学系数的变化。因此，基于二次谐波对于应变的高度灵敏性，二次谐波强度可以直接、灵敏地检测应变幅度。

思 考 题

1. 简述 X 射线光电子能谱的基本原理。

2. 简述 X 射线光电子能谱的定量分析方法。

3. 与普通的 X 射线光电子能谱仪相比，环境压力 X 射线光电子能谱仪做了哪些改进？

4. 简述拉曼光谱的基本原理。

5. 为了提高拉曼光谱检测的信号灵敏度和空间分辨率，先进的谱仪设计一般从哪些方面考虑？

6. 简述原位傅里叶变换红外光谱的基本原理及测试仪器的基本构成。

7. 当一束光照射到一个不平整的固体表面时，会产生哪些光？具体是什么？

8. 目前，原位傅里叶变换红外光谱技术有哪些？原位傅里叶变换红外光谱的主要用途是什么？

9. 在进行原位傅里叶变换红外光谱分析时，如何选择合适的样品？

10. 如何提高原位傅里叶变换红外光谱分析的信号/干扰比（信噪比）？

11. 在进行原位傅里叶变换红外光谱分析时，如何避免可能的干扰因素？

12. 原位傅里叶变换红外光谱与其他光谱分析技术相比有哪些优势和局限性？

13. 超快光谱学都包括哪些测试技术？

14. 瞬态吸收光谱为何又称为泵浦-探测技术？

15. 瞬态吸收光谱测试中吸光度的变化是由哪些物理现象引起的？

16. 时间分辨荧光光谱测量中上转换技术和光克尔门技术的基本原理是什么？

17. 时间分辨吸收光谱、时间分辨荧光光谱、时间分辨拉曼光谱技术在时间分辨率、时间测量范围、灵敏度和适用范围等方面有哪些较大差异？

18. 为什么要进行单颗粒的光谱测试？

19. 超分辨荧光显微技术主要有哪些？

20. 光镊的工作原理是什么？

21. 单颗粒光谱学面临哪些挑战？

22. 查阅文献，简述单颗粒光谱的最新进展。

23. 正电子与电子相比其性质有何异同？

24. 正电子寿命受哪些材料因素的影响？

25. 多普勒展宽能谱测量原理是什么？线形分析的三个参数与材料中的缺陷有何关系？

26. 试举例分析当晶格中出现负价离子空位缺陷时，正电子捕获态湮没的过程。

27. 正电子湮没谱学测量技术中，正电子与负电子湮没时发射的 γ 光子数量和能量分布是如何反映材料微观结构的？

28. 多普勒展宽能谱测量技术在分析材料微观结构方面的原理是什么？它与传统的正电子湮没谱学测量技术相比有哪些优势？

29. 慢正电子束技术在探测固体表面或近表面界面内原子尺寸缺陷方面的应用前景如何？它在材料科学研究中的重要性体现在哪些方面？

30. 二次谐波产生的机理是什么？

31. 为何二维材料的二次谐波强度随着层数发生变化？这背后反映了哪些物理机制？这种特性如何被用于材料的表征和研究？

32. 二次谐波成像系统在材料科学、多相催化、界面物理化学及生物医学等领域的应用有哪些具体的实例？

参 考 文 献

[1] 左志军. X 光电子能谱及其应用［M］. 北京：中国石化出版社，2013.

[2] 韩喜江. 固体材料常用表征技术［M］. 哈尔滨：哈尔滨工业大学出版社，2011.

[3] 陈培榕，李景虹，邓勃. 现代仪器分析实验与技术［M］. 2 版. 北京：清华大学出版社，2006.

[4] 宋廷鲁，邹美帅，鲁德风. X 射线光电子能谱数据分析［M］. 北京：北京理工大学出版社，2022.

[5] 徐建，郝萍，周莹. 利用 XPS 平行成像技术进行材料表面微区分析［J］. 上海计量测试，2017，44（5）：9-12.

[6] 翁羽翔，陈海龙. 超快激光光谱原理与技术基础［M］. 北京：化学工业出版社，2013.

[7] 乔自文，高炳荣，陈岐岱，等. 飞秒超快光谱技术及其互补使用［J］. 中国光学，2014，7（4）：588-599.

[8] 安莎，但旦，于湘华，等. 单分子定位超分辨显微成像技术研究进展及展望（特邀综述）［J］. 光子学报，2020，49（9）：0918001.

[9] 滕敏康. 正电子湮没谱学及其应用［M］. 北京：中国原子能出版社，2000.

[10] 李重阳，李梦德，汪美，等. ZIFs 纳米晶体中电子偶素的自旋转换［J］. 物理学报，2022，71（15）：157801.

[11] 夏芳芳，王发坤，胡海龙，等. 二次谐波在二维材料结构表征中的应用［J］. 无机材料学报，2021，36（10）：2022-1029.

[12] 郭雅文，李源，马宗伟. 基于二次谐波产生技术的 $BaTiO_3$ 薄膜对称性研究［J］. 光学学报，2021，41（6）：0619001.

[13] HAN Z, CHOI C, HONG S, et al. Activated TiO_2 with tuned vacancy for efficient electrochemical nitrogen reduction［J］. Applied Catalysis B：Environment and Energy，2019，257：117897.

[14] MA W, XIE S, LIU T, et al. Electrocatalytic reduction of CO_2 to ethylene and ethanol through hydrogen-assisted C-C coupling over fluorine-modified copper［J］. Nature Catalysis，2020，3：478-487.

[15] LI X, LI L, CHEN G, et al. Accessing parity-forbidden *d-d* transitions for photocatalytic CO_2 reduction driven by infrared light［J］. Nature Communications，2023，14：4034.

[16] WANG Q, ZHU M, CHEN G, et al. High-performance microsized Si anodes for lithium-ion batteries：insights into the polymer configuration conversion mechanism［J］. Advanced Materials，2022，34（16）：2109658.

[17] YE J-Y, JIANG Y-X, SHENG T, et al. In-situ FTIR spectroscopic studies of electrocatalytic reactions and processes［J］. Nano Energy，2016，29：414-427.

[18] WU L, HU J, CHEN S, et al. Lithium nitrate mediated dynamic formation of solid electrolyte interphase revealed by in situ fourier tansform infrared spectroscopy［J］. Electrochimica Acta，2023，466：142973.

[19] CAI X, MAO L, YANG S, et al. Ultrafast charge separation for full solar spectrum-activated photocatalytic H_2 generation in a black phosphorus-Au-CdS heterostructure［J］. ACS Energy Letters，2018，3（4）：932-939.

[20] LI W, WANG X, LIN J, et al. Controllable and large-scale synthesis of carbon quantum dots for efficient solid-state optical devices［J］. Nano Energy，122：109289.

[21] SHI X, DAI C, WANG X, et al. Protruding Pt single-sites on hexagonal $ZnIn_2S_4$ to accelerate photocatalytic

hydrogen evolution ［J］. Nature Communications, 2022, 13 (1)：1287.

［22］ ZHANG J, YANG G, HE B, et al. Electron transfer kinetics in CdS/Pt heterojunction photocatalyst during water splitting ［J］. Chinese Journal of Catalysis, 2022, 43 (10)：2530-2538.

［23］ DAS A, MARJIT K, GHOSH S, et al. Slowing down the hot carrier relaxation dynamics of CsPbX$_3$ nanocrystals by the surface passivation strategy ［J］. The Journal of Physical Chemistry C, 2023, 127 (31)：15385-15394.

［24］ ZHOU J, CHIZHIK A I, CHU S, et al. Single-particle spectroscopy for functional nanomaterials ［J］. Nature, 2020, 579：1-50.

［25］ CHEN C. Multi-photon nonlinear fluorescence emission in upconversion nanoparticles for super-resolution imaging ［M］. Sydney：University of Technology Sydney, 2020.

［26］ NIRMAL M, DABBOUSI B O, BAWENDI M G, et al. Fluorescence intermittency in single cadmium selenide nanocrystals ［J］. Nature, 1996, 383：802-804.

［27］ MILES B T, GREENWOOD A B, PATTON B R, et al. All-optical method for characterizing individual fluorescent nanodiamonds ［J］. ACS Photonics, 2016, 3 (3)：343-348.

［28］ DONG H, SUN L-D, YAN C-H. Upconversion emission studies of single particles ［J］. Nano Today, 2020, 35：100956.

［29］ GUO X, PU R, ZHU Z, et al. Achieving low-power single-wavelength-pair nanoscopy with NIR-II continuous-wave laser for multi-chromatic probes ［J］. Nature Communications, 2022, 13：2843.

［30］ 李雅珍, 王喜龙, 田跃, 等. 多光子成像用上转换纳米粒子的单颗粒研究与应用进展 ［J］. 发光学报, 2023, 44 (11)：2041-2056.

［31］ 叶凤娇, 张鹏, 张红强, 等. 正电子湮没符合多普勒展宽技术的材料学研究进展 ［J］. 物理学报, 2024, 73 (7)：077801.

［32］ 许红霞, 林俊, 朱智勇, 等. 燃料元件基体石墨 Xe 离子辐照缺陷的慢正电子束研究 ［J］. 核技术, 2022, 45 (10)：100204.

［33］ 曾周晓松. 低维对称性破缺半导体材料制备及二次谐波研究 ［D］. 长沙：湖南大学, 2021.

纳米材料和器件表征的挑战和方向

1. 现有挑战

纳米材料的化学组成、结构以及显微组织关系是决定其性能及应用的关键因素，用于纳米材料和器件表征的仪器分析方法已经成为纳米科技中必不可少的手段。目前用于表征纳米材料和器件的手段主要包括显微学和谱学，通常需要多种表征手段结合才能够精准地表征材料的结构、组成及性质。然而，针对纳米材料和器件的原子级精准、快速、无损、原位等表征需求，显微学和谱学还面临诸多挑战。规范化、准确可靠表征纳米材料和器件需要迫切做好以下几方面：

1）纳米材料和器件的表征方法有机结合。不同种类纳米材料表征参数不尽相同，不同测试技术的原理、适用范围和技术优势也不尽相同，要准确表征纳米材料，必须针对不同种类的纳米材料，梳理确定影响纳米材料特殊性能的主要参数，选取最适合的测试技术，从而实现对纳米材料的可靠测试，达到准确表征的目的。例如，对于高聚物纳米胶体，采用光子相关光谱法比较适宜；而对于纳米晶体而言，采用 X 射线衍射线宽化法，则能获得良好的测试结果。

2）一些微观表征技术是对纳米材料的极小局部范围（纳米尺度）测试，有限的测量次数和局部测试不能全面反映纳米材料的整体情况，如电子显微术等。而另一方面，一些宏观表征技术只能获得样品的总体情况或者平均值，而无法获得样品局部的精确信息，如同步辐射 X 射线吸收谱、X 射线谱等，这给纳米材料和器件的表征带来了严峻挑战。要可靠测量和准确表征纳米材料，必须研究科学的样本选择方法，针对统一表征参数，必须采用既能反映样品总体状况又能反映局部特征的分析测试技术，或者同时采用微观局部测量方法和整体性质测量方法。

3）要在以上基础上促进纳米材料表征技术的标准化。促进产业技术进步、产品贸易发展，从技术层面上首先要解决材料表征与测试技术的广泛协商一致性，因为只有标准化的表征和测试技术才能够获得可靠、可比的评价结果。所以要适应和促进纳米材料产业的健康持续发展，改变标准落后局面，必须加强国际范围内的纳米材料表征技术标准化。

另一方面，从具体的纳米材料表征技术的角度，显微学和谱学表征纳米材料和器件仍存在以下挑战：

（1）电子显微学 随着纳米材料和器件的不断发展，电子显微镜在表征特殊纳米材料（如结构敏感的孔结构材料等）及复杂工况条件下（如加热、气氛、电场等）还面临一些挑战。电子束损伤是透射电镜中的重要考虑因素，特别是在研究纳米材料和敏感样品时。电子束损伤主要由电子束与样品间的非弹性散射引起，可能导致样品的结构和化学性质发生改变，从而难以获得结构的真实信息。不同材料对电子束的敏感性不同，一些材料更容易受到损伤，例如金属有机框架（MOF）、共价有机框架（COF）、有机无机杂化卤素钙钛矿材料、二维材料及生物材料等，在电子束辐照的条件下，这些材料的结构迅速降解，且降解机制复杂。为减少这些材料在 TEM 观测中的损伤，可以优化入射电子的能量（电压）以及辐照剂量。对于容易受到热损伤的材料，可以采用冷冻样品方法，这在生物学研究中的蛋白质检测得到了显著的应用。目前，此方法在其他领域的应用也在逐步探索，如钙钛矿太阳能电池、MOF、电催化剂和软聚合物等。此外，可以提升探测器能力，发展高质量成像分析的方法学。如利用直接电子探测器或者积分差分相位衬度（iDPC）成像法可以实现对 MOF、COF 等材料的原子分辨率成像。

原位透射电镜技术能够实现多种外场耦合（如气氛、温度、电压、液体成分等），在真实反应条件中直接观察材料微观结构的变化，研究工况条件下催化剂的结构演变和性能影响，为原位揭示催化剂的动态构效关系提供了新契机。原位空间分辨技术和原位 EELS 技术相结合，可以实现高空间分辨率和电子结构实时监测。但由于发展时间较短，原位透射电镜技术仍有提升空间。目前的局限性在于原位过程中电子束的影响不可能完全避免，因此所观察到的原位机制是否代表了整个样品的机制还存在争议。此外，原位透射电镜技术提供的反应环境仍与实际工况条件存在差异，包括反应器的尺寸、催化剂的放置、反应气压及流速等方面。尽管气体、液体环境可实现 TEM 在纳米反应器 SiNx 芯片窗口原子级分辨率成像，但一定浓度的气体分子或液体会增强散射（等同于样品厚度大大增加），所以大多数实验条件下空间分辨率并不理想，因此原位技术的时间和空间分辨率还有待进一步提高。面对原位表征的要求，球差校正器可以从硬件上解决空间分辨率的问题。同时，在保证气体、液体池力学强度的基础上，减小窗口薄膜的厚度可获取更高的空间分辨率。

随着透射电镜的成像技术的发展，新的成像模式和分析技术不断涌现，拓宽了透射电镜的应用范围和分析能力。汇聚束电子衍射开始与高速探测器一起使用，可绘制局部应变图。层析成像、全息成像或无定型成像技术在材料的耐受性足够好的情况下，使图像采集变得可行，并允许更有效的剂量成像。积分差分相位衬度成像有利于轻重元素同时成像且能够在低电子剂量条件下保持高分辨和信噪比，在观察电子束敏感材料的缺陷、界面、表面等局部非周期性结构信息时提供了新的工具。三维重构通过获取原子尺度的投影，可以获取原子的三维分布，甚至可结合原位实验获得原子三维结构的动态变化，还可以与先进的能谱技术相结合，来用于三维化学成分和价态分析。结合球差校正电子显微镜和强大的三维图像重建原子跟踪算法，目前三维重构成像技术最高分辨率已达到 0.7Å。高速成像能够使数据采集能力达到毫秒甚至亚毫秒每帧，未来研究质量也将进一步上升，但现代探测器的巨大数据量仍然使之成为一项挑战。同时，结合超快激光技术的超快电子成像和超快电子衍射技术也快速发展，对于极小时间尺度的分辨能力也随之提高。

（2）谱学　纳米材料的谱学表征方法，如 X 射线光电子能谱、拉曼光谱、同步辐射光源 X 射线谱学等，尽管在能量分辨和时间分辨率等方面取得较多进展，但是这一系列宏观表征技术只能获得纳米材料样品的总体情况，反映出信号的平均值，在空间分辨率还存在较大缺陷，因此无法获得样品局部的精确信息。例如，对于表征核壳结构的纳米晶，谱学表征不能给出表层 1~3nm 原子层厚度的能量相关的信息，通常反映的是纳米晶体相和表层信息的混合值，因此，这些谱学结果将对解析纳米材料的精细结构带来误导。

另一方面，谱学表征往往不能直观地反映出纳米材料的信息，通常需要寻找参照标准物对谱学信号进行对比分析。例如，通过同步辐射 X 射线吸收精细结构解析纳米材料的局域配位结构时，通常寻找相似局域结构的材料进行数据拟合和对比，这一过程将对纳米材料真实结构带来一定误差。因此，需要迫切发展基于模拟的谱学计算方法，直观、精准地预测纳米材料不同结构所对应的谱学，这一方法目前在拉曼光谱、红外光谱表征、同步辐射 X 射线近边结构谱表征未知结构时已有一些应用。此外，谱学表征尤其是 X 射线光电子能谱的定量表征分析目前仍存在较多问题，对于不同纳米材料结构所对应的谱峰的分峰和拟合缺乏一定的标准方法，因此带来较大误差。因此，需要有机结合多种表征手段，综合纳米材料的结构和组成信息对谱学进行精确的定性和定量分析。

2. 未来展望

由于特定用途的纳米结构对于细节和控制的要求越来越高，因此对表征技术所能提供的信息细节的要求也随之增长。只有表征细节达到所需的程度，才能保证制备的材料统一、可重复并具有合格的质量，这对于商业化应用来说尤其重要。随着纳米材料表征变得可重复、可靠，表征结果的解读及对纳米材料结构-功能关系的控制将变得更加精准。随着科技的迅猛发展，人们正站在电子显微镜技术革新的前沿。未来，新一代电子显微镜将凭借其卓越的性能，引领人们迈入一个前所未有的微观世界。

（1）高性能透射电镜研发 新型电镜将展现出更高的分辨率、更广阔的样品视野及更低的辐射损伤等特性，从而极大地拓宽电子显微镜在各个领域的应用范围。

（2）原位大科学装置联用 原位 X 射线衍射、原位拉曼光谱、原位同步辐射等技术与原位透射电镜的联用，将为催化反应过程的理解提供全新的视角和方法。这一综合性的技术手段将帮助科学家们更深入地探究催化反应的机理，推动相关领域的发展。

（3）多模态成像技术 多模态成像技术的发展也将为电子显微镜的应用开辟新的天地。通过更全面地获取样品信息，这一技术将在生物医学、材料科学等领域发挥举足轻重的作用，推动相关研究的深入发展。

（4）高时空分辨电镜技术 先进的高时空分辨电镜技术已经实现了飞秒至微秒时域的探测，全面揭示了物质体系的动力学性质。这一技术展现出在超快结构动力学、超快磁动力学、新型隐藏量子态探索、激光场与物质相互作用、阿秒电子动力学等多个领域的广泛应用潜力，为科学研究提供了强有力的工具。

（5）人工智能和机器学习 人工智能和机器学习技术在图像处理和分析方面展现出巨大的潜力。未来，这些技术将被巧妙地应用于电镜中，实现对图像的自动识别、精准分类和定量分析等复杂任务，从而极大地提高电镜的数据处理和分析效率。纳米技术和人工智能技术的结合，或许可以在未来开发出能感知周围世界并且能做出相应决策的系统。

（6）虚拟现实与增强现实技术的结合 虚拟现实与增强现实技术的结合将为电镜观测带来革命性的变革。研究者们将能够在虚拟环境中对样品进行实时、直观的观察和分析，这将极大地改善实验体验，并显著提升工作效率。

（7）**环保与可持续发展**　随着环保意识的日益增强，未来的电镜技术将更加注重环保和可持续性发展。新型电镜将采用更加环保的材料进行制造，同时在设计和使用过程中致力于降低能耗和减少废弃物排放。此外，推动可再生能源在电镜领域的应用也将成为重要发展方向，以实现绿色科研的目标。

新一代电子显微镜将携带着人们对微观世界的无限好奇，深入物质的奥秘，开启一个又一个研究的新篇章，为人类的认知和科技进步贡献力量。